2024年版

2級ボイラー技士試験

公表問題解答解説

【令和2年後期～令和5年前期】

目　次

※1. 本書の編集に当たり，見やすくするために問題部分をうすく着色していますが，実際の試験問題はそのようにはなっておりませんので，ご承知ください。

※2. 関係法令では，以下のような略号を用いています。

(ボ則)：ボイラー及び圧力容器安全規則

(ボ構規)：ボイラー構造規格

また，関係法令の適用条文について，わかりやすさのため，法令の条文を省略したところもあります。正確には規定の条文を参照してください。なお，法令の条・項・号は，「第」を省略しています。

(例) 第１条第２項第３号 → １条２項③号

※3. 本文において，引用書籍は下記によっています。

最短合格：「[新版] 最短合格　２級ボイラー技士試験」

教本：「２級ボイラー技士教本」

わかりやすい：「[新版]わかりやすいボイラー及び圧力容器安全規則」

本書は，令和２年後期から令和５年前期までに実施された二級ボイラー技士免許試験の問題の中から公益財団法人安全衛生技術試験協会が公表した「二級ボイラー技士免許試験」の問題に，一般社団法人日本ボイラ協会が解答・解説を行ったものです。
なお、新しい年度の解説は、過去の解説より、分かり易く記述したものがあり、表現等が異なる部分があることをご了承下さい。

二級ボイラー技士免許試験の受験について

1．受験資格

平成24年4月1日から，二級ボイラー技士免許試験の受験資格は不要になり，国籍，性別，職業，年齢などに関係なく，誰でも受験できます。ただし，免許申請の際は，免許交付要件としてボイラー実技講習修了等の実務経験が必要となりますので，ご注意ください。

ボイラー実技講習はこれまでどおり，免許試験の受験前に受講するほか，免許試験に合格した後に受講することができます。実務経験がない方は，都道府県労働局長の登録を受けた当協会各支部が実施するボイラー実技講習を受講することにより，免許交付要件となります。

受験申請には申請書のほかに，本人確認証明書（氏名，生年月日及び住所を確認できる書類）として，以下の書類のいずれか一つを添付することが必要です。

① 住民票記載事項証明書又は住民票（写 不可）

② 健康保険被保険者証の写（表裏）

③ 労働安全衛生法関係各種免許証の写（表裏）

④ 自動車運転免許証の写（表裏）

⑤ その他氏名，生年月日及び住所が記載されている身分証明書等の写

※この本人確認証明書に限り，写しには「原本と相違ないことを証明する」との事業者等の証明は不要です。

2．免許試験の実施と試験範囲

二級ボイラー技士免許試験は，厚生労働大臣が指定した指定試験機関である公益財団法人安全衛生技術試験協会が毎月1～2回，試験場となる各地の安全衛生技術センターで実施します。また，これ以外に年数回，出張特別試験も実施しています。

二級ボイラー技士免許試験の試験科目と配点，試験時間，試験範囲は表のとおりです。また，解答は５つの選択肢から１つを選ぶマークシート方式です。

試験科目	出題数（配点）	試験時間
ボイラーの構造に関する知識	10問（100点）	3時間
ボイラーの取扱いに関する知識	10問（100点）	
燃料及び燃焼に関する知識	10問（100点）	
関係法令	10問（100点）	

試験科目	試験範囲
ボイラーの構造に関する知識	熱及び蒸気，種類及び型式，主要部分の構造，附属設備及び附属品の構造，自動制御装置
ボイラーの取扱いに関する知識	点火，使用中の留意事項，埋火，附属装置及び附属品の取扱い，ボイラー用水及びその処理，吹出し，清浄作業，点検
燃料及び燃焼に関する知識	燃料の種類，燃焼方式，通風及び通風装置
関係法令	労働安全衛生法，労働安全衛生法施行令及び労働安全衛生規則中の関係条項，ボイラー及び圧力容器安全規則，ボイラー構造規格中の附属設備及び附属品に関する条項

3．合格基準

二級ボイラー技士免許試験の合格基準は，試験科目ごとの得点が100点満点の40％以上であって，かつ，４科目の合計点が60％以上の場合が合格になります。

4．受験申請手続

受験申請書は，公益財団法人安全衛生技術試験協会本部，または各地の安全衛生技術センター，当協会各支部において無料で配布しています。

受験の申込みは，受験申請書と本人確認証明書等の必要書類，証明写真，試験手数料とともに，受験を希望する安全衛生技術センターに，受験を希望する試験日の２ヶ月前から受け付けていますので，簡易書留郵便による郵送または直接提出してください。

受付期間は，郵送の場合は試験日の14日前の消印があるものとなっています。また直接，各センター窓口に提出の場合は，休業日を除く受験希望日の２日前の16時まで（例：試験日が月曜の場合，２日前は前週の木曜日になる）となっています。いずれも，第１希望日の定員に達した場合には，第２希望日になりますので，早めに手続きをしてください。

詳細については，各センター及び公益財団法人安全衛生技術試験協会本部（「5．免許試験に関する問い合わせ」を参照）までお問い合わせください。

5．免許試験に関する問い合わせ

問い合わせ先	電話番号	問い合わせ先	電話番号
公益財団法人安全衛生技術試験協会	03-5275-1088	中部安全衛生技術センター	0562-33-1161
北海道安全衛生技術センター	0123-34-1171	近畿安全衛生技術センター	079-438-8481
東北安全衛生技術センター	0223-23-3181	中国四国安全衛生技術センター	084-954-4661
関東安全衛生技術センター	0436-75-1141	九州安全衛生技術センター	0942-43-3381
〃　東京試験場	03-6432-0461		

■ 令和５年前期：ボイラーの構造に関する知識 ■

問１　熱及び蒸気について，適切でないものは次のうちどれか。

(1)　水の温度は，沸騰を開始してから全部の水が蒸気になるまで一定である。
(2)　過熱蒸気の温度と，同じ圧力の飽和蒸気の温度との差を過熱度という。
(3)　飽和水の比エンタルピは，圧力が高くなるほど小さくなる。
(4)　飽和蒸気の比体積は，圧力が高くなるほど小さくなる。
(5)　飽和水の蒸発熱は，圧力が高くなるほど小さくなり，臨界圧力に達するとゼロになる。

〔解説〕　蒸気の性質に関する問題である。

(1)　物体に熱を加えると，その熱が物体の温度上昇に費やされる場合，この熱量を顕熱といい，物体の状態変化に費やされる場合，この熱量を蒸発熱（潜熱）という。この状態変化時の水の温度は一定である。そして，飽和蒸気の比エンタルピは，飽和水の顕熱に蒸発熱（潜熱）を加えた値である（図１）。

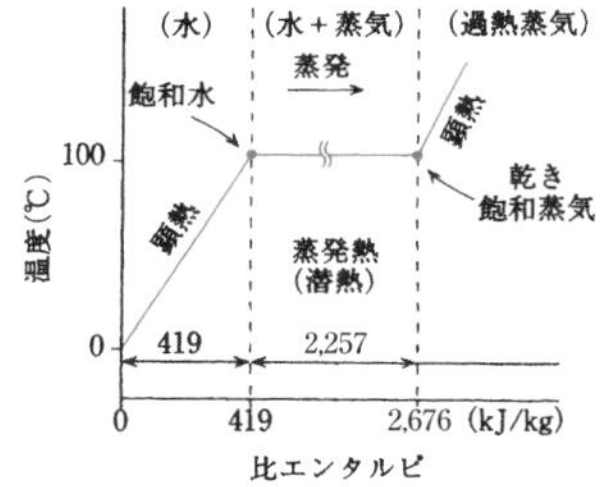

図１　標準大気圧における水の状態変化

(2)　図１に示すように，乾き飽和蒸気を更に加熱すると蒸気の温度は上昇する。

この蒸気を過熱蒸気といい，過熱蒸気の温度と同じ圧力の飽和蒸気の温度との差を過熱度という。

過熱度=過熱蒸気温度－乾き飽和蒸気温度

(3)，(5)　飽和蒸気の比エンタルピは，飽和水の顕熱に蒸発熱（気化熱，または潜熱）を加えた値である。この蒸発熱は圧力が高くなるほど小さくなり，臨界圧力に達すると０になる（図２）。

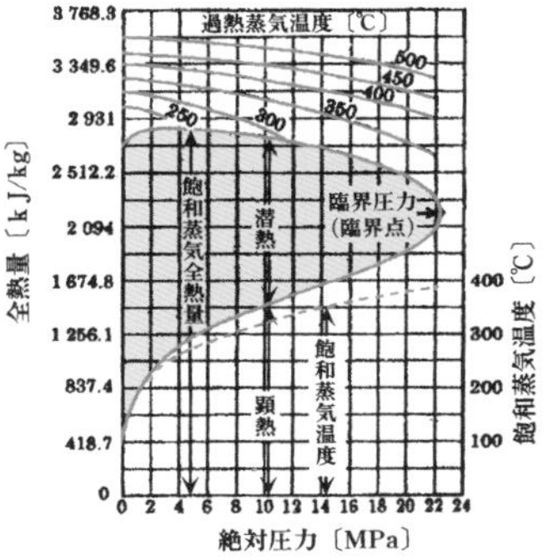

図２　水の状態変化に圧力，熱量，蒸気温度線図

蒸気圧力が高くなるほど飽和蒸気温度は高くなる。
蒸気圧力が高くなるほど蒸発熱（潜熱）は小さくなる。

(4)　飽和水及び飽和蒸気の体積を表すのに，質量１kgの飽和水及び飽和蒸気の占める体積（m^3）を比体積（m^3/kg）という。この比体積は飽和蒸気の場合，圧力が高くなるに従って比体積は小さくなるが，飽和水の比体積は圧力が高くなると大きくなる。

したがって，問の(3)の記述は適切でない。

〔答〕　(3)

〔ポイント〕　蒸気の性質について理解すること「最短合格1.5.1，1.5.2」，「教本1.1.1，1.1.2」。

問2　水管ボイラーについて，適切でないものは次のうちどれか。

(1)　水管ボイラーは，ボイラー水の流動方式によって自然循環式，強制循環式及び貫流式に分類される。
(2)　強制循環式水管ボイラーは，ボイラー水の循環系路中に設けたポンプによって，強制的にボイラー水の循環を行わせる。
(3)　二胴形水管ボイラーは，炉壁内面に水管を配した水冷壁と，上下ドラムを連絡する水管群を組み合わせた形式のものが一般的である。
(4)　高圧大容量の水管ボイラーには，全吸収熱量のうち，蒸発部の接触伝熱面で吸収される熱量の割合が大きい放射形ボイラーが用いられる。
(5)　貫流ボイラーは，管系だけで構成され，蒸気ドラム及び水ドラムを必要としないので，高圧ボイラーに適している。

〔解説〕　水管ボイラーの形式は，ボイラー水の流動方式により，自然に循環する自然循環式，循環ポンプにより強制的に循環する強制循環式及び給水ポンプにより管系の一端から押し込まれた水が他端から所要の蒸気となって取り出される貫流式がある。

貫流ボイラーは，管系だけで構成され，蒸気ドラム及び水ドラムを必要としないので，高圧ボイラーに適している。

①　低・中圧の水管ボイラーは，上下ドラムを連絡する水管群を組み合わせた二胴形水管ボイラーの形式のものが一般的である。

②　高圧大容量の水管ボイラーは，蒸発部の対流伝熱面が少ない放射形ボイラーが多く用いられる。

したがって，問の(4)の記述において，高圧大容量の水管ボイラーには，全吸収熱量のうち，蒸発部の接触伝熱面で吸収される熱量の割合が大きい放射形ボイラーが用いられるという記述は適切でない。

〔答〕　(4)

〔ポイント〕　「最短合格1.3.2，1.5.3」，「教本1.1.3，1.4.2，1.4.3」。

問3　鋳鉄製ボイラーについて，適切でないものは次のうちどれか。

(1)　温水ボイラーの温水温度は，120 ℃以下に限られる。
(2)　重力循環方式の蒸気ボイラーでは，給水管はボイラー本体の安全低水面の位置に直接取り付ける。
(3)　ポンプ循環方式の蒸気ボイラーの場合，返り管は安全低水面以下150 mm以内の高さに取り付ける。
(4)　ウェットボトム式は，ボイラー底部に耐火材を必要としない構造となっている。
(5)　鋼製ボイラーに比べ，熱による不同膨張によって割れが生じやすい。

〔解説〕

(1)　鋳鉄製ボイラーは，主として暖房用の低圧の蒸気発生用又は温水ボイラーとして使用されている。ただし，使用圧力は，蒸気ボイラーのときは0.1 MPa以下，温水ボイラーの時は0.5 MPa以下（破壊試験を行ったものは1 MPaまで），温水温度120 度以下に限られる。

(2), (3), (5)　暖房用に蒸気を使用するための鋳鉄製ボイラーでは，復水を循環使用するのを原則とし，返り管を備えている。鋳鉄製ボイラーは鋼よりも脆く熱による不同膨張によって割れを生じやすい。そのため，ボイラーへ送る給水はボイラー水との温度差を極力少なくするために，原則として復水を循環して使用し，給水管はボイラーに直接取り付けないで返り管に取り付ける。蒸気暖房返り管では，万一暖房配管が空の状態になったときでも，ボイラーには少なくとも安全低水面付近までボイラー水が残るように，図に示すような連結法が用いられる。これをハートフォード式連結法という。

なお，この場合，返り管の取付位置は，重力循環式の場合は安全低水面と一致させなければならないが，一般に行われているポンプ循環方式の場合には，給水時のウォータハンマの発生を防止するため，安全低水面以下150 mm以内の高さにする。

したがって，問の(2)の記述は適切でない。

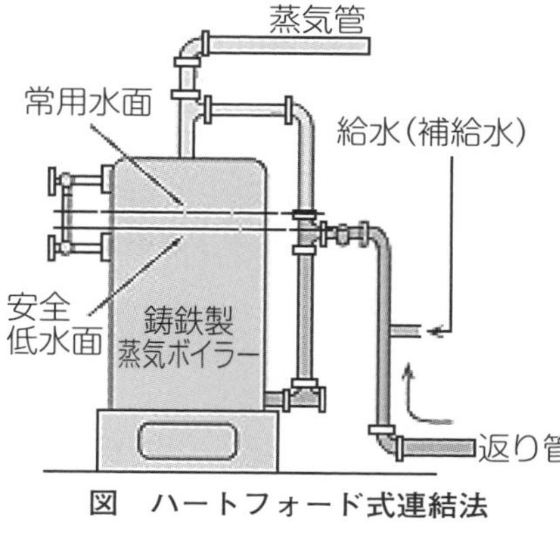

図　ハートフォード式連結法

(4)　今日ではボイラー効率を上げるために鋳鉄製ボイラーでも加圧燃焼方式が一般的で，さらに伝熱面積を増加させるためにボイラー底部にも水を循環させる構造になっている。これをウェットボトム形といい，底部が水冷されていないものをドラムボトム形という。

〔答〕 (2)

〔ポイント〕　鋳鉄製ボイラーについて理解すること「最短合格1.4」，「教本1.5」。

問4　ボイラーに用いられるステーについて，適切でないものは次のうちどれか。

(1)　平鏡板は，圧力に対して強度が弱く変形しやすいので，大径のものや高い圧力を受けるものはステーによって補強する。
(2)　管ステーは，煙管よりも肉厚の鋼管を管板に溶接又はねじ込みによって取り付ける。
(3)　管ステーを火炎に触れる部分にねじ込みによって取り付ける場合には，焼損を防ぐためねじ込み後に，ころ広げをして完了とする。
(4)　ガセットステーは，平板によって鏡板を胴で支えるもので，溶接によって取り付ける。
(5)　ガセットステーは，熱応力を緩和するため，鏡板にブリージングスペースを設けて取り付ける。

〔解説〕

(1)　平鏡板その他の平板部は，圧力に対して強度が小さく，かつ，変形しやすいので，他の部材によってこれを補強する必要がある。この補強に用いられる部材がステーである。

(2)，(3)　管ステーは，煙管よりも肉厚の鋼管を管板に溶接によって取り付けるか，鋼管の両端にねじを切り，これを管板に設けたねじ穴にねじ込み，取り付けるものである。煙管ボイラー，炉筒煙管ボイラーなどのように，煙管を使用するボイラーに多く用いられ，煙管の役目もする。外だき横煙管ボイラーの後管板のように，火炎に触れる部分に管ステーを取り付ける場合には，端部を縁曲げしてこの部分の焼損を防ぐようにしなければならない。

したがって，問の(3)の記述は適切でない。

(5)，(4)　ガセットステーは，平板（ガセット板）によって鏡板を胴で支えるものである。

ガセット板を胴と鏡板に直接溶接によって取り付ける場合は次による。鏡板との取付けは，全周にわたってＴ継手の完全溶込み溶接（Ｋ形溶接又はレ形溶接）とし，胴との取付けは，全周にわたってＴ継手の完全溶込み溶接（Ｋ形又はレ形溶接）又はＴ継手の両側すみ溶接としなければならない。また，熱応力を緩和するため，鏡板にブリージングスペースを設けて取り付ける。

ガセットステーは，煙管ボイラー，炉筒煙管ボイラーなどに広く用いられている。

〔答〕　(3)

〔ポイント〕　ステーについて理解すること「最短合格1.6.4」，「教本1.7.4」。

問5　ボイラーの水面測定装置について，適切でないものは次のうちどれか。

(1)　貫流ボイラーを除く蒸気ボイラーには，原則として，２個以上のガラス水面計を見やすい位置に取り付ける。
(2)　ガラス水面計は，可視範囲の最下部がボイラーの安全低水面と同じ高さになるように取り付ける。
(3)　丸形ガラス水面計は，主として最高使用圧力１MPa以下の丸ボイラーなどに用いられる。
(4)　平形透視式水面計は，ガラスの前面から見ると水部は光が通って黒色に見え，蒸気部は白色に光って見える。
(5)　二色水面計は，光線の屈折率の差を利用したもので，蒸気部は赤色に，水部は緑色（青色）に見える。

〔解説〕　貫流ボイラーを除く蒸気ボイラーには，２個以上の水面計をボイラー本体又は蒸気ドラムに直接取り付けるか，あるいは水柱管を設け，これに取り付ける。

ボイラー水面計は，上下に水面計用コックが設けられていて，ボイラー水は下のコックを，蒸気は上のコックを通って水面計に入りボイラー水位が現れる。

その水面計の最下面は，ボイラーの安全低水面と同じ高さに取り付ける（図）。

水面計の種類には，丸形ガラス，平形反射式，平形透視式及び二色水面計等があり，その構造・特徴は次のとおりである。

① 丸形ガラス水面計：上下コックは胴，水柱管などにフランジ又はねじ込みによって取り付け，この上下のコックに所要寸法の丸形ガラスを挿入して袋ナットで締め付けたものである。丸形ガラス水面計は，主として最高使用圧力１MPa以下の丸ボイラーなどに用いられる。

② 平形反射式水面計：丸形ガラスの代わりに平板ガラスを使用するもので，その構造は平板ガラスを金属箱に組み込んだものである。

１枚の厚い板ガラスの裏面に三角形の溝をつけ，これの両面にガスケットを入れて金具で締め付ける。ガラスの前面から見ると，水のある部分は光線が通って黒色がかって見え，蒸気のある部分は反射されて白色に光って見えるので，水面を見分けやすい。

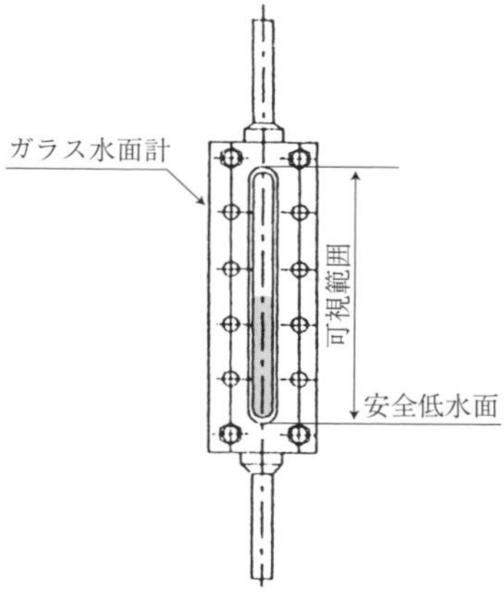

図　水面計の可視範囲と安全低水面の位置

③ 平形透視式水面計：裏側から電灯で照らせば光線が透過して，はっきりと水面を表示するものである。一般に，高圧ボイラー用として使用される。

④ 二色水面計：水面計のガラスに赤色と緑色の２光線を通過させて，光線の屈折率の相違を利用し，蒸気部は赤に，水部は緑に見えるようにしたものである。

したがって，問の(4)における記述内容は，平形透視式水面計であり適切でない。

〔答〕　(4)

〔ポイント〕　ボイラーの水面測定装置について理解すること「最短合格1.7.1 ②」，「教本1.8.1 (2)」。

問 6　温水ボイラーの逃がし管及び逃がし弁について，適切でないものは次のうちどれか。

(1)　膨張した水を膨張タンクに逃がす場合，そのタンクに密閉型を用いる場合には，逃がし弁を取り付ける。
(2)　逃がし管は，ボイラーが高圧になるのを防ぐ安全装置である。
(3)　逃がし管には，途中に弁やコックを取り付けてはならない。
(4)　逃がし管は，伝熱面積に応じて最大径が定められている。
(5)　逃がし弁は，水の膨張により圧力が設定した圧力を超えると，弁体を押し上げ，水を逃がすものである。

〔解説〕　温水ボイラーの安全装置としては，一般に逃がし管（図1開放形膨張タンク方式）が使用されるが，密閉式の場合は，逃がし管の代わりに逃がし弁（ボイラー本体に取り付ける）（図2）を使用する。なお，図1の開放形の場合の逃がし管には，途中に弁やコックを設けてはならない。

また，内部の水が凍結するおそれがある場合には，保温その他の措置を講じること。逃がし弁は，温水ボイラーの安全装置として使用される。

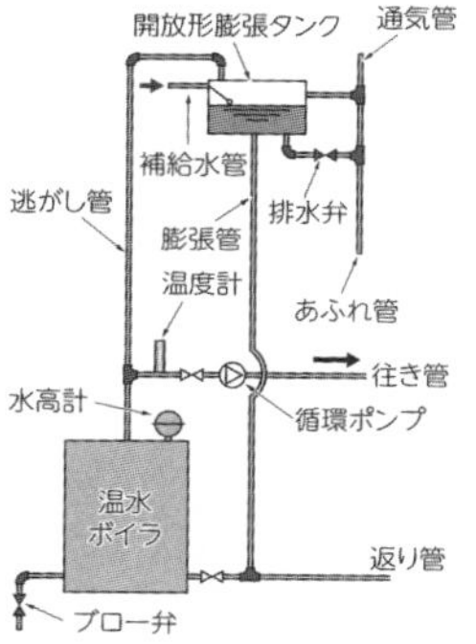

図 1　温水ボイラーの配管例
（開放形膨張タンク方式）

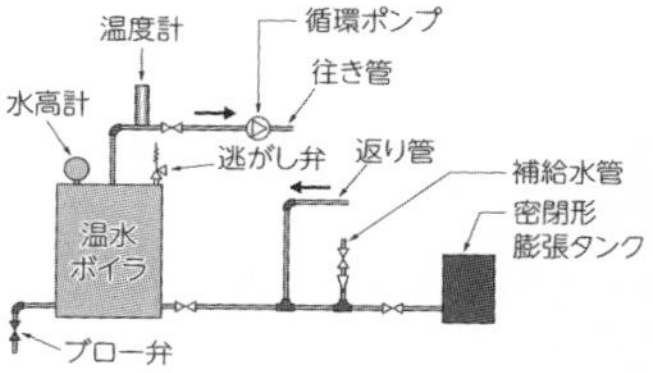

図 2　温水ボイラーの配管例
（密閉形膨張タンク方式）

逃がし管の径は，JISにより，伝熱面積ごとに最小径が定められている。
したがって，問の(4)の記述は適切でない。

〔答〕　(4)

〔ポイント〕　温水ボイラーの附属品及び循環装置について理解すること「最短合格1.7.6」，「教本1.8.6」。

問7　ボイラーのエコノマイザについて，適切でないものは次のうちどれか。

(1)　エコノマイザには，一般に鋼管形が用いられる。
(2)　エコノマイザ管には，平滑管やひれ付き管が用いられる。
(3)　エコノマイザ管は，エコノマイザに使用される伝熱管である。
(4)　エコノマイザを設置すると，ガス温度が低下するため，煙突によって生じる通風力が増加する。
(5)　エコノマイザは，燃料の性状によっては低温腐食を起こすことがある。

〔解説〕　エコノマイザは，ボイラーから排出されるガスの熱を回収して，ボイラーの給水を予熱する附属設備である。

(1)，(2)，(3)　エコノマイザに使用される伝熱管は，鋼管が多く使われるが，まれに腐食に強い鋳鉄管が使用される。また，エコノマイザ管には，平滑管やひれ付き管が用いられる。

(4)　エコノマイザは煙道に設けられるため，通風力が低下し，通風損失が増加する。そのため，ファンの消費動力が多少増加する。
　したがって，問の(4)の記述は適切でない。

(5)　硫黄分のある燃料を使用する場合，エコノマイザの伝熱面の温度が給水温度により低くなることによって，エコノマイザの低温部で低温腐食を起こすことがある。

〔答〕　(4)

〔ポイント〕　エコノマイザを設置した場合の利点と欠点と低温腐食について理解すること「最短合格1.7.7 [2]」，「教本1.8.7 (2)」。

問８　ボイラーに使用するブルドン管圧力計について，適切でないものは次のうちどれか。

(1) 圧力計は，原則として，胴又は蒸気ドラムの一番高い位置に取り付ける。
(2) 圧力計のコックは，ハンドルが管軸と直角方向になったときに閉じるように取り付ける。
(3) 圧力計と胴又は蒸気ドラムとの間にオリフィスを取り付け，蒸気がブルドン管に直接入らないようにする。
(4) 圧力計では，ブルドン管に圧力が加わり管の円弧が広がると，歯付扇形片が動いて小歯車が回転し，指針が圧力を示す。
(5) ブルドン管は，断面が扁《へん》平な管を円弧状に曲げ，その一端を固定し他端を閉じたものである。

〔解説〕 圧力計は一般的に，ブルドン管式のものが使用される。

圧力計のブルドン管は扁平（図１）な管を円弧状に曲げ，その一端を固定し，他端を閉じて自由に動けるようにしたもので，その先に歯付扇形片をかみ合わせる。ブルドン管に圧力が加わると，ブルドン管の円弧が広がり歯付扇形片が動く。その結果，これにかみ合う小歯車が回転し，その軸に取り付けられている指針の動きから圧力を知るのである。その指示圧力は，大気圧との差圧のゲージ圧力を示す（図２）。

圧力計は，ボイラーに直接取り付けると蒸気がブルドン管に入り熱せられて温度が高くなり，狂うおそれがあるので，サイホン管を取り付け，その中に水を入れてブルドン管に蒸気や高温の水が直接入らないようにする。圧力計は，胴又は蒸気ドラムの一番高い位置に取り付けるのが原則である。また，圧力計を取り付ける場合は垂直に取り付け，圧力計のすぐ下にコック，次にサイホン管を取り付ける。コックは，ハンドルを管軸と同一方向になった場合に開くようにしておかなければならない。

したがって，(3)の記述は適切でない。

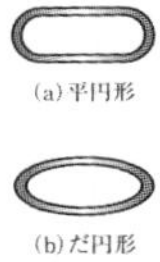

図１　ブルドン管断面（A-A′ 視図）

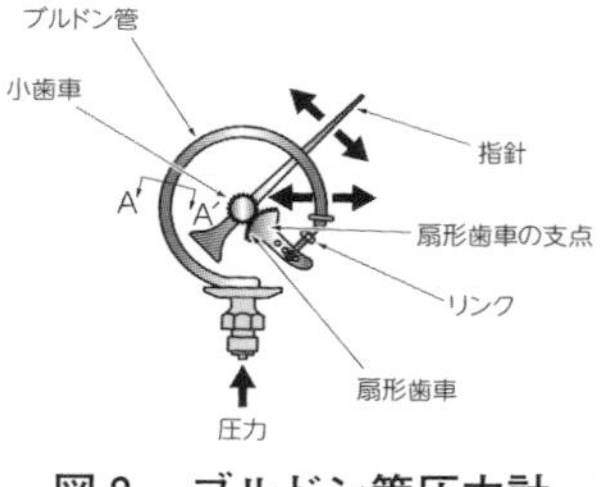

図２　ブルドン管圧力計

〔答〕 (3)

〔ポイント〕 ボイラーの圧力計の構造について理解すること「最短合格1.7.1」，「教本1.8.1」。

問９　ボイラーのシーケンス制御回路に使用される電気部品について，適切でないものは次のうちどれか。

(1)　電磁継電器は，コイルに電流が流れて鉄心が励磁され，吸着片を引き付けることによって接点を切り替える。
(2)　電磁継電器のメーク接点（ａ接点）は，コイルに電流が流れると開となり，電流が流れないと閉となる。
(3)　電磁継電器のブレーク接点（ｂ接点）を用いることによって，入力信号に対して出力信号を反転させることができる。
(4)　タイマは，適当な時間の遅れをとって接点を開閉するリレーで，シーケンス回路によって行う自動制御回路に多く利用される。
(5)　リミットスイッチは，物体の位置を検出し，その位置に応じた制御動作を行うために用いられるもので，マイクロスイッチや近接スイッチがある。

〔解説〕　シーケンス制御回路に使用される電気部品の問題である。

(1)，(2)，(3)　電磁継電器は，鉄心に巻かれたソレノイド（円筒状コイル）に電流を流すと，鉄心を通して磁力線が発生し，鉄心には電磁石の作用が生じる。

電磁継電器は，鉄心に巻かれたコイルと，一組又は数組（２組～８組）の可動接点及び固定接点を備えている。入力を与える（電流を通す）と鉄心が励磁され，吸着片を引きつけることによって接点を切り替える。

接点には，次の二つがある。

①　メーク接点（ａ接点）：コイルに電流が流れてリレーが励磁した場合に閉となり接点に電流が流れ，コイルに電流が流れないでリレーが非励磁のときに開となって接点に電流が流れなくなる接点。

②　ブレーク接点（ｂ接点）：コイルに電流が流れた場合に開となり接点に電流が流れなくなり，コイルに電流が流れない場合に閉となり接点に電流が流れる接点。

したがって，問の(2)の記述内容はブレーク接点（ｂ接点）であり，適切でない。

(4)　タイマ（限時，時延，遅延継電器）は，適当な時間遅れをとって接点の開閉をするリレーで，シーケンス回路によって行う自動制御回路に多く利用される。

(5)　リミットスイッチは，物体の位置を検出し，その位置に応じた制御動作を行うために用いられるスイッチで機械的変位を利用するマイクロスイッチと，直接物体に接触しないで電磁界の変化によって位置を検出する近接スイッチがある。

〔答〕　(2)

〔ポイント〕　シーケンス制御回路に使用される電気部品について理解すること「教本1.9.3 (2)」。

問10　ボイラーの燃焼装置・燃焼安全装置に求められる要件について，適切でないものは次のうちどれか。

(1)　燃焼装置は，燃焼が停止した後に，燃料が燃焼室内に流入しない構造のものであること。
(2)　燃焼装置は，燃料漏れの点検・保守が容易な構造のものであること。
(3)　燃焼装置には，主安全制御器，火炎検出器，燃料遮断弁などで構成される信頼性の高い燃焼安全装置が設けられていること。
(4)　燃焼安全装置は，ファンが異常停止した場合に，主バーナへの燃料の供給を直ちに遮断する機能を有するものであること。
(5)　燃焼安全装置は，異常消火の場合に，主バーナへの燃料の供給を直ちに遮断し，修復後は手動又は自動で再起動する機能を有するものであること。

〔解説〕

(1)，(2)，(3)，(4)，(5)　燃焼安全装置は，火炎検出器からの火炎の状況，各種の制限器からの情報を取り入れて燃料遮断弁を閉止して，ボイラーの運転を停止し，ボイラーの事故を未然に防ぐためのものである（図１，２）。

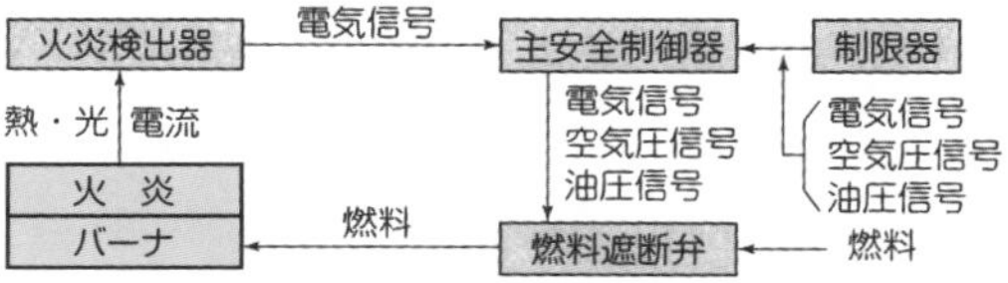

図１　燃焼安全装置の基本構成

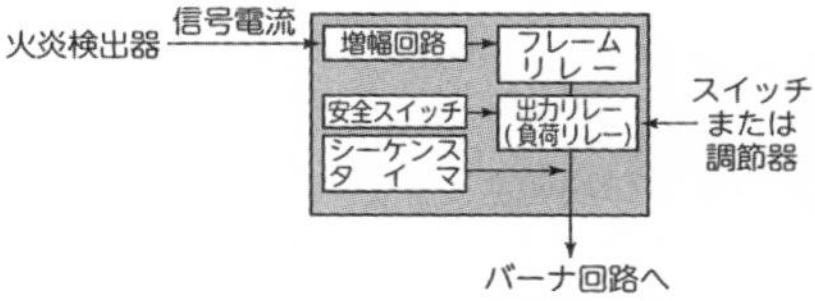

図２　主安全制御器の構成

燃焼安全装置に，求められる主な要件

①　燃焼装置は燃焼が停止した後，燃料が燃焼室内に流入しない構造で点検保守が容易な構造であること。

②　燃焼安全装置は，ファンが異常停止及び異常消火の場合，主バーナへの燃料の供給を直ちに遮断すること。
また，遮断した場合，手動による操作をしない限り，再起動できない機能を有する。
したがって，問の(5)において，燃料遮断し，修復後は手動又は自動で再起動する機能を有するという記述は適切でない。

〔答〕 (5)

〔ポイント〕　燃焼安全装置について理解すること「最短合格1.8.4 ④」，「教本1.9.4 (5)」。

■ 令和４年後期：ボイラーの構造に関する知識 ■

問１　ボイラーの水循環について，誤っているものは次のうちどれか。

(1)　ボイラー内で，温度が上昇した水及び気泡を含んだ水は上昇し，その後に温度の低い水が下降して，水の循環流ができる。
(2)　丸ボイラーは，伝熱面の多くがボイラー水中に設けられ，水の対流が困難なので，水循環の系路を構成する必要がある。
(3)　水管ボイラーでは，特に水循環を良くするため，上昇管と降水管を設けているものが多い。
(4)　自然循環式水管ボイラーは，高圧になるほど蒸気と水との密度差が小さくなり，循環力が弱くなる。
(5)　水循環が良いと熱が水に十分に伝わり，伝熱面温度は水温に近い温度に保たれる。

〔解説〕

(1)，(5)　ボイラーでは，伝熱面に接触している水及び気泡を含んだ水が上昇し，その後に温度の低い水が下降してくる。このようにボイラー内に自然に水の循環流ができ，次々に蒸気を発生する。気泡を含んだ水は水面に達し蒸気を分離した後，下降して循環する。

循環が良いと熱が水に十分伝わり，伝熱面温度も水温に近い温度に保たれるが，反対に循環が不良であると気泡が停滞したりして伝熱面の焼損，膨出などの原因となる。

(2)　丸ボイラーの伝熱面は水部中にあり，特別な水の循環系路を構成しなくても水の対流により循環する。

(3)，(4)　水管ボイラーでは，特に水の循環を良くするために，水の気泡の混合体が上昇する管（上昇管，蒸発管）と，水が下降する管（下降管，降水管）を設けて，下降管と上昇管の密度差（kg/m^3）により循環するが，高圧になるにしたがって，蒸気の密度は大きくなるため，下降管と上昇管の密度差は小さくなるので水の循環力は弱くなる。

問の(2)の記述において，水の対流が困難なので，水循環の系路を構成する必要があるという記述は誤りである。正しくは，特別な水の循環系路を構成しなくても水の対流により循環する。

〔答〕　(2)

〔ポイント〕　ボイラーにおける蒸気の発生と水循環について理解すること「最短合格1.3.2，1.5.3」「教本1.1.3，1.4.2」。

問2　ボイラーの伝熱面，燃焼室及び燃焼装置について，誤っているものは次のうちどれか。

(1)　燃焼室に直面している伝熱面は接触伝熱面，燃焼室を出たガス通路に配置される伝熱面は対流伝熱面といわれる。
(2)　燃焼室は，燃料を燃焼させ，熱が発生する部分で，火炉ともいわれる。
(3)　燃焼装置は，燃料の種類によって異なり，液体燃料，気体燃料及び微粉炭にはバーナが，一般固体燃料には火格子が用いられる。
(4)　燃焼室は，供給された燃料を速やかに着火・燃焼させ，発生する可燃性ガスと空気との混合接触を良好にして，完全燃焼を行わせる部分である。
(5)　加圧燃焼方式の燃焼室は，気密構造になっている。

〔解説〕　ボイラーは，燃料を燃焼して得られる高温の燃焼ガスによって容器内の水を加熱して所要の蒸気又は温水を作る装置で，火炉，ボイラー本体，附属品及び附属装置などで構成されている。

(1)，(2)　燃焼室は燃料を燃焼し熱を発生する部分で，火炉ともいわれ，燃焼装置が取り付けられる。

(3)　燃焼装置は燃料の種類によって異なり，液体燃料，気体燃料及び固体燃料の石炭を微粉にしたものにはバーナが用いられ，木材，石油コークスなどの固体燃料には火格子などが用いられる。

(4)，(5)　燃焼室は，バーナからの燃料又は火格子上に送り込まれた燃料を空気と接触混合し良好に燃焼を行わせる部分である。

ボイラー本体は，燃焼室でバーナにより燃焼し発生した熱を受けて内部の水を加熱し，所要の圧力の蒸気又は温水を発生する部分であり，その熱を水や蒸気に伝える部分を伝熱面という。

火炎からの強い放射熱を受ける燃焼室内の伝熱面を放射伝熱面といい，燃焼室を出たガスの通路に配置された伝熱面を接触伝熱面又は対流伝熱面という。

また，燃焼室内を大気圧以上として燃焼する方式を加圧燃焼方式と呼び，燃焼室は気密構造となっている。

したがって，問の(1)において，燃焼室に直面している伝熱面を接触伝熱面というのは誤りで，正しくは放射伝熱面である。

〔答〕　(1)

〔ポイント〕　伝熱面とは，燃焼室からの熱や燃焼ガスの熱を受けて，その熱を水や蒸気に伝える部分で，放射伝熱面及び接触伝熱面（対流伝熱面）がある「最短合格1.1.1. ①，②，1.5.4 ①」，「教本1.1.4 (1)，1.2.1 (1) (2)」。

問 3　丸ボイラーと比較した水管ボイラーの特徴として，誤っているものは次のうちどれか。

(1)　構造上，低圧小容量用から高圧大容量用までに適している。
(2)　伝熱面積を大きくとれるので，一般に熱効率を高くできる。
(3)　伝熱面積当たりの保有水量が小さいので，起動から所要蒸気発生までの時間が短い。
(4)　使用蒸気量の変動による圧力変動及び水位変動が大きい。
(5)　戻り燃焼方式を採用して，燃焼効率を高めているものが多い。

〔解説〕　水管ボイラーは一般に比較的小径のドラム及び多数の水管で構成され，低圧小容量及び大容量で高圧にも適している。

水管ボイラーの特徴は次のとおりである。

①　水管ボイラーの形式は，ボイラー水の流動方式により，自然に循環する自然循環式，循環ポンプにより強制的に循環する強制循環式及び給水ポンプにより管系の一端から押し込まれた水が他端から所要の蒸気となって取り出される貫流式がある。このように，水管ボイラーは水管が強い熱を受け，その内部で多量の蒸気を発生することになるので，内部に蒸気が停滞したり，蒸気だけになったりすると管の過熱を生じて焼損する。したがって，ボイラー水に確実な流動を行わせ，水管内面が常に水に接し十分な熱伝達が行われるようにしなければならない。

②　構造上，低圧小容量から高圧大容量に適する。

③　燃焼室を自由な大きさに作れるので，燃焼状態がよく，また，種々の燃料及び燃焼方式に適応できる。

④　伝熱面積が大きくとれるので，一般に熱効率が高い。

⑤　伝熱面積当たりの保有水量が少ないので，起動から所要蒸気を発生するまでの時間が短い。その反面，負荷変動によって圧力及び水位が変動しやすいので，きめ細やかな調整を必要とする。

⑥　給水及びボイラー水の水処理に注意を要する。特に高圧ボイラーでは，厳密な水管理を行わなければならない。

以上のように，燃焼室を自由な大きさに作れるので，燃焼状態がよく，また，種々の燃料及び燃焼方式に適応できるが，丸ボイラーのような戻り燃焼方式は採用されていない。問の(5)において，戻り燃焼方式を採用しているという記述は誤りである。

〔答〕　(5)

〔ポイント〕　水管ボイラーの構造と特徴を理解すること「最短合格1.3.1 ①」，「教本1.4.1 (1)」。

問4　次の文中の［　　］内に入れるA及びBの語句の組合せとして，適切なものは(1)〜(5)のうちどれか。

「暖房用鋳鉄製蒸気ボイラーでは，一般に復水を循環して使用し，給水管はボイラーに直接接続しないで［ A ］に取り付け，［ B ］を防止する。」

	A	B
(1)	逃がし管	給水圧力の異常な昇圧
(2)	返り管	給水圧力の異常な昇圧
(3)	返り管	低水位事故
(4)	受水槽	低水位事故
(5)	膨張管	給水圧力の異常な昇圧

〔解説〕　暖房用に蒸気を使用するための鋳鉄製ボイラーでは，復水を循環使用するのを原則とし，返り管を備えている。鋳鉄製ボイラーは鋼よりも脆く熱による不同膨張によって割れを生じやすい。そのため，ボイラーへ送る給水はボイラー水との温度差を極力少なくするために，原則として復水を循環して使用し，給水管はボイラーに直接取り付けないで返り管に取り付ける。蒸気暖房返り管では，万一暖房配管が空の状態になったときでも，低水位事故を防止し，ボイラーには少なくとも安全低水面付近までボイラー水が残るように，図に示すような連結法が用いられる。これをハートフォード式連結法という。なお，この場合，返り管の取付位置は，重力循環式の場合は安全低水面と一致させなければならないが，一般に行われているポンプ循環方式の場合には，給水時のウォータハンマの発生を防止するため，安全低水面以下150 mm以内の高さにする。

　したがって，問の(3)に示すとおりAには，「返り管」，Bには，「低水位事故」が入る。

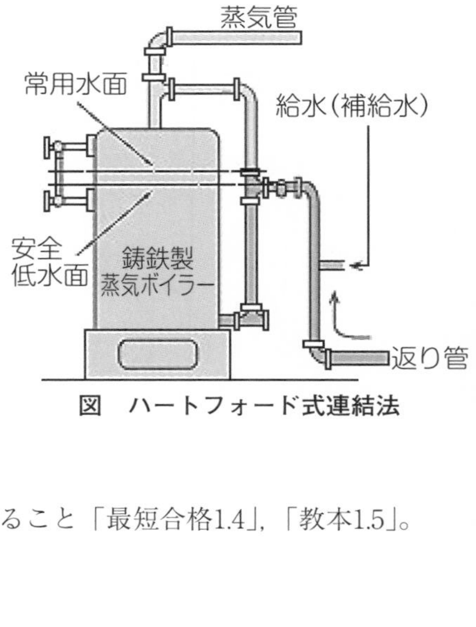

図　ハートフォード式連結法

〔答〕　(3)

〔ポイント〕　鋳鉄製ボイラーについて理解すること「最短合格1.4」，「教本1.5」。

問5　ボイラー各部の構造及び強さについて，誤っているものは次のうちどれか。

(1)　皿形鏡板は，球面殻，環状殻及び円筒殻から成っている。
(2)　胴と鏡板の厚さが同じ場合，圧力によって生じる応力について，胴の周継手は長手継手より２倍強い。
(3)　皿形鏡板に生じる応力は，すみの丸みの部分において最も大きい。この応力は，すみの丸みの半径が大きいほど大きくなる。
(4)　平鏡板の大径のものや高い圧力を受けるものは，内部の圧力によって生じる曲げ応力に対して，強度を確保するためステーによって補強する。
(5)　管板には，煙管のころ広げに要する厚さを確保するため，一般に平管板が用いられる。

〔解説〕

(1)，(3)，(4)，(5)　胴又はドラムの両端を覆っている部分を鏡板という。鏡板は，その形状によって平鏡板，皿形鏡板，半だ円体形鏡板，全半球形鏡板の４種類に分けられる。

特に炉筒煙管及び煙管ボイラーのように管を取り付ける鏡板を管板といい，一般にころ広げなど管の取り付けやすさから平鏡板（平管板）が多く使用される。

また，平鏡板（平管板）は炉筒などが取り付けられるため，内部の圧力によって曲げ応力が生じるので，ステーによって補強する。

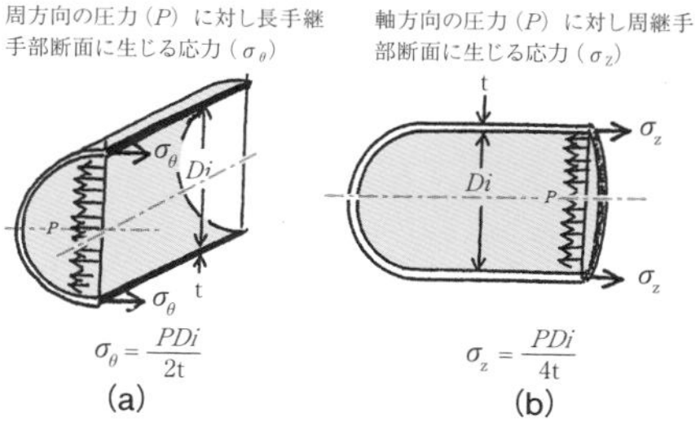

図１　薄肉円筒の応力

皿形鏡板に生じる応力は，すみの丸みの部分において最も大きい。この応力は，すみの丸みの半径が小さくなるほど大きくなる。

したがって，(3)の記述は誤りである。

(2)　ボイラーの胴板には，内部の圧力によって引張応力が発生する。

この引張応力は，長手継手（図１(a)）の応力と周継手（図１(b)）の応力がある。

図１の式に示すように長手継手の応力（σ_θ）は，周継手の応力（σ_z）の２倍となる。

したがって，軸方向（長手方向）の応力に対する胴の周継手の強さは，周方向の応力に対する長手継手に求められる強さ１/２あればよい。

図１に示すとおり，胴板の強さは周継手が強く，長手継手が弱いので，だ円形のマンホールを胴に設ける場合は，図２に示すように長径部は胴の周方向に配置する（強い周継手方向に長径部を設ける）。また，短径部は胴の軸方向に配置する。

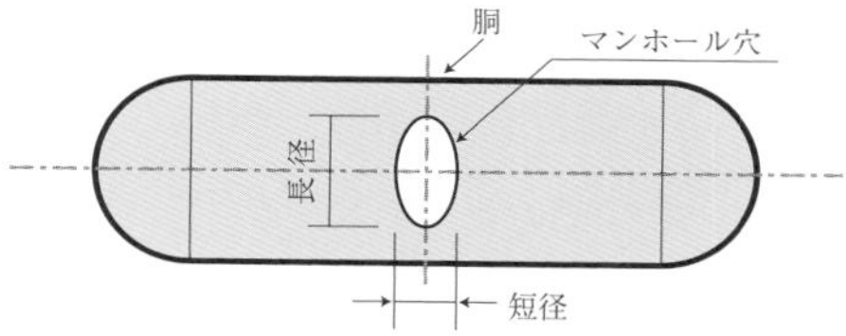

図２　マンホールの配置（胴上部より視る）

〔答〕（3）

〔ポイント〕　ボイラー各部の構造と強さについて理解すること「最短合格1.6.1，1.6.2，1.6.4，1.6.5」，「教本1.7.1，1.7.2，1.7.4，1.7.5」。

問6　ボイラーの水面測定装置について，適切でないものは次のうちどれか。

(1)　貫流ボイラーを除く蒸気ボイラーには，原則として，2個以上のガラス水面計を見やすい位置に取り付ける。
(2)　ガラス水面計は，可視範囲の最下部がボイラーの安全低水面と同じ高さになるように取り付ける。
(3)　丸形ガラス水面計は，主として最高使用圧力1 MPa以下の丸ボイラーなどに用いられる。
(4)　平形反射式水面計は，裏側から電灯の光を通すことにより，水面を見分けるものである。
(5)　二色水面計は，光線の屈折率の差を利用したもので，蒸気部は赤色に，水部は緑色（青色）に見える。

〔解説〕　貫流ボイラーを除く蒸気ボイラーには，2個以上の水面計をボイラー本体又は蒸気ドラムに直接取り付けるか，あるいは水柱管を設け，これに取り付ける。

ボイラー水面計は，上下に水面計用コックが設けられていて，ボイラー水は下のコックを，蒸気は上のコックを通って水面計に入りボイラー水位が現れる。

その水面計の最下面は，ボイラーの安全低水面と同じ高さに取り付ける（図）。

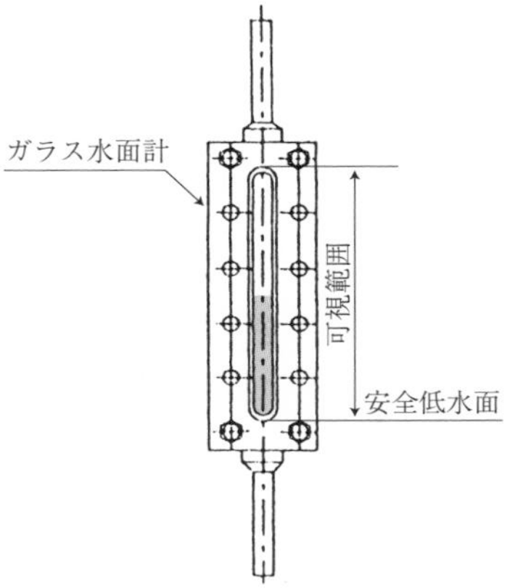

図　水面計の可視範囲と安全低水面の位置

水面計の種類には，丸形ガラス，平形反射式，平形透視式及び二色水面計等があり，その構造・特徴は次のとおりである。

①　丸形ガラス水面計：上下コックは胴，水柱管などにフランジ又はねじ込みによって取り付け，この上下のコックに所要寸法の丸形ガラスを挿入して袋ナットで締め付けたものである。
　丸形ガラス水面計は，主として最高使用圧力1 MPa以下の丸ボイラーなどに用いられる。
②　平形反射式水面計：丸形ガラスの代わりに平板ガラスを使用するもので，その構造は平板ガラスを金属箱に組み込んだものである。1枚の厚い板ガラスの裏面に三角形の溝をつけ，これの両面にガスケットを入れて金具で締め付ける。ガラスの前面から見ると，水のある部分は光線が通って黒色がかって見え，蒸気のある部分は反射されて白色に光って見えるので，水面を見分けやすい。
③　平形透視式水面計：裏側から電灯で照らせば光線が透過して，はっきりと水面を表示するものである。一般に，高圧ボイラー用として使用される。
④　二色水面計：水面計のガラスに赤色と緑色の2光線を通過させて，光線の屈折率の相違を利用し，蒸気部は赤に，水部は緑に見えるようにしたものである。
　したがって，問の(4)における記述内容は，平形透視式水面計であり適切でない。

〔答〕 (4)

〔ポイント〕　ボイラーの水面測定装置について理解すること「最短合格1.7.1 [2]」，「教本1.8.1 (2)」。

問7　ボイラーのエコノマイザについて，適切でないものは次のうちどれか。

(1)　エコノマイザは，煙道ガスの余熱を回収して給水の予熱に利用する装置である。
(2)　エコノマイザ管には，平滑管やひれ付き管が用いられる。
(3)　エコノマイザを設置すると，ボイラー効率を向上させ，燃料が節約できる。
(4)　エコノマイザを設置すると，通風抵抗が多少増加する。
(5)　エコノマイザは，燃料の性状によっては高温腐食を起こす。

〔**解説**〕　ボイラー熱損失のうち最大のものは，煙道ガスによって持ち去られる熱量である。この余熱を回収して給水の予熱に利用する装置がエコノマイザである。

エコノマイザを設けることは，ボイラー効率を向上させ燃料の節約となる。なお，エコノマイザを設置することによって，通風抵抗が多少増加するので通風力を検討する必要がある。

なお，燃料性状によっては，給水温度が低いと低温腐食を起こすことがある。しかし，高温腐食を起こすことはない。

したがって，適切でないものは，問の(5)である。

〔**答**〕　(5)

〔**ポイント**〕　エコノマイザについて理解すること「最短合格1.7.7 [2]」，「教本1.8.7 (2)」。

問 8　ボイラーの給水系統装置について，誤っているものは次のうちどれか。

(1)　ディフューザポンプは，羽根車の周辺に案内羽根のある遠心ポンプで，高圧のボイラーには多段ディフューザポンプが用いられる。
(2)　渦巻ポンプは，羽根車の周辺に案内羽根のない遠心ポンプで，一般に低圧のボイラーに用いられる。
(3)　渦流ポンプは，円周流ポンプとも呼ばれているもので，小容量の蒸気ボイラーなどに用いられる。
(4)　給水逆止め弁には，ゲート弁又はグローブ弁が用いられる。
(5)　給水弁と給水逆止め弁をボイラーに取り付ける場合は，ボイラーに近い側に給水弁を取り付ける。

〔解説〕

(1), (2), (3)　ボイラーに給水するポンプには，遠心ポンプ（ディフューザポンプと渦巻ポンプ）及び渦流ポンプ（円周流ポンプ）がある。

遠心ポンプは，羽根車をケーシング内で回転させ，遠心作用によって水に圧力及び速度エネルギーを与えるものである。羽根車の中心から吸い込まれた水は，半径方向外向きに流れ，速度エネルギーは渦巻室（ボリュートケーシング）を通過する間に圧力エネルギーに変換され，吐出し口から外に出る。

ディフューザポンプは，羽根車の周辺に案内羽根をもつもので，高圧・大容量ボイラーには多段式のものが用いられる。

渦巻ポンプは，羽根車の周辺に案内羽根のないもので，一般に低圧・中小容量のボイラーに用いられる。

特殊ポンプの渦流ポンプは，円周流ポンプとも呼ばれ，小さい吐出流量で高い揚程が得られる。小容量のボイラーに用いられる。

(3), (5)　ボイラー又はエコノマイザ入口には，給水弁及び逆止め弁を取り付けなければならない。給水弁をボイラーに近い側に取り付ける。逆止め弁が故障の場合，給水弁を閉止して，ボイラー水をボイラーに残したままで逆止め弁を修理することができるようにするためである。なお，給水弁はアングル弁又は玉形弁が用いられ，給水逆止め弁には，スイング式又はリフト式が用いられる（図）。

したがって，問の(4)の記述は誤りである。

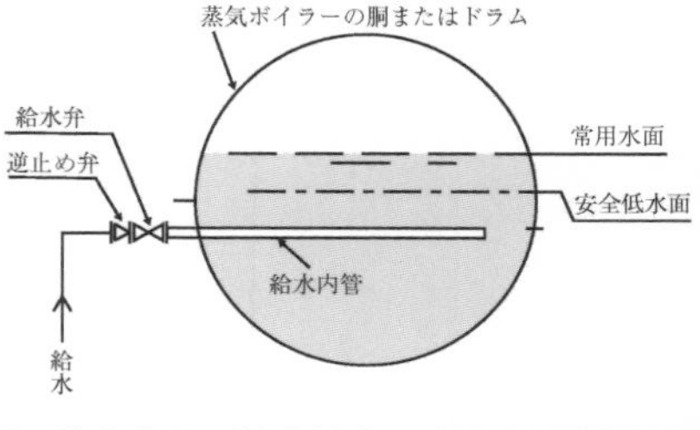

図　給水弁及び給水管内と水面との関係位置

〔答〕 (4)

〔ポイント〕　ボイラー用給水系統装置について理解すること「最短合格1.7.4」，「教本1.8.4」。

問9　ボイラーの圧力制御機器について，誤っているものは次のうちどれか。

(1)　比例式蒸気圧力調節器は，一般に，コントロールモータとの組合せにより，比例動作によって蒸気圧力の調節を行う。
(2)　比例式蒸気圧力調節器では，比例帯の設定を行う。
(3)　オンオフ式蒸気圧力調節器（電気式）は，蒸気圧力によって伸縮するベローズがスイッチを開閉し燃焼を制御する装置で，機器本体をボイラー本体に直接取り付ける。
(4)　蒸気圧力制限器は，ボイラーの蒸気圧力が異常に上昇した場合などに，直ちに燃料の供給を遮断するものである。
(5)　蒸気圧力制限器には，一般にオンオフ式圧力調節器が用いられている。

〔解説〕

(1)，(2)，(3)　中小容量のボイラーの蒸気圧力調節器には，オンオフ式蒸発圧力調節器と，比例式蒸気圧力調節器がある。いずれも，蒸気圧力検出部にはベローズがあり，このベローズに直接蒸気が浸入しないように，水を満たしたサイホン管を用いてボイラーに取り付ける。
①　オンオフ式蒸気圧力調節器は，圧力の制御範囲の上限と下限の動作のすき間のいずれかの信号によりオンオフ動作をする。
②　比例式蒸気圧力調節器は，比例帯の目盛範囲で一般にコントロールモータとの組合せにより比例制御が行われるものである（図）。

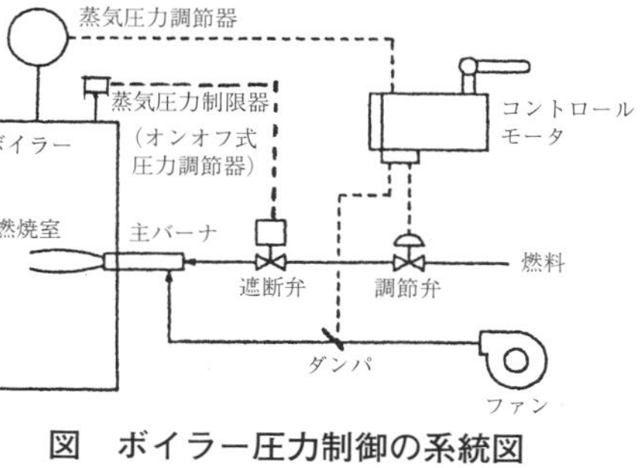

図　ボイラー圧力制御の系統図

(4)，(5)　蒸気圧力制限器は，ボイラーの蒸気圧力が設定した運転圧力より，上昇したり，また低下した場合にその圧力を検出して直ちに燃料の供給を遮断するためのもので，一般にオンオフ式圧力調節器が使用される。
　したがって，問の(3)の蒸気圧力調節器には，機器本体をボイラー本体に直接取り付けるという記述は誤りで，正しくは，ベローズに直接蒸気が浸入しないように，水を満たしたサイホン管を用いてボイラーに取り付ける。

〔答〕(3)

〔ポイント〕　調節器の動作を理解すること「最短合格1.8.4」，「教本1.9.4」。

問10　ボイラーの自動制御について，誤っているものは次のうちどれか。

(1)　シーケンス制御は，あらかじめ定められた順序に従って，制御の各段階を，順次，進めていく制御である。
(2)　オンオフ動作による蒸気圧力制御は，蒸気圧力の変動によって，燃焼又は燃焼停止のいずれかの状態をとる。
(3)　ハイ・ロー・オフ動作による蒸気圧力制御は，蒸気圧力の変動によって，高燃焼，低燃焼又は燃焼停止のいずれかの状態をとる。
(4)　比例動作による制御は，偏差の大きさに比例して操作量を増減するように動作する制御である。
(5)　微分動作による制御は，偏差が変化する速度に比例して操作量を増減するように動作する制御で，ＰＩ動作ともいう。

〔解説〕　ボイラーの自動制御には，シーケンス制御とフィードバック制御がある。

シーケンス制御とは，あらかじめ定められた順序に従って，制御の各段階を進めていく制御である。

フィードバック制御とは，操作の結果得られた制御量の値（圧力，水位など）を目標値と比較して，それらを一致させるような動作を繰り返す制御のことであり，以下の動作をいう。

検出部から得られた制御量の値を目標値と比較し，その偏差に対する操作信号を作る調節器の制御動作を分類すれば，オンオフ動作，ハイ・ロー・オフ動作，比例動作，積分動作及び微分動作となる。

①　オンオフ動作は，制御偏差が設定値に対し正であるか負であるかによって制御するものであるので，動作すき間の設定が必要である。
②　ハイ・ロー・オフ動作は，設定値を２つに分けて，高燃焼（ハイ）と低燃焼（ロー）及び停止（オフ）の３段階の制御をするものである。
③　比例動作は，偏差の大きさに比例して操作量を増減するように動作するものである。蒸気圧力は設定値より少し異なった値でつり合う。これを偏差（オフセット）という。これはＰ動作と呼ばれている。
④　積分動作は，制御偏差量に比例した速度で操作量を増減するように動作するもので，オフセットが現れた場合に，オフセットをなくすように動く。これはＩ動作と呼ばれている。
⑤　微分動作による制御は，偏差が変化する速度に比例して操作量を増減するように動作するもので，外乱（負荷の急激な変動など）が大きい場合，制御結果が大きく変動するのを防ぐことができる制御である。これはＤ動作と呼ばれている。

したがって，問の(5)の記述内容は誤りで，微分動作による制御は，Ｄ動作と呼ばれているものである。

〔答〕　(5)

〔ポイント〕　各調節器の制御動作について理解すること「最短合格1.8.2，1.8.3」，「教本1.9.2，1.9.3」。

■ 令和４年前期：ボイラーの構造に関する知識 ■

問１　熱及び蒸気について，誤っているものは次のうちどれか。

(1)　水，蒸気などの１kg当たりの全熱量を比エンタルピという。
(2)　水の温度は，沸騰を開始してから全部の水が蒸気になるまで一定である。
(3)　飽和水の比エンタルピは，圧力が高くなるほど大きくなる。
(4)　飽和蒸気の比体積は，圧力が高くなるほど大きくなる。
(5)　飽和水の潜熱は，圧力が高くなるほど小さくなり，臨界圧力に達するとゼロになる。

〔解説〕

(1)，(2)　物体に熱を加えると，その熱が物体の温度上昇に費やされる場合，この熱量を顕熱といい，物体の状態変化に費やされる場合，この熱量を蒸発熱（潜熱）という。この状態変化時の水の温度は一定である。そして，飽和蒸気の比エンタルピは，飽和水の顕熱に蒸発熱（潜熱）を加えた値である（図１）。

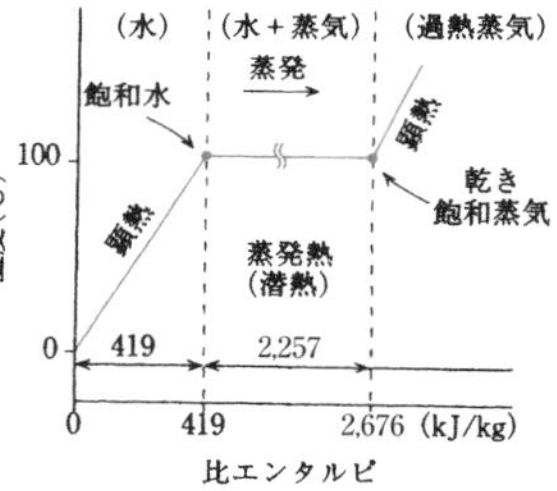

図１　標準大気圧における水の状態変化

(3)，(5)　飽和蒸気の比エンタルピは，飽和水の顕熱に蒸発熱（気化熱，または潜熱）を加えた値である。この蒸発熱は圧力が高くなるほど小さくなり，臨界圧力に達すると０になる（図２）。

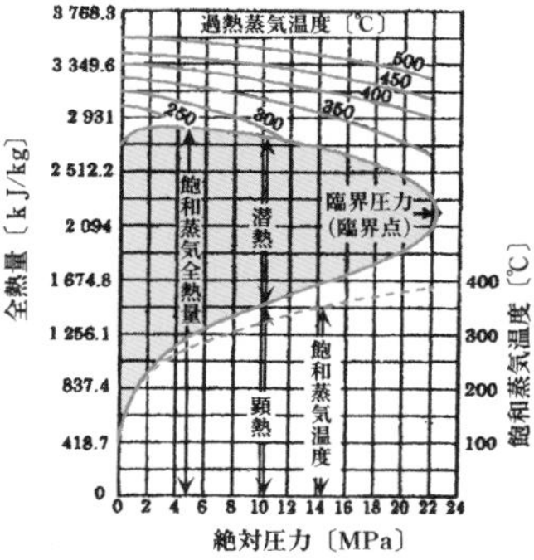

図２　水の状態変化に圧力，熱量，蒸気温度線図

蒸気圧力が高くなるほど飽和蒸気温度は高くなる。
蒸気圧力が高くなるほど蒸発熱（潜熱）は小さくなる。

(4)　飽和水及び飽和蒸気の体積を表すのに，質量１kgの飽和水及び飽和蒸気の占める体積（m^3）を比体積（m^3/kg）という。この比体積は飽和蒸気の場合，圧力が高くなるに従って比体積は小さくなるが，飽和水の比体積は圧力が高くなると大きくなる。したがって，問の(4)の記述は誤りである。

〔答〕(4)

〔ポイント〕　蒸気の性質について理解すること「最短合格1.5.1，1.5.2」，「教本1.1.1，1.1.2」。

問2　水管ボイラー（貫流ボイラーを除く。）と比較した丸ボイラーの特徴として，誤っているものは次のうちどれか。

(1)　蒸気使用量の変動による圧力変動が小さい。
(2)　高圧のもの及び大容量のものに適さない。
(3)　構造が簡単で，設備費が安く，取扱いが容易である。
(4)　伝熱面積当たりの保有水量が少なく，破裂の際の被害が小さい。
(5)　伝熱面の多くは，ボイラー水中に設けられているので，水の対流が容易であり，ボイラーの水循環系統を構成する必要がない。

〔解説〕　炉筒煙管ボイラーは径の大きい胴を用い，その内部に炉筒，煙管を設けたもので，主として圧力1 MPa程度以下で蒸発量10 t/h程度のボイラーである。伝熱面の多くはボイラー水中に設けられているので，水の対流が容易であり，したがって，特別な水循環の系路を構成する必要はない。

炉筒煙管ボイラーは，水管ボイラーに比較して次のような特徴をもっている。

①　構造が簡単で，設備費が安く取扱いも容易である。
②　径の大きい胴を用いているので，高圧のもの及び大容量のものには適さない。
③　胴径が大きいので保有水量が多いため，起動から蒸気発生までの時間がかかるが，負荷変動による圧力及び水位の変動が小さい。
④　保有水量が多く，破裂の際の被害が大きい。

したがって，問の(4)の記述は誤りである。

〔答〕　(4)

〔ポイント〕　炉筒煙管ボイラーの構造と特徴について理解すること「最短合格1.2.2，1.2.4」，「教本1.3.1，1.3.5」。

問3 超臨界圧力ボイラーに一般的に採用される構造のボイラーは次のうちどれか。

(1) 貫流ボイラー
(2) 熱媒ボイラー
(3) 二胴形水管ボイラー
(4) 強制循環式水管ボイラー
(5) 流動層燃焼ボイラー

〔解説〕 超臨界圧力用ボイラーは，圧力が臨界圧力（図の臨界点）を超えて使用されるもので，水の状態から沸騰現象を伴うことなく連続的に蒸気の状態に変化するので，水の循環がなく，また，気水を分離するための蒸気ドラムを要しない貫流式の構造が採用される。

貫流ボイラーの構造は，一連の長い管系だけから構成され給水ポンプによって一端から押し込まれた水が順次，予熱，蒸発，過熱され，他端から所要の過熱蒸気となって取り出される形式である。ドラムがなく管だけからなるため，高圧用に適している。

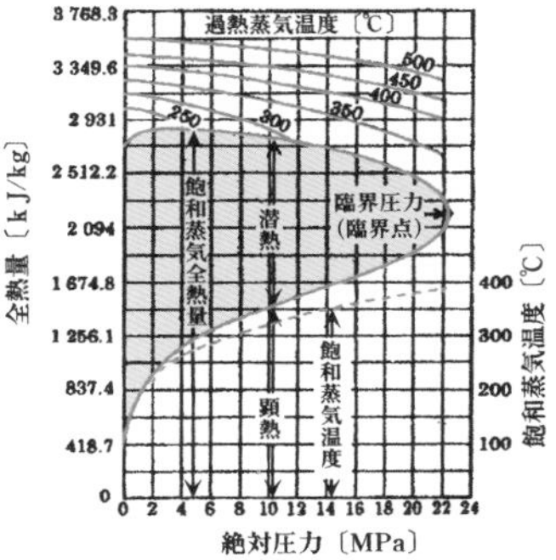

図 水の状態変化に圧力，熱量，蒸気温度線図

〔答〕 (1)

〔ポイント〕 貫流ボイラーの概要及び特徴について理解すること「最短合格1.3.4」，「教本1.4.4」。

問4　温水ボイラーの逃がし管及び逃がし弁について，誤っているものは次のうちどれか。

(1)　逃がし管は，ボイラーと高所に設けた開放型膨張タンクとを接続する管である。
(2)　逃がし管は，ボイラーが高圧になるのを防ぐ安全装置である。
(3)　逃がし管には，ボイラーに近い側に弁又はコックを取り付ける。
(4)　逃がし管は，伝熱面積に応じて最小径が定められている。
(5)　逃がし弁は，水の膨張により圧力が設定した圧力を超えると，弁体を押し上げ，水を逃がすものである。

〔解説〕　温水ボイラーの安全装置としては，一般に逃がし管（図1開放形膨張タンク方式）が使用されるが，密閉式の場合は，逃がし管の代わりに逃がし弁（ボイラー本体に取り付ける）（図2）を使用する。なお，図1の開放形の場合の逃がし管には，途中に弁やコックを設けてはならない。

したがって，問の(3)の記述は誤りである。

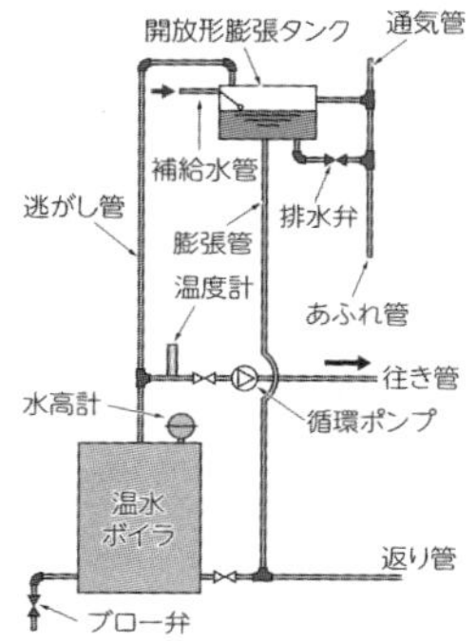

図1　温水ボイラーの配管例（開放形膨脹タンク方式）

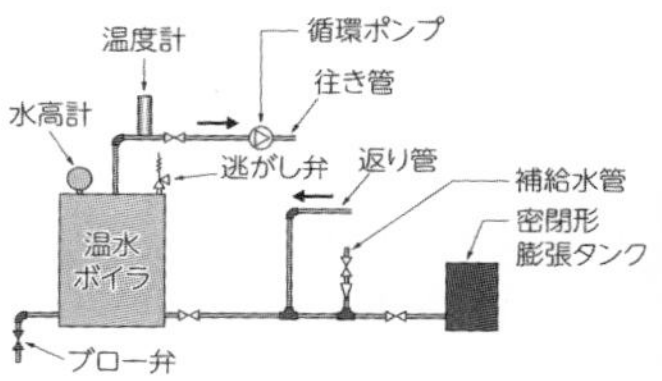

図2　温水ボイラーの配管例（密閉形膨脹タンク方式）

また，内部の水が凍結するおそれがある場合には，保温その他の措置を講じること。逃がし弁は，温水ボイラーの安全装置として使用される。

逃がし管の径は，JISにより，伝熱面積ごとに最小径が定められている。

〔答〕　(3)

〔ポイント〕　温水ボイラーの附属品及び循環装置について理解すること「最短合格1.7.6」，「教本1.8.6」。

問5　油だきボイラーの自動制御用機器とその構成（関連）部分との組合せとして，適切でないものは次のうちどれか。

	機器	構成（関連）部分
(1)	主安全制御器……………	安全スイッチ
(2)	燃料油用遮断弁…………	プランジャ
(3)	点火装置…………………	サーモスタット
(4)	蒸気圧力調節器…………	ベローズ
(5)	燃料調節弁………………	コントロールモータ

〔解説〕

(1)　主安全制御器は，燃焼安全装置の主要な制御機器であり，構成部分の安全スイッチは遅延動作形タイマー（バイメタル，電子式，モータ）が使用されている（図1）。

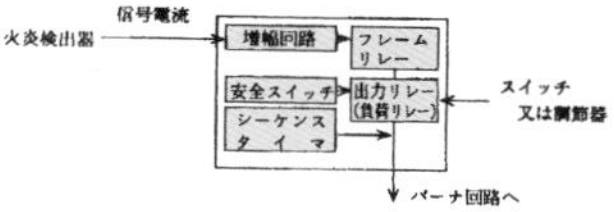

図1　主安全制御器の構成

(2)　燃料遮断弁は，燃料配管系のバーナ近くに設けられる自動弁でボイラーの異常時に自動的に閉止し，燃料の供給を遮断するものである。中小容量のボイラーには，直動式電磁弁が使用され，要部には電磁コイル，プランジャなどが使われている。

(3)　点火装置は，自動運転のボイラーにおける点火をする装置である。そのほとんどがスパーク式点火装置によって行われている。バーナの種類や制御方法に応じ，直接主バーナに点火する直接点火方式と，ガス燃料などを用いた点火バーナを使用し，その点火炎によって主バーナに点火するパイロット点火方式とのいずれかが用いられている。点火用変圧器（トランス）によって，7000～15000ボルト程度の高電圧に昇圧された電流が点火プラグの電極間での放電によるスパークを発し，主バーナ又は点火用バーナの燃料に着火させるものである。

一方，サーモスタットは，温度のフィードバック制御に用いられる機器である。

したがって，問の(3)の記述は適切でない。

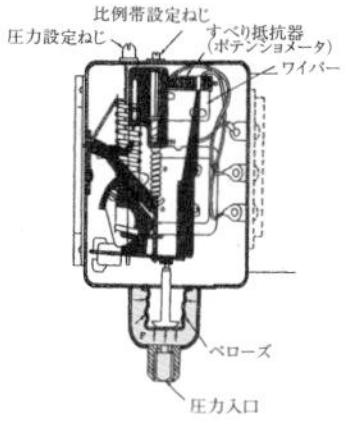

図2　比例式蒸気圧力調節器

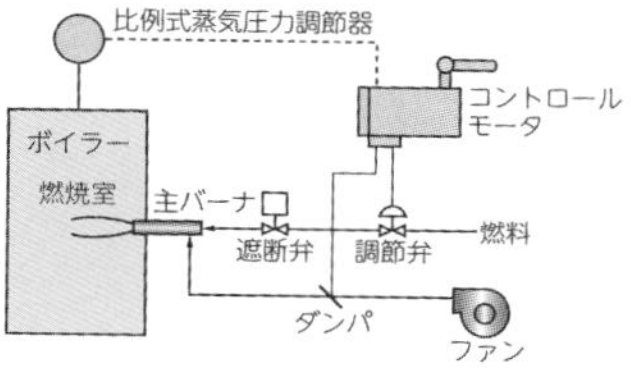

図3　比例式蒸気圧力調節器による制御

(4)　ボイラーの蒸気圧力を調節するために，比例式蒸気圧力調節器とオンオフ式蒸気圧力調節器がある。その調節器の圧力検出部にベローズが使用される（図2）。

(5)　比例式蒸気圧力調節器は，燃料調節弁と燃焼用空気量を調節するダンパを作動させるために，コントロールモータを使用している（図3）。

〔答〕(3)

〔ポイント〕ボイラーに使用される自動制御用機器の目的とその構成部分について理解すること「最短合格1.8.4」，「教本1.9.4」。

問6　ボイラーの送気系統装置について，誤っているものは次のうちどれか。

(1)　主蒸気弁に用いられる仕切弁は，蒸気の流れが弁体内でY字形になるため抵抗が小さい。
(2)　主蒸気弁に用いられる玉形弁は，蒸気の流れが弁体内部でS字形になるため抵抗が大きい。
(3)　減圧弁は，発生蒸気の圧力と使用箇所での蒸気圧力の差が大きいとき，又は使用箇所での蒸気圧力を一定に保つときに設ける。
(4)　蒸気トラップは，蒸気の使用設備内にたまったドレンを自動的に排出する装置である。
(5)　長い主蒸気管の配置に当たっては，温度の変化による伸縮に対応するため，湾曲形，ベローズ形，すべり形などの伸縮継手を設ける。

〔解説〕

(1)，(2)　主蒸気弁は，ボイラーの蒸気取り出し口又は過熱器の蒸気出口に取り付けられる弁（図1）である。主蒸気弁としてはアングル弁，玉形弁及び仕切弁が使用される。仕切弁は，蒸気が直線状に流れるため抵抗が小さい。玉形弁は，弁体内部でS字形になるため抵抗が大きい。

　したがって，問の(1)の記述は誤りである。

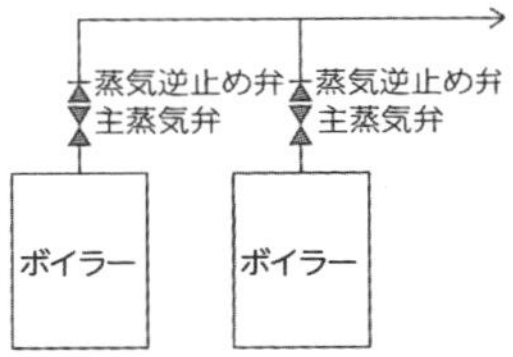

図1　同一管系に連絡されたボイラー

(3)　蒸気の送気系統に設けられる減圧装置は，発生蒸気の圧力と使用箇所での蒸気圧力の差が大きいとき，または使用箇所での蒸気圧力を一定に保つときに用いられるもので，オリフィスだけの簡単なものがあるが，一般には減圧弁が用いられる（図2）。

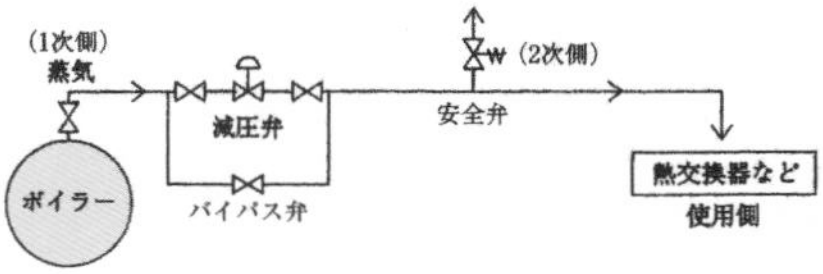

図2　減圧装置

(4)　蒸気トラップは蒸気使用設備中にたまったドレンを自動的に排出する装置で，その作動原理は，①蒸気とドレンの密度差を利用，②蒸気とドレンの温度差を利用，③蒸気とドレンの熱力学的性質の差を利用したものがある。

(5)　主蒸気管は，ボイラーから発生した蒸気を使用先に送るものである。その主蒸気管が長い場合，温度の変化による配管の伸縮を自由にするため，適切な箇所に伸縮継手（エキスパンションジョイント）を設ける。伸縮継手には，湾曲形，ベローズ形，すべり形などがある。

〔答〕 (1)

〔ポイント〕 ボイラーの送気系統装置について理解すること「最短合格1.7.3」，「教本1.8.3」。

令和３年前期と同様の問題です。(P.50参照)

問７　ボイラーに用いられるステーについて，適切でないものは次のうちどれか。

(1)　平鏡板は，圧力に対して強度が弱く変形しやすいので，大径のものや高い圧力を受けるものはステーによって補強する。
(2)　棒ステーは，棒状のステーで，胴の長手方向（両鏡板の間）に設けたものを長手ステー，斜め方向（鏡板と胴板の間）に設けたものを斜めステーという。
(3)　管ステーを火炎に触れる部分にねじ込みによって取り付ける場合には，焼損を防ぐため，管ステーの端部を板の外側へ10 mm程度突き出す。
(4)　管ステーは，煙管よりも肉厚の鋼管を管板に溶接又はねじ込みによって取り付ける。
(5)　ガセットステーは，平板によって鏡板を胴で支えるもので，溶接によって取り付ける。

〔解説〕

(1)　平鏡板その他の平板部は，圧力に対して強度が小さく，かつ，変形しやすいので，他の部材によってこれを補強する必要がある。この補強に用いられる部材がステーである。
(2)　棒ステーは，棒状のステーで，胴の長手方向（両鏡板の間）に設けたものを長手ステー，斜め方向（鏡板と胴板の間）に設けたものを斜めステーという。
(3)，(4)　管ステーは，煙管よりも肉厚の鋼管を管板に溶接によって取り付けるか，鋼管の両端にねじを切り，これを管板に設けたねじ穴にねじ込み，取り付けるものである。煙管ボイラー，炉筒煙管ボイラーなどのように，煙管を使用するボイラーに多く用いられ，煙管の役目もする。外だき横煙管ボイラーの後管板のように，火炎に触れる部分に管ステーを取り付ける場合には，端部を縁曲げしてこの部分の焼損を防ぐようにしなければならない。
　したがって，問の(3)の記述は適切でない。
(5)　ガセットステーは，平板（ガセット板）によって鏡板を胴で支えるものである。
　ガセット板を胴と鏡板に直接溶接によって取り付ける場合は次による。鏡板との取付けは，全周にわたってT継手の完全溶込み溶接（K形溶接又はレ形溶接）とし，胴との取付けは，全周にわたってT継手の完全溶込み溶接（K形又はレ形溶接）又はT継手の両側すみ溶接としなければならない。
　ガセットステーは，煙管ボイラー，炉筒煙管ボイラーなどに広く用いられている。

〔答〕　(3)

〔ポイント〕　ステーについて理解すること「最短合格1.6.4」，「教本1.7.4」。

問8　ボイラーに使用するブルドン管圧力計に関するAからDまでの記述で，誤っているもののみを全て挙げた組合せは，次のうちどれか。

A　圧力計は，原則として，胴又は蒸気ドラムの一番高い位置に取り付ける。
B　耐熱用のブルドン管圧力計は，周囲の温度が高いところでも使用できるので，ブルドン管に高温の蒸気や水が入っても差し支えない。
C　圧力計は，ブルドン管とダイヤフラムを組み合わせたもので，ブルドン管が圧力によって伸縮することを利用している。
D　圧力計のコックは，ハンドルが管軸と直角方向になったときに閉じるように取り付ける。

(1)　A，B，D
(2)　A，C
(3)　A，D
(4)　B，C
(5)　B，C，D

〔解説〕　圧力計は一般的に，ブルドン管式のものが使用される。

圧力計のブルドン管は扁平（図1）な管を円弧状に曲げ，その一端を固定し，他端を閉じて自由に動けるようにしたもので，その先に歯付扇形片をかみ合わせる。ブルドン管に圧力が加わると，ブルドン管の円弧が広がり歯付扇形片が動く。その結果，これにかみ合う小歯車が回転し，その軸に取り付けられている指針の動きから圧力を知るのである。その指示圧力は，大気圧との差圧のゲージ圧力を示す（図2）。

圧力計は，ボイラーに直接取り付けると蒸気がブルドン管に入り熱せられて温度が高くなり，狂うおそれがあるので，サイホン管を取り付け，その中に水を入れてブルドン管に蒸気や高温の水が直接入らないようにする。圧力計は，胴又は蒸気ドラムの一番高い位置に取り付けるのが原則である。また，圧力計を取り付ける場合は垂直に取り付け，圧力計のすぐ下にコック，次にサイホン管を取り付ける。コックは，ハンドルを管軸と同一方向になった場合に開くようにしておかなければならない。

したがって，誤った記述は，BとCである。

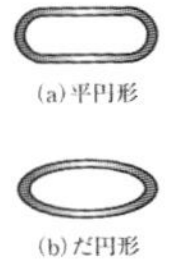

図1　ブルドン管断面（A-A′ 視図）

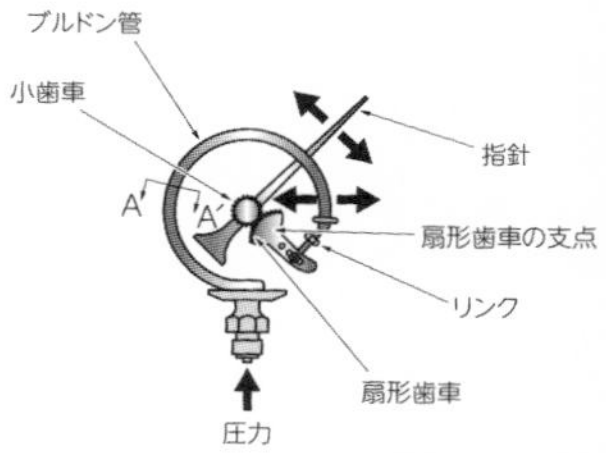

図2　ブルドン管圧力計

〔答〕　(4)

〔ポイント〕　ボイラーの圧力計の構造について理解すること「最短合格1.7.1」，「教本1.8.1」。

問９　ボイラーの容量及び効率に関するＡからＤまでの記述で，誤っているもののみを全て挙げた組合せは，次のうちどれか。

Ａ　蒸気の発生に要する熱量は，蒸気圧力及び蒸気温度にかかわらず一定である。
Ｂ　換算蒸発量は，実際に給水から所要蒸気を発生させるために要した熱量を，2257 kJ/kgで除したものである。
Ｃ　ボイラー効率は，実際蒸発量を全供給熱量で除したものである。
Ｄ　ボイラー効率を算定するとき，燃料の発熱量は，一般に低発熱量を用いる。

(1)　Ａ，Ｂ，Ｄ
(2)　Ａ，Ｃ
(3)　Ａ，Ｄ
(4)　Ｂ，Ｃ，Ｄ
(5)　Ｂ，Ｄ

〔解説〕　Ａ，Ｂ　蒸気ボイラーの容量（能力）は，最大連続負荷の状態で１時間に発生する蒸発量〔kg/h又はt/h〕で示される。ただし，蒸気の発生に要する熱量は，蒸気の圧力，温度及び給水の温度によって異なるので，ボイラー容量を，次に述べる換算蒸発量によって示す場合もある。

換算蒸発量（基準蒸発量又は相当蒸発量ともいわれる）は，実際に給水から所要蒸気を発生させるのに要した熱量を，基準状態すなわち100 ℃の飽和水を蒸発させて100 ℃の飽和蒸気とする場合の熱量2,257 kJ/kgで除したものである。すなわち，Gを実際蒸発量（kg/h），h_1，h_2をそれぞれ給水及び発生蒸気の比エンタルピ（kJ/kg）とすると，換算蒸発量G_eは，式（1.1）で求められる。

$$G_e = \frac{G\,(h_2 - h_1)}{2{,}257}\ \text{(kg/h)} \quad \cdots\cdots\cdots \quad (1.1)$$

したがって，問のＡの記述は誤りである。

Ｃ，Ｄ　ボイラー効率とは，全供給熱量に対する発生蒸気の吸収熱量の割合をいい，その算定方法は，式（1.2）のとおりである。その燃料の発熱量は，一般に低発熱量を用いる。

$$\text{ボイラー効率} = \frac{G\,(h_2 - h_1)}{(F) \times (H_l)} \times 100\ (\%) \quad \cdots\cdots\cdots \quad (1.2)$$

G，h_1，h_2は式（1.1）と同じである。
Fは燃料消費量（kg/h又はm^3_N/h）
H_lは燃料低発熱量（kJ/kg又はkJ/m^3_N）である。
したがって，問のＣの記述は誤りである。

〔答〕　(2)

〔ポイント〕　ボイラーの容量の算定式及び効率の算定式を理解すること「最短合格1.1.2」，「教本1.2.2」。

問10　ボイラーの水位検出器について，誤っているものは次のうちどれか。

(1)　水位検出器は，原則として，２個以上取り付け，それぞれの水位検出方式は異なるものが良い。
(2)　水位検出器の水側連絡管及び蒸気側連絡管には，原則として，バルブ又はコックを直列に２個以上設ける。
(3)　水位検出器の水側連絡管に設けるバルブ又はコックは，直流形の構造のものが良い。
(4)　水位検出器の水側連絡管は，呼び径20 A以上の管を使用する。
(5)　水位検出器の水側連絡管，蒸気側連絡管並びに排水管に設けるバルブ及びコックは，開閉状態が外部から明確に識別できるものとする。

〔解説〕
(1)　ボイラーには，低水位時の警報と燃料遮断の機能とをより確実にするため，原則として，水位検出器を２個以上取り付ける。水位検出器の水位検出方式は，互いに異なるものであることが望ましい。
(2)，(3)　水位検出器の水側連絡管は，他の水位検出器の水側連絡管と共用しない。水側連絡管は，スラッジ，さびなどにより閉そくしやすいため，それぞれの検出器の連絡管は独立とする（図１，図２）。また，水位検出器の水側連絡管に設けるバルブ又はコックは，直流形の構造とし，誤操作を少なくするために，バルブ又はコックを直列に２個以上設けてはならない。

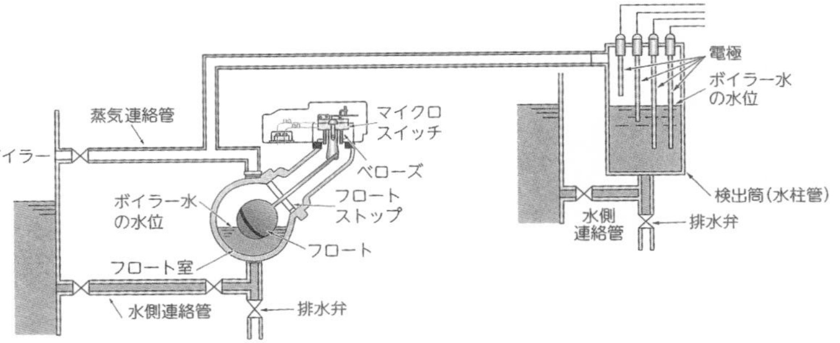

図１　フロート式水位検出器　　**図２　電極式水位検出器**

したがって，問の(2)の記述は誤りである。
(4)　水位検出器の水側連絡管には，呼び径20 A以上の管を使用し，その曲げ部分は内部の掃除が容易にできる構造とする。
(5)　水位検出器の水側連絡管，蒸気側連絡管及び排水管に設けるバルブ又はコックは，その開閉の状態が外部から明確に識別できる構造のものとする。

〔答〕　(2)

〔ポイント〕　水位検出器の取り付け上の注意事項について理解すること「教本1.9.4 (4)」。

■ 令和３年後期：ボイラーの構造に関する知識 ■

問１　次の文中の［　　］内に入れるＡ及びＢの語句の組合せとして，正しいものは(1)〜(5)のうちどれか。

「飽和水の比エンタルピは飽和水１kgの［　Ａ　］であり，飽和蒸気の比エンタルピはその飽和水の［　Ａ　］に［　Ｂ　］を加えた値で，単位はkJ/kgである。」

	Ａ	Ｂ
(1)	潜熱	顕熱
(2)	潜熱	蒸発熱
(3)	顕熱	蒸発熱
(4)	蒸発熱	潜熱
(5)	蒸発熱	顕熱

〔解説〕　蒸気の性質に関する問題である。物体に熱を加えると，その熱が物体の温度上昇に費やされる場合，この熱量を顕熱といい，物体の状態変化に費やされる場合，この熱量を蒸発熱（潜熱）という（図１）。

飽和蒸気の比エンタルピは，飽和水の顕熱に蒸発熱（気化熱，または潜熱）を加えた値である。この蒸発熱は圧力が高くなるほど小さくなり，臨界圧力に達すると０になる（図２）。

正しい語句の組合せは，問の(3)である。

Ａ：顕熱
Ｂ：蒸発熱

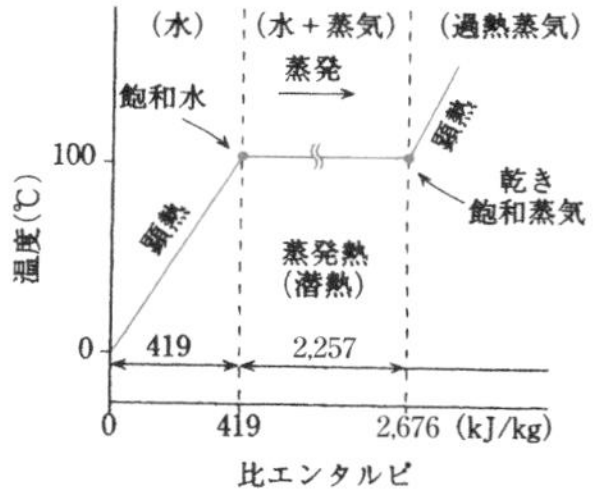

図１　標準大気圧における水の状態変化

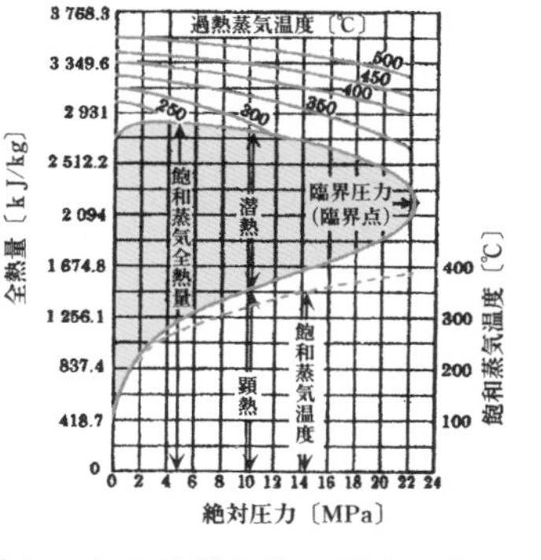

図２　水の状態変化に圧力，熱量，蒸気温度線図

蒸気圧力が高くなるほど飽和蒸気温度は高くなる。
蒸気圧力が高くなるほど蒸発熱（潜熱）は小さくなる。

〔答〕　(3)

〔ポイント〕　蒸気の基礎事項と性質について理解すること「最短合格1.5.1，1.5.2」，「教本1.1.1，1.1.2」。

問2　ボイラーの容量及び効率について，誤っているものは次のうちどれか。

(1)　蒸気ボイラーの容量（能力）は，最大連続負荷の状態で，1時間に発生する蒸発量で示される。
(2)　蒸気の発生に要する熱量は，蒸気圧力，蒸気温度及び給水温度によって異なる。
(3)　換算蒸発量は，実際に給水から所要蒸気を発生させるために要した熱量を2257 kJ/kgで除したものである。
(4)　ボイラー効率とは，全供給熱量に対する発生蒸気の吸収熱量の割合をいう。
(5)　ボイラー効率を算定するとき，液体燃料の発熱量は，一般に水蒸気の蒸発熱を含む真発熱量を用いる。

〔解説〕

(1)，(2)，(3)　蒸気ボイラーの容量（能力）は，最大連続負荷の状態で1時間に発生する蒸発量〔kg/h又はt/h〕で示される。ただし，蒸気の発生に要する熱量は，蒸気の圧力，温度及び給水の温度によって異なるので，ボイラー容量を，次に述べる換算蒸発量によって示す場合もある。換算蒸発量（基準蒸発量又は相当蒸発量ともいわれる）は，実際に給水から所要蒸気を発生させるのに要した熱量を，基準状態すなわち100 ℃の飽和水を蒸発させて100 ℃の飽和蒸気とする場合の熱量2,257 kJ/kgで除したものである。すなわち，Gを実際蒸発量（kg/h），h_1，h_2をそれぞれ給水及び発生蒸気の比エンタルピ（kJ/kg）とすると，換算蒸発量Geは，式（1.1）で求められる。

$$G_e = \frac{G\ (h_2 - h_1)}{2{,}257}\ (\mathrm{kg/h}) \quad \cdots\cdots \quad (1.1)$$

100 ℃の飽和水を100 ℃の飽和蒸気とする熱量の2,257 kJ/kgで除したものである。

(4)，(5)　ボイラー効率とは，全供給熱量に対する発生蒸気の吸収熱量の割合をいい，その算定方法は，式（1.2）のとおりである。その燃料の発熱量は，一般に水蒸気の蒸発熱を含まない低発熱量（真発熱量）を用いる。

$$\text{ボイラー効率} = \frac{G\ (h_2 - h_1)}{(F)\ \times (H_l)} \times 100\ (\%) \quad \cdots\cdots \quad (1.2)$$

G，h_1，h_2は式（1.1）と同じである。
Fは燃料消費量（kg/h又は$\mathrm{m^3}_N$/h）
H_lは燃料低発熱量（kJ/kg又はkJ/$\mathrm{m^3}_N$）である。

したがって，問の(5)の記述内容で，「一般に水蒸気の蒸発熱を含む」というのは誤りである。

〔答〕(5)

〔ポイント〕　ボイラーの容量の算定式及び効率の算定式を理解すること「最短合格1.1.2」，「教本1.2.2」。

問 3　ボイラーの水循環について，誤っているものは次のうちどれか。

(1)　ボイラー内で，温度が上昇した水及び気泡を含んだ水は上昇し，その後に温度の低い水が下降して水の循環流ができる。

(2)　丸ボイラーは，伝熱面の多くがボイラー水中に設けられ，水の対流が容易なので，水循環の系路を構成する必要がない。

(3)　水管ボイラーは，水循環を良くするため，水と気泡の混合体が上昇する管と，水が下降する管を区別して設けているものが多い。

(4)　自然循環式水管ボイラーは，高圧になるほど蒸気と水との密度差が小さくなり，循環力が弱くなる。

(5)　水循環が良すぎると，熱が水に十分に伝わるので，伝熱面温度は水温より著しく高い温度となる。

〔解説〕

(1)，(5)　ボイラーでは，伝熱面に接触している水及び気泡を含んだ水が上昇し，その後に温度の低い水が下降してくる。このようにボイラー内に自然に水の循環流ができ，次々に蒸気を発生する。気泡を含んだ水は水面に達し蒸気を分離した後，下降して循環する。

循環が良いと熱が水に十分伝わり，伝熱面温度も水温に近い温度に保たれるが，反対に循環が不良であると気泡が停滞したりして伝熱面の焼損，膨出などの原因となる。

問の(5)の記述において，伝熱面温度は水温より著しく高い温度となるという記述は誤りである。

(2)　丸ボイラーの伝熱面は水部中にあり，特別な水の循環系路を構成しなくても水の対流により循環する。

(3)，(4)　水管ボイラーでは，特に水の循環を良くするために，水の気泡の混合体が上昇する管（上昇管，蒸発管）と，水が下降する管（下降管，降水管）を設けて，下降管と上昇管の密度差（kg/m^3）により循環するが，高圧になるにしたがって，蒸気の密度は大きくなるため，下降管と上昇管の密度差は小さくなるので水の循環力は弱くなる。

〔答〕 (5)

〔ポイント〕　ボイラーにおける蒸気の発生と水循環について理解すること「最短合格1.3.2，1.5.3」「教本1.1.3，1.4.2」。

問4　ボイラーに使用される次の管類のうち，伝熱管に分類されないものはどれか。

(1)　水管
(2)　エコノマイザ管
(3)　煙管
(4)　主蒸気管
(5)　過熱管

〔解説〕　ボイラーに使用される伝熱管には，ボイラー本体に使われている煙管・水管及び附属設備のエコノマイザ管と過熱管がある。
　主蒸気管は，蒸気を送るために用いられる管であって伝熱管ではない。したがって，答えは問の(4)である。

(1)　水管はボイラーの伝熱管である。
(2), (5)　は付属設備であるエコノマイザ及び過熱器の伝熱管である。
(3)　煙管は丸ボイラーの炉筒煙管ボイラーなどの伝熱管である。

〔答〕 (4)

〔ポイント〕　ボイラーの管には，伝熱管と配管がある「最短合格1.6.7」,「教本1.7.7」。

問5　鋳鉄製ボイラーについて，誤っているものは次のうちどれか。

(1)　暖房用蒸気ボイラーでは，原則として復水を循環使用する。
(2)　暖房用蒸気ボイラーでは，給水管はボイラー本体の安全低水面の位置に直接取り付ける。
(3)　暖房用蒸気ボイラーの返り管の取付けには，ハートフォード式連結法が用いられる。
(4)　ウェットボトム式は，ボイラー底部にも水を循環させる構造となっている。
(5)　鋼製ボイラーに比べ，強度は低いが，腐食には強い。

〔解説〕

(1)，(2)，(3)，(5)　暖房用に蒸気を使用するための鋳鉄製ボイラーでは，復水を循環使用するのを原則とし，返り管を備えている。鋳鉄製ボイラーは鋼よりも脆く熱による不同膨張によって割れを生じやすい。そのため，ボイラーへ送る給水はボイラー水との温度差を極力少なくするために，原則として復水を循環して使用し，給水管はボイラーに直接取り付けないで返り管に取り付ける。蒸気暖房返り管では，万一暖房配管が空の状態になったときでも，ボイラーには少なくとも安全低水面付近までボイラー水が残るように，図に示すような連結法が用いられる。これをハートフォード式連結法という。なお，この場合，返り管の取付位置は，重力循環式の場合は安全低水面と一致させなければならないが，一般に行われているポンプ循環方式の場合には，給水時のウォータハンマの発生を防止するため，安全低水面以下150 mm以内の高さにする。したがって，問の(2)の記述は誤りである。

(4)　今日ではボイラー効率を上げるために鋳鉄製ボイラーでも加圧燃焼方式が一般的で，さらに伝熱面積を増加させるためにボイラー底部にも水を循環させる構造になっている。これをウェットボトム形といい，底部が水冷されていないものをドライボトム形という。

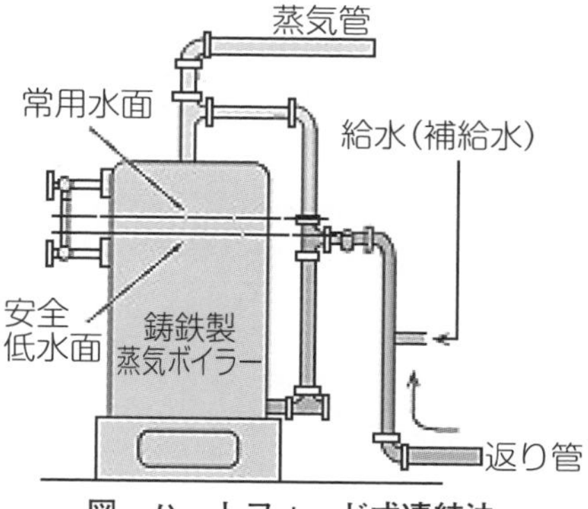

図　ハートフォード式連結法

〔答〕　(2)

〔ポイント〕　鋳鉄製ボイラーについて理解すること「最短合格1.4」，「教本1.5」。

問６　ボイラーに使用する計測器について，適切でないものは次のうちどれか。

(1)　面積式流量計は，垂直に置かれたテーパ管内のフロートが流量の変化に応じて上下に可動し，テーパ管とフロートの間の環状面積が流量に比例することを利用している。
(2)　差圧式流量計は，流体が流れている管の中に絞りを挿入すると，入口と出口との間に流量に比例する圧力差が生じることを利用している。
(3)　容積式流量計は，ケーシングの中で，だ円形歯車を２個組み合わせ，これを流体の流れによって回転させると，流量が歯車の回転数に比例することを利用している。
(4)　平形反射式水面計は，ガラスの前面から見ると水部は光線が通って黒色に見え，蒸気部は光線が反射されて白色に光って見える。
(5)　U字管式通風計は，計測する場所の空気又はガスの圧力と大気圧との差圧を水柱で示す。

〔解説〕
(1)　面積式流量計は，垂直に置かれたテーパ管の中を流体が下から上に向かって流れると，テーパ管内に置かれたフロートを有する可動部は流量の変化に応じて上下する。フロートが上方に移動するほどテーパ管とフロートの間の環状面積が大きくなり，流量はこの環状面積に比例する。したがって，可動部の位置により流量を知ることができる。
(2)　差圧式流量計は，オリフィス又はベンチュリ管の入口と出口との圧力差を測る。この差圧は，流体の流量の二乗に比例する（図）。

$W^2 = C \cdot (P_1 - P_2)$

W：流量

C：流量係数

$P_1 - P_2$：差圧

したがって，問の(2)の記述は適切でない。
(3)　容積式流量計は，ケーシングの中に，だ円形歯車を２個組合わせたもので，流量は歯車の回転数に比例するため，この回転数を測定して流量を測る。
(4)　水面計の種類には，丸形ガラス，平形反射式，平形透視式及び二色水面計等がある。平形反射式水面計は，裏面に三角形の溝をつけた平形のガラスを組み込んだもので，光の通過と反射の作用により水部は黒色に，蒸気部は白色に光って見える。

高圧になると広い面積のガラス板では圧力に耐えにくくなるので，金属製の箱に小さな丸い窓を配列し，円形透視式ガラスをはめ込んだマルチポート水面計が使用される。
(5)　U字管式通風計は，炉内又は煙風道内の通風力（ドラフト）を測る計器である。通風力は，水柱の差圧で表す。

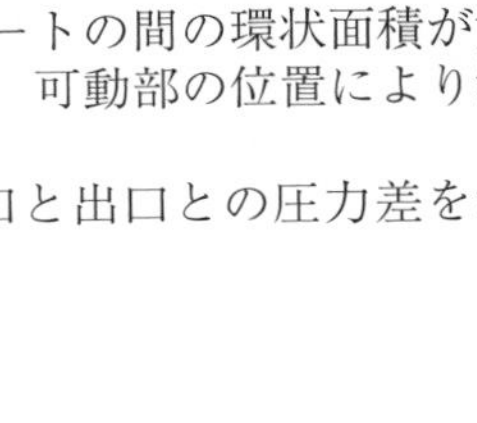

図　差圧式流量計

〔答〕 (2)
〔ポイント〕 ボイラーに使用する計測器について理解すること「最短合格1.7.1」，「教本1.8.1」。

問7　ボイラーの自動制御に関するAからDまでの記述で，誤っているもののみを全て挙げた組合せは，次のうちどれか。

A　ボイラーの状態量として設定範囲内に収めることが目標となっている量を操作量といい，そのために調節する量を制御量という。
B　ボイラーの蒸気圧力又は温水温度を一定にするように，燃料供給量及び燃焼用空気量を自動的に調節する制御を自動燃焼制御（ACC）という。
C　比例動作による制御は，オフセットが現れた場合にオフセットがなくなるように動作する制御である。
D　積分動作による制御は，偏差の時間積分値に比例して操作量を増減するように動作する制御である。

(1)　A，B，C
(2)　A，C
(3)　A，C，D
(4)　B，D
(5)　C，D

〔解説〕　制御対象であるボイラーの一定範囲内の値に抑えるべき量を制御量といい，そのために操作する量を操作量という。
　したがって，問のAの記述は誤りである。
　燃料量と燃焼空気量を操作して蒸気圧力を制御することを自動燃焼制御（ACC）という。したがって，問のBの記述は正しい。
　フィードバック制御とは，操作の結果得られた制御量の値（圧力，水位など）を目標値と比較して，それらを一致させるような動作を繰り返す制御のことであり，以下の動作をいう。検出部から得られた制御量の値を目標値と比較し，その偏差に対する操作信号を作る調節器の制御動作を分類すれば，オンオフ動作，ハイ・ロー・オフ動作，比例動作，積分動作及び微分動作となる。

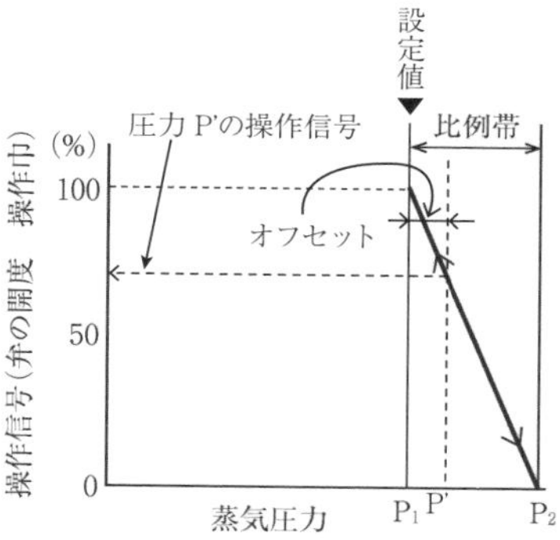

図　比例制御

①　オンオフ動作は，制御偏差が設定値に対し正であるか負であるかによって制御するものであるので，動作すき間の設定が必要である。
②　ハイ・ロー・オフ動作は，設定圧力を2段階に分けて，高燃焼（ハイ）と低燃焼（ロー）及び停止（オフ）の3段階の制御をするものである。
③　比例動作は，偏差の大きさに比例して操作量を増減するように動作するものである（図）。蒸気圧力が設定値より少し異なった値P'でつり合う。これを偏差（オフセット）という。
　したがって，問のCの記述は誤りである。
④　積分動作は，制御偏差量に比例した速度で操作量を増減するように動作するもので，オフセットが現れた場合に，オフセットをなくすように動く。
　したがって，問のDの記述は正しい。
⑤　微分動作による制御は，偏差が変化する速度に比例して操作量を増減するように動作するもので，外乱（負荷の急激な変動など）が大きい場合，制御結果が大きく変動するのを防ぐことができる制御である。

〔答〕　(2)
〔ポイント〕　各調節器の制御動作について理解すること「最短合格1.8.2 ②」，「教本1.9.2」。

問８　ボイラーの給水系統装置について，適切でないものは次のうちどれか。

(1)　ディフューザポンプは，羽根車の周辺に案内羽根のある遠心ポンプで，高圧のボイラーには多段ディフューザポンプが用いられる。
(2)　渦巻ポンプは，羽根車の周辺に案内羽根のない遠心ポンプで，一般に低圧のボイラーに用いられる。
(3)　給水加熱器には，一般に加熱管を隔てて給水を加熱する熱交換式が用いられる。
(4)　給水弁と給水逆止め弁をボイラーに取り付ける場合は，ボイラーに近い側に給水弁を取り付ける。
(5)　給水内管は，一般に長い鋼管に多数の穴を設けたもので，胴又は蒸気ドラム内の安全低水面よりやや上方に取り付ける。

〔解説〕

(1)，(2)　ボイラーに給水するポンプには，遠心ポンプ（ディフューザポンプと渦巻ポンプ）及び渦流ポンプ（円周流ポンプ）がある。

遠心ポンプは，羽根車をケーシング内で回転させ，遠心作用によって水に圧力及び速度エネルギーを与えるものである。羽根車の中心から吸い込まれた水は，半径方向外向きに流れ，速度エネルギーは渦巻室（ボリュートケーシング）を通過する間に圧力エネルギーに変換され，吐出し口から外に出る。

ディフューザポンプは，羽根車の周辺に案内羽根をもつもので，高圧・大容量ボイラーには多段式のものが用いられる。

渦巻ポンプは，羽根車の周辺に案内羽根のないもので，一般に低圧・中小容量のボイラーに用いられる。

特殊ポンプの渦流ポンプは，円周流ポンプとも呼ばれ，小さい吐出流量で高い揚程が得られる。小容量のボイラーに用いられる。

(3)　給水加熱器には，加熱蒸気と給水を混合する混合式と熱交換式がある。

(4)　ボイラー又はエコノマイザ入口には，給水弁及び逆止め弁を取り付けなければならない。給水弁をボイラーに近い側に取り付ける。逆止め弁が故障の場合，給水弁を閉止して，ボイラー水をボイラーに残したままで逆止め弁を修理することができるようにするためである。なお，給水弁はアングル弁又は玉形弁が用いられ，給水逆止め弁には，スイング式又はリフト式が用いられる（図）。

(5)　給水内管は，ボイラー水より低い温度の水をボイラー側の１箇所に集中して送り込まないようにするために，多数の小さな穴を設け，ボイラー胴内部の広い範囲に給水を配分する構造としたものである。また，給水内管の位置は，図に示すようにボイラー水面が安全低水面まで低下しても，水面より上に現れないよう安全低水面よりやや下方に置く。

したがって，問の(5)の記述は適切でない。

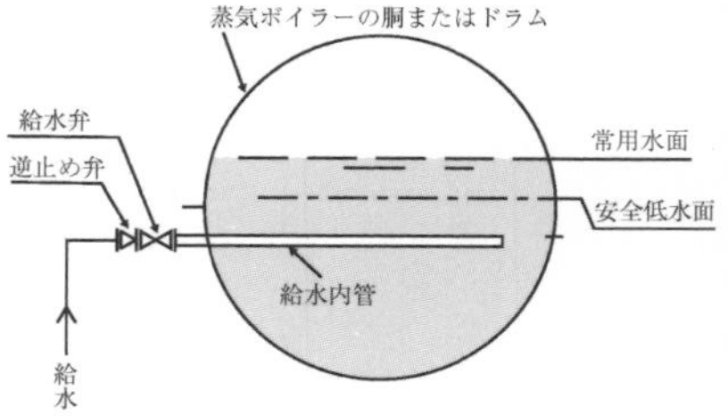

図　給水弁及び給水管内と水面との関係位置

〔答〕　(5)

〔ポイント〕　ボイラー用給水系統装置について理解すること「最短合格1.7.4」，「教本1.8.4」。

問 9　ボイラーのエコノマイザについて，誤っているものは次のうちどれか。

(1)　エコノマイザ管には，平滑管やひれ付き管が用いられる。
(2)　エコノマイザを設置すると，ボイラーへの給水温度が上昇する。
(3)　エコノマイザには，燃焼ガスにより加熱されたエレメントが移動し，給水を予熱する再生式のものがある。
(4)　エコノマイザを設置すると，通風抵抗が多少増加する。
(5)　エコノマイザは，燃料の性状によっては低温腐食を起こすことがある。

〔解説〕

(1)　エコノマイザに使用される伝熱管は，鋼管が多く使われるが，まれに腐食に強い鋳鉄管が使用される。
(2)　エコノマイザは，ボイラーから排出されるガスの熱を回収して，ボイラーの給水を予熱する附属設備である。
(3)　エコノマイザは，ボイラーの給水を予熱する附属設備である。問の(3)の記述は，再生式空気予熱器であり誤りである。
(4)　エコノマイザは煙道に設けられるため，通風損失が増加する。そのため，ファンの消費動力が多少増加する。
(5)　硫黄分のある燃料を使用する場合，エコノマイザの伝熱面の温度が給水温度により低くなることによって，エコノマイザの低温部で低温腐食を起こすことがある。

〔答〕 (3)

〔ポイント〕　エコノマイザを設置した場合の利点と欠点と低温腐食について理解すること「最短合格1.7.7 [2]」,「教本1.8.7 (2)」。

問10　温水ボイラー及び蒸気ボイラーの附属品に関するAからDまでの記述で，正しいもののみを全て挙げた組合せは，次のうちどれか。

A　凝縮水給水ポンプは，重力環水式の暖房用蒸気ボイラーで，凝縮水をボイラーに押し込むために用いられる。
B　暖房用蒸気ボイラーの逃がし弁は，発生蒸気の圧力と使用箇所での蒸気圧力の差が大きいときの調節弁として用いられる。
C　温水ボイラーの逃がし管には，ボイラーに近い側に弁又はコックを取り付ける。
D　温水ボイラーの逃がし弁は，逃がし管を設けない場合又は密閉型膨張タンクとした場合に用いられる。

(1)　A，B，D
(2)　A，C，D
(3)　A，D
(4)　B，C
(5)　B，C，D

〔解説〕

A　凝縮水給水ポンプは，重力還水式の蒸気暖房装置に用いられるポンプである。
凝縮水は凝縮水槽まで自重によって自然流下し，それから先，ボイラーに押し込むのにこのポンプが用いられる。このポンプは凝縮水槽(レシーバ)，モータ直結渦巻ポンプ，自動スイッチ及びレシーバ内のフロートから構成されている。問のAの記述は正しい。

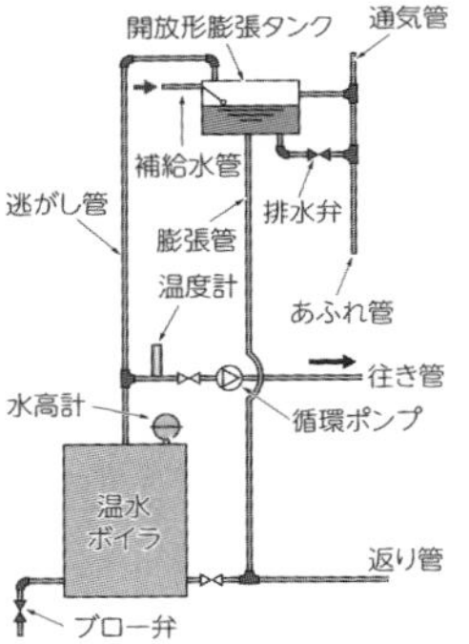

図１　温水ボイラーの配管例
（開放形膨脹タンク方式）

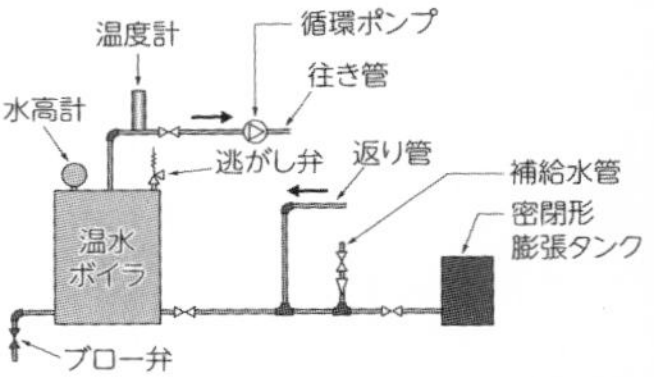

図２　温水ボイラーの配管例
（密閉形膨脹タンク方式）

B，C，D　温水ボイラーの安全装置としては，一般に逃がし管（図１　開放形膨張タンク方式）が使用されるが，密閉式の場合は，逃がし管の代わりに逃がし弁（ボイラー本体に取り付ける）（図２）を使用する。なお，図１の開放形の場合の逃がし管には，途中に弁やコックを設けてはならない。また，内部の水が凍結するおそれがある場合には，保温その他の措置を講じること。逃がし弁は，温水ボイラーの安全装置として使用される。したがって，問のB及びCの記述は誤りである。問のDの記述は正しい。

〔答〕　(3)
〔ポイント〕　温水ボイラーの附属品及び循環装置について理解すること「最短合格1.7.6」，「教本1.8.6」。

■ 令和３年前期：ボイラーの構造に関する知識 ■

問１　伝熱について，誤っているものは次のうちどれか。

(1)　温度の高い部分から低い部分に熱が移動する現象を伝熱という。
(2)　伝熱作用は，熱伝導，熱伝達及び放射伝熱の三つに分けることができる。
(3)　温度が一定でない物体の内部で，温度の高い部分から低い部分へ，順次，熱が伝わる現象を熱伝達という。
(4)　空間を隔てて相対している物体間に伝わる熱の移動を放射伝熱という。
(5)　高温流体から固体壁を通して，低温流体へ熱が移動する現象を熱貫流又は熱通過という。

〔解説〕

(1)　熱は，温度の高い部分から低い部分に移動する。この現象を伝熱という。
(2)　伝熱作用は，①熱伝導，②熱伝達（対流），③放射伝熱の三つに分けることができる。
(3)　温度の一定でない物体（固体）の内部で，温度の高い部分から低い部分へ順次，熱が伝わる現象を熱伝導という（図の固体壁の部分）。
　したがって，問の(3)の記述は誤りである。
(4)　高温の物体から，空間を隔てて熱が移動することを放射伝熱という。
(5)　固体壁の一面に高温の流体，他面に低温の流体が接していると，固体壁を通して高温流体から低温流体への熱の移動が行われる。この現象を熱貫流又は熱通過という。これは，熱伝達と熱伝導が総合されたものである（図参照）。

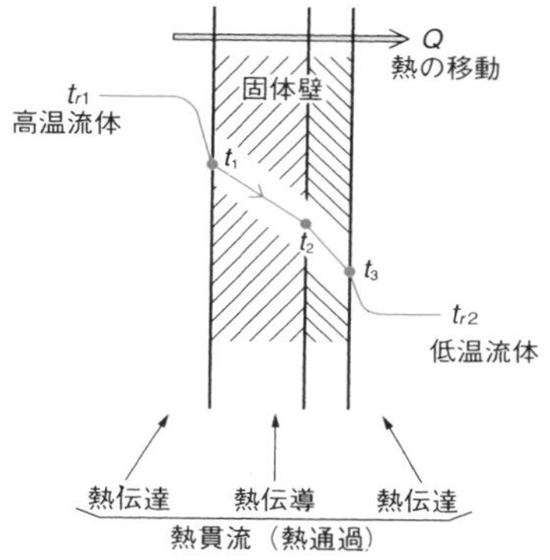

図　平板壁の熱移動

〔答〕 (3)

〔ポイント〕　ボイラーにおける伝熱について理解すること「最短合格1.5.4」，「教本1.1.4」。

問2　水管ボイラーと比較した丸ボイラーの特徴として，誤っているものは次のうちどれか。

(1)　蒸気使用量の変動による水位変動が小さい。
(2)　高圧のもの及び大容量のものには適さない。
(3)　構造が簡単で，設備費が安く，取扱いが容易である。
(4)　伝熱面積当たりの保有水量が少なく，破裂の際の被害が小さい。
(5)　起動から所要蒸気発生までの時間が長い。

〔解説〕　炉筒煙管ボイラーは径の大きい胴を用い，その内部に炉筒，煙管を設けたもので，主として圧力1MPa程度以下で蒸発量10t/h程度のボイラーである。

炉筒煙管ボイラーは，水管ボイラーに比較して次のような特徴をもっている。

①　構造が簡単で，設備費が安く取扱いも容易である。
②　径の大きい胴を用いているので，高圧のもの及び大容量のものには適さない。
③　胴径が大きいので保有水量が多いため，起動から蒸気発生までの時間がかかるが，負荷変動による圧力及び水位の変動が小さい。
④　保有水量が多く，破裂の際の被害が大きい。

したがって，問の(4)の記述は誤りである。

〔答〕(4)

〔ポイント〕　炉筒煙管ボイラーの構造と特徴について理解すること「最短合格1.2.2，1.2.4」，「教本1.3.1，1.3.5」。

問 3　ボイラーに使用する計測器について，適切でないものは次のうちどれか。

(1)　ブルドン管圧力計は，断面が扁《へん》平な管を円弧状に曲げたブルドン管に圧力が加わると，圧力の大きさに応じて円弧が広がることを利用している。

(2)　差圧式流量計は，流体が流れている管の中に絞りを挿入すると，入口と出口との間に流量の二乗に比例する圧力差が生じることを利用している。

(3)　容積式流量計は，ケーシングの中で，だ円形歯車を 2 個組み合わせ，これを流体の流れによって回転させると，流量が歯車の回転数に比例することを利用している。

(4)　二色水面計は，光線の屈折率の差を利用したもので，蒸気部は赤色に，水部は緑色に見える。

(5)　マルチポート水面計は，金属製の箱に小さな丸い窓を配列し，円形透視式ガラスをはめ込んだもので，一般に使用できる圧力が平形透視式水面計より低い。

〔解説〕

(1)　圧力計は一般的に，ブルドン管式のものが使用される。

圧力計のブルドン管は扁平（図 1 ）な管を円弧状に曲げ，その一端を固定し，他端を閉じて自由に動けるようにしたもので，その先に歯付扇形片をかみ合わせる。ブルドン管に圧力が加わると，ブルドン管の円弧が広がり歯付扇形片が動く。その結果，これにかみ合う小歯車が回転し，その軸に取り付けられている指針の動きから圧力を知るのである。その指示圧力は，大気圧との差圧のゲージ圧力を示す。

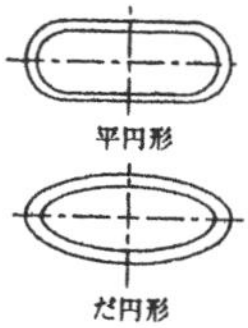

図 1　ブルドン管断面

(2)　差圧式流量計は，オリフィス又はベンチュリ管の入口と出口との圧力差を測る。この差圧は，流体の流量の二乗に比例する（図 2 ）。

$$W^2 = C \cdot (P_1 - P_2)$$

W：流量

C：流量係数

$P_1 - P_2$：差圧

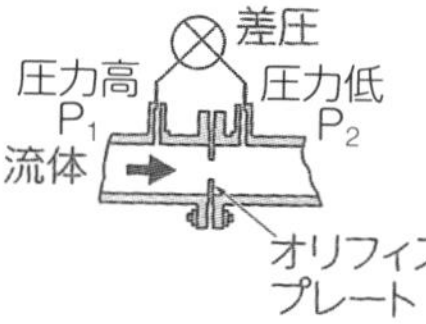

図 2　差圧式流量計

(3)　容積式流量計は，ケーシングの中にだ円形歯車を 2 個組合わせたもので，流量は歯車の回転数に比例するため，この回転数を測定して流量を測る。

(4)，(5)　水面計の種類には，丸形ガラス，平形反射式，平形透視式及び二色水面計等がある。平形反射式水面計は，裏面に三角形の溝をつけた平形のガラスを組み込んだもので，光の通過と反射の作用により水部は黒色に，蒸気部は白色に光って見える。

高圧になると広い面積のガラス板では圧力に耐えにくくなるので，金属製の箱に小さな丸い窓を配列し，円形透視式ガラスをはめ込んだマルチポート水面計が使用される。平形透視式水面計よりも使用できる圧力が高い。

したがって，問の(5)の記述は適切でない。

〔答〕　(5)

〔ポイント〕　ボイラーに使用する計測器について理解すること「最短合格1.7.1」，「教本1.8.1」。

問 4　ボイラーに用いられるステーについて，適切でないものは次のうちどれか。

(1)　平鏡板は，圧力に対して強度が弱く変形しやすいので，大径のものや高い圧力を受けるものはステーによって補強する。
(2)　棒ステーは，棒状のステーで，胴の長手方向（両鏡板の間）に設けたものを長手ステー，斜め方向（鏡板と胴板の間）に設けたものを斜めステーという。
(3)　管ステーを火炎に触れる部分にねじ込みによって取り付ける場合には，焼損を防ぐため，管ステーの端部を板の外側へ10 mm程度突き出す。
(4)　管ステーは，煙管よりも肉厚の鋼管を管板に溶接又はねじ込みによって取り付ける。
(5)　ガセットステーは，平板によって鏡板を胴で支えるもので，溶接によって取り付ける。

〔解説〕

(1)　平鏡板その他の平板部は，圧力に対して強度が小さく，かつ，変形しやすいので，他の部材によってこれを補強する必要がある。この補強に用いられる部材がステーである。
(2)　棒ステーは，棒状のステーで，胴の長手方向（両鏡板の間）に設けたものを長手ステー，斜め方向（鏡板と胴板の間）に設けたものを斜めステーという。
(3), (4)　管ステーは，煙管よりも肉厚の鋼管を管板に溶接によって取り付けるか，鋼管の両端にねじを切り，これを管板に設けたねじ穴にねじ込み，取り付けるものである。煙管ボイラー，炉筒煙管ボイラーなどのように，煙管を使用するボイラーに多く用いられ，煙管の役目もする。外だき横煙管ボイラーの後管板のように，火炎に触れる部分に管ステーを取り付ける場合には，端部を縁曲げしてこの部分の焼損を防ぐようにしなければならない。
　したがって，問の(3)の記述は適切でない。
(5)　ガセットステーは，平板(ガセット板）によって鏡板を胴で支えるものである。ガセット板を胴と鏡板に直接溶接によって取り付ける場合は次による。鏡板との取付けは，全周にわたってT継手の完全溶込み溶接（K形溶接又はレ形溶接）とし，胴との取付けは，全周にわたってT継手の完全溶込み溶接（K形又はレ形溶接）又はT継手の両側すみ溶接としなければならない。
　ガセットステーは，煙管ボイラー，炉筒煙管ボイラーなどに広く用いられている。

〔答〕　(3)

〔ポイント〕　ステーについて理解すること「最短合格1.6.4」，「教本1.7.4」。

問5　次の文中の[　　]内に入れるAからCまでの語句の組合せとして，正しいものは(1)～(5)のうちどれか。

「ボイラーの胴の蒸気室の頂部に[A]を直接開口させると，水滴を含んだ蒸気が送気されやすいため，低圧ボイラーには，大径のパイプの[B]の多数の穴から蒸気を取り入れ，蒸気流の方向を変えて，胴内に水滴を流して分離する[C]が用いられる。」

	A	B	C
(1)	主蒸気管	上面	沸水防止管
(2)	主蒸気管	上面	蒸気トラップ
(3)	給水内管	下面	気水分離器
(4)	給水内管	下面	沸水防止管
(5)	給水内管	下面	蒸気トラップ

〔解説〕　ボイラー胴又はドラム内には蒸気と水滴を分離するために気水分離器が設けられる。

蒸気室の頂部に主蒸気管を直接開口させると，その直下付近の気水が搬出されやすくプライミングを起こし水滴が混じった蒸気が取り出されやすい。そのため，低圧ボイラーには気水分離器（沸水防止管ともいわれている）が用いられる。

これは，大径のパイプの上面だけに穴を多数あけ上部から蒸気を取り入れ，水滴は下部にあけた穴から流すようにしたものである。

したがって，正しいものの組み合わせは，問の(1)である。

〔答〕　(1)

〔ポイント〕　ドラム内装置について理解すること「最短合格1.7.3 [12]」，「教本1.8.3 (3)」。

問6　鋳鉄製ボイラーについて，誤っているものは次のうちどれか。

(1)　蒸気ボイラーの場合，その使用圧力は0.1MPa以下に限られる。
(2)　暖房用蒸気ボイラーでは，重力循環式の場合，給水管はボイラー本体の安全低水面の位置に直接取り付ける。
(3)　ポンプ循環方式の蒸気ボイラーの場合，返り管は，安全低水面以下150 mm以内の高さに取り付ける。
(4)　ウェットボトム式は，ボイラー底部にも水を循環させる構造となっている。
(5)　鋼製ボイラーに比べ，熱による不同膨張によって割れが生じやすい。

〔解説〕

(1)　鋳鉄製ボイラーは，主として暖房用の低圧の蒸気発生用又は温水ボイラーとして使用されている。ただし，使用圧力は，蒸気ボイラーのときは0.1 MPa以下，温水ボイラーの時は0.5 MPa以下（破壊試験を行ったものは1MPaまで），温水温度120度以下に限られる。

(2)，(3)，(5)　暖房用に蒸気を使用するための鋳鉄製ボイラーでは，復水を循環使用するのを原則とし，返り管を備えている。鋳鉄製ボイラーは鋼よりも脆く熱による不同膨張によって割れを生じやすい。そのため，ボイラーへ送る給水はボイラー水との温度差を極力少なくするために，原則として復水を循環して使用し，給水管はボイラーに直接取り付けないで返り管に取り付ける。蒸気暖房返り管では，万一暖房配管が空の状態になったときでも，ボイラーには少なくとも安全低水面付近までボイラー水が残るように，図に示すような連結法が用いられる。これをハートフォード式連結法という。

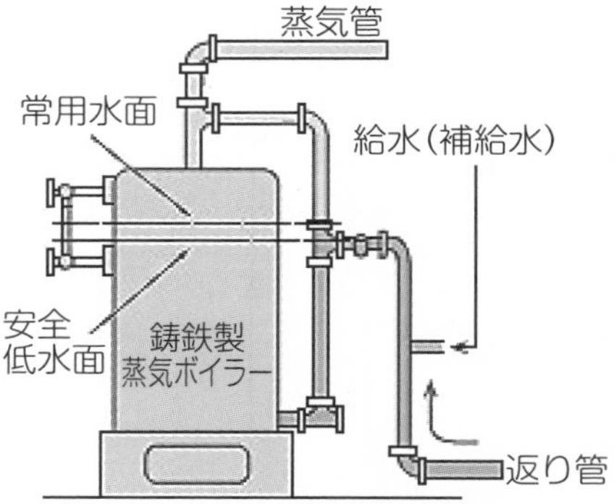

図　ハートフォード式連結法

なお，この場合，返り管の取付位置は，重力循環式の場合は安全低水面と一致させなければならないが，一般に行われているポンプ循環方式の場合には，給水時のウォータハンマの発生を防止するため，安全低水面以下150 mm以内の高さにする。

したがって，問の(2)の記述は誤りである。

(4)　今日ではボイラー効率を上げるために鋳鉄製ボイラーでも加圧燃焼方式が一般的で，さらに伝熱面積を増加させるためにボイラー底部にも水を循環させる構造になっている。これをウェットボトム形といい，底部が水冷されていないものをドライボトム形という。

〔答〕 (2)

〔ポイント〕　鋳鉄製ボイラーについて理解すること「最短合格1.4」，「教本1.5」。

問７　ボイラーの吹出し装置について，適切でないものは次のうちどれか。

(1)　吹出し管は，ボイラー水の濃度を下げたり，沈殿物を排出するため，胴又はドラムに設けられる。
(2)　吹出し弁には，スラッジなどによる故障を避けるため，玉形弁又はアングル弁が用いられる。
(3)　最高使用圧力１MPa未満のボイラーでは，吹出し弁の代わりに吹出しコックが用いられることが多い。
(4)　大形のボイラー及び高圧のボイラーには，２個の吹出し弁を直列に設け，ボイラーに近い方に急開弁，遠い方に漸開弁を取り付ける。
(5)　連続吹出し装置は，ボイラー水の濃度を一定に保つように調節弁によって吹出し量を加減し，少量ずつ連続的に吹き出す装置である。

〔解説〕

(1)，(2)，(3)，(4)　ボイラーの給水中に含まれる不純物は，ボイラー内で水の蒸発とともに次第に濃縮し，また，沈殿物となる。

ボイラー水の濃度を下げ，かつ，沈殿物を排出するため，胴又は水ドラム底部などの沈殿物のたまりやすい箇所に吹出し管及び吹出し弁を取り付ける。

吹出し弁は，スラッジなどによる故障を避けるため，玉形弁又はアングル弁を避け仕切弁又はY形弁が用いられる。１MPa未満のボイラーでは，吹出し弁の代わりに吹出しコックが用いられる。

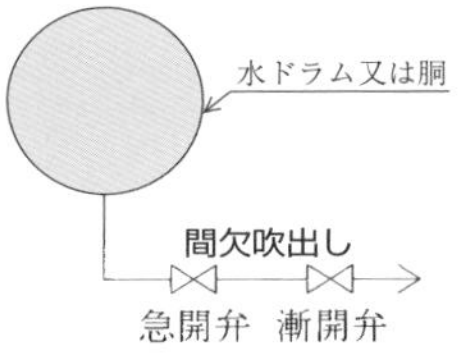

図　間欠吹出し装置の吹出し弁の取付け方

大形及び高圧のボイラーには，２個の吹出し弁を直列に設ける（図）。

したがって，問の(2)の記述は適切でない。

(5)　連続運転中のボイラーでは，ボイラー水が濃縮し，スケールやスラッジとなり，腐食及び伝熱部の過熱の原因となる。また，キャリオーバの発生原因ともなる。このため，連続吹出し装置は蒸発残留物の濃度を下げてボイラー水の濃度を一定に保つために，胴内の水面近くに設けられた吹出し内管から調節弁によって，ボイラー水を少量ずつ連続的に吹出すものである。その吹出したボイラー水の熱は，熱交換器，フラッシュタンク等により熱回収が行われる。

この装置は，一般に大きい容量のボイラーに多く使用されている。

〔答〕　(2)

〔ポイント〕　ボイラーの吹出し装置には，胴又は水ドラム底部に設けられる間欠吹出し装置と，胴又は蒸気ドラムの水面近くに設けられる連続吹出し装置がある「最短合格1.7.5」，「教本1.8.5」。

問 8　ボイラーのエコノマイザに関するＡからＤまでの記述で，正しいもののみを全て挙げた組合せは，次のうちどれか。

Ａ　エコノマイザは，煙道ガスの余熱を回収して燃焼用空気の予熱に利用する装置である。
Ｂ　エコノマイザを設置すると，燃料の節約となり，ボイラー効率は向上するが，通風抵抗は増加する。
Ｃ　エコノマイザは，燃料の性状によっては低温腐食を起こすことがある。
Ｄ　エコノマイザを設置すると，乾き度の高い飽和蒸気を得ることができる。

(1)　Ａ，Ｂ，Ｃ
(2)　Ａ，Ｃ
(3)　Ａ，Ｄ
(4)　Ｂ，Ｃ
(5)　Ｂ，Ｃ，Ｄ

〔解説〕　ボイラー熱損失のうち最大のものは，煙道ガスによって持ち去られる熱量である。この余熱を回収して給水の予熱に利用する装置がエコノマイザである。

エコノマイザを設けることは，ボイラー効率を向上させ燃料の節約となる。なお，エコノマイザを設置することによって，通風抵抗が多少増加するので通風力を検討する必要がある。

なお，燃料性状によっては，給水温度が低いと低温腐食を起こすことがある。

したがって，正しいものの組み合わせは，問の(4)である。

〔答〕　(4)

〔ポイント〕　エコノマイザについて理解すること「最短合格1.7.7 [2]」，「教本1.8.7 (2)」。

令和2年後期と同様の問題です。（P.63参照）

問9　ボイラーの自動制御について，誤っているものは次のうちどれか。

(1)　オンオフ動作による蒸気圧力制御は，蒸気圧力の変動によって，燃焼又は燃焼停止のいずれかの状態をとる。
(2)　ハイ・ロー・オフ動作による蒸気圧力制御は，蒸気圧力の変動によって，高燃焼，低燃焼又は燃焼停止のいずれかの状態をとる。
(3)　比例動作による制御は，オフセットが現れた場合にオフセットがなくなるように動作する制御である。
(4)　積分動作による制御は，偏差の時間積分値に比例して操作量を増減するように動作する制御である。
(5)　微分動作による制御は，偏差が変化する速度に比例して操作量を増減するように動作する制御である。

〔解説〕　ボイラーの自動制御には，シーケンス制御とフィードバック制御がある。

この問題は，フィードバック制御の動作に関する問題である。

フィードバック制御とは，操作の結果得られた制御量の値（圧力，水位など）を目標値と比較して，それらを一致させるような動作を繰り返す制御のことであり，以下の動作をいう。

検出部から得られた制御量の値を目標値と比較し，その偏差に対する操作信号を作る調節器の制御動作を分類すれば，オンオフ動作，ハイ・ロー・オフ動作，比例動作，積分動作及び微分動作となる。

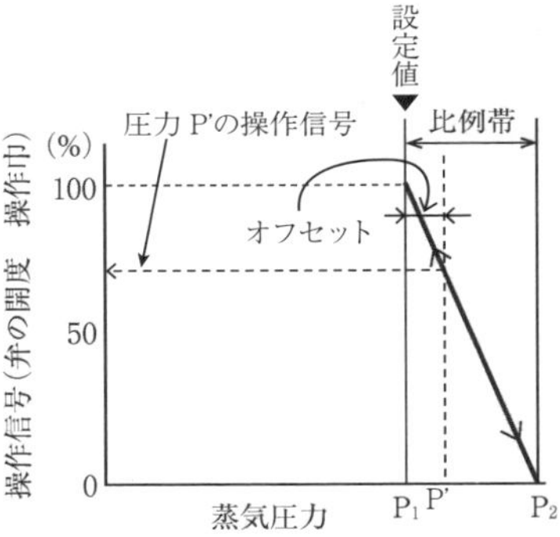

図　比例制御

① オンオフ動作は，制御偏差が設定値に対し正であるか負であるかによって制御するものであるので，動作すき間の設定が必要である。
② ハイ・ロー・オフ動作は，設定圧力を2段階に分けて，高燃焼（ハイ）と低燃焼（ロー）及び停止（オフ）の3段階の制御をするものである。
③ 比例動作は，偏差の大きさに比例して操作量を増減するように動作するものである（図）。蒸気圧力が設定値より少し異なった値P'でつり合う。これを偏差（オフセット）という。
④ 積分動作は，制御偏差量に比例した速度で操作量を増減するように動作するもので，オフセットが現れた場合に，オフセットをなくすように動く。
⑤ 微分動作による制御は，偏差が変化する速度に比例して操作量を増減するように動作するもので，外乱（負荷の急激な変動など）が大きい場合，制御結果が大きく変動するのを防ぐことができる制御である。

したがって，問の(3)の記述内容は積分動作による制御である。比例動作の制御は解説③に示すようにオフセットはなくならない。

〔答〕　(3)
〔ポイント〕　各調節器の制御動作について理解すること「最短合格1.8.2 [2]」，「教本1.9.2」。

問10　ボイラーのドラム水位制御について，誤っているものは次のうちどれか。

(1)　水位制御は，負荷の変動に応じて給水量を調節するものである。
(2)　単要素式は，水位だけを検出し，その変化に応じて給水量を調節する方式である。
(3)　二要素式は，水位と蒸気流量を検出し，その変化に応じて給水量を調節する方式である。
(4)　電極式水位検出器は，蒸気の凝縮によって検出筒内部の水の純度が高くなると，正常に作動しなくなる。
(5)　熱膨張管式水位調整装置には，単要素式はあるが，二要素式はない。

〔解説〕　ボイラーの水位制御は，負荷が変動した場合に，それに応じて給水量を調節するものである。ドラム水位の制御方式には単要素式，２要素式及び３要素式がある。

単要素式はドラム水位だけを検出し，その変化に応じて給水量を調節する方式である。水位をフロートの移動や熱膨張管の伸縮などで検出し，そこに発生する機械力で直接調節弁を操作するようにした自力式のものを初めとし，水位の変化によってオン・オフ制御で給水ポンプを発停させるもの，水位の変化を偏差信号として給水調節器へ伝え，比例制御で弁の開度を変えるようにしたものなどがある。簡単な制御方式であるが，負荷変動が激しいときは良好な制御は期待できない。

２要素式は，水位の検出のほかに蒸気流量を検出し，両者の信号を総合して操作部へ伝えるようにした方式である。

３要素式は，水位，蒸気流量に加えて給水流量を検出し，蒸気流量と給水流量とに差が生ずれば制御動作を開始するようにし，水位によって更に修正するようにした方式である。

熱膨張管式水位調整装置は，金属管の温度の変化による伸縮を利用したものである。

単要素式は，ボイラーの胴又はドラムの水位の変化により給水調整弁を制御する。線膨張係数の大きな材料で作られた金属製膨張管が傾斜して取り付けられる。その下部は固定され，上部は伸縮自在で，その先端にレバーが取り付けられている。熱膨張管の上端及び下端は，ボイラーの蒸気部及び水部にそれぞれ連絡されている。

膨張管内にボイラー水が導かれると，膨張管内の水位はボイラーの胴又はドラム内の水位と等しくなり，水位の上下によって管は伸縮する。水位が下がれば蒸気部分が多くなり，膨張管は温度が上がり膨張する。これがレバーを動かし，給水調節弁の開度を増やして給水量を増加させ，水位を回復させる。水位が上がれば逆の動きをする。

２要素式は，ボイラー胴又は蒸気ドラムの水位の変化と，蒸気流量の変動を検出して給水調整弁を制御し，給水量を調整する。

したがって，問の(5)の記述は誤りである。

〔答〕　(5)

〔ポイント〕　水位制御について理解すること「最短合格1.8.4 ③」，「教本1.9.4(4)」。

■ 令和２年後期：ボイラーの構造に関する知識 ■

問１　次の文中の[　　]内に入れるＡの数値及びＢの語句の組合せとして，正しいものは(1)～(5)のうちどれか。

「標準大気圧の下で，質量１kgの水の温度を１Ｋ（１℃）だけ高めるために必要な熱量は約[Ａ]kJであるから，水の[Ｂ]は約[Ａ]kJ/（kg・Ｋ）である。」

	Ａ	Ｂ
(1)	2,257	潜熱
(2)	420	比熱
(3)	420	潜熱
(4)	4.2	比熱
(5)	4.2	顕熱

〔解説〕　比熱に関する問題である。

比熱とは，質量１kgの物体の温度を１Ｋ（１℃）だけ高めるのに要する熱量をいう。

物体によって比熱は異なり，標準大気圧における水の比熱は4.187 kJ/（kg・Ｋ）である。

したがって，正しい組合せは問の(4)である。

比熱はその大きさにより，同じ熱量を加えても温度の上がり方が違う。同じ熱量を加えたとき，比熱の大きいものと小さいものの物体の温度の上がり方を比較すると，

比熱大きい→温度の上がり方が小さい
比熱小さい→温度の上がり方が大きい

したがって，比熱の大きい物体は，温度の上がり方が小さいため温まりにくいが，いったん温まると冷えにくい。

Ａ：4.2
Ｂ：比熱

〔答〕　(4)

〔ポイント〕　物体によって比熱は異なり，同じ熱量を加えても温度の上がり方が違う「最短合格1.5.1 ②」，「教本1.1.1 (2)」。

問2　ボイラーの容量及び効率に関するAからDまでの記述で，正しいもののみを全て挙げた組合せは，次のうちどれか。

A　蒸気の発生に要する熱量は，蒸気圧力，蒸気温度及び給水温度によって異なる。

B　換算蒸発量は，実際に給水から所要蒸気を発生させるために要した熱量を，0℃の水を蒸発させて，100℃の飽和蒸気とする場合の熱量で除したものである。

C　蒸気ボイラーの容量(能力)は，最大連続負荷の状態で，1時間に消費する燃料量で示される。

D　ボイラー効率を算定するとき，燃料の発熱量は，一般に低発熱量を用いる。

(1)　A，B，D
(2)　A，C
(3)　A，C，D
(4)　A，D
(5)　B，C

〔解説〕

A，B，C　蒸気ボイラーの容量（能力）は，最大連続負荷の状態で1時間に発生する蒸発量〔kg/h又はt/h〕で示される。ただし，蒸気の発生に要する熱量は，蒸気の圧力，温度及び給水の温度によって異なるので，ボイラー容量を，次に述べる換算蒸発量によって示す場合もある。

換算蒸発量（基準蒸発量又は相当蒸発量ともいわれる）は，実際に給水から所要蒸気を発生させるのに要した熱量を，基準状態すなわち100 ℃の飽和水を蒸発させて100 ℃の飽和蒸気とする場合の熱量2,257 kJ/kgで除したものである。すなわち，Gを実際蒸発量（kg/h），h_1，h_2をそれぞれ給水及び発生蒸気の比エンタルピ（kJ/kg）とすると，換算蒸発量G_eは，式（1.1）で求められる。

$$G_e = \frac{G\ (h_2 - h_1)}{2{,}257}\ \text{(kg/h)} \quad \cdots\cdots \quad (1.1)$$

したがって，問の(3)換算蒸発量の記述内容で，0℃の水を蒸発させて100 ℃の飽和蒸気とする熱量で除したものというのは，誤りである。正しくは，100 ℃の飽和水を100 ℃の飽和蒸気とする熱量の2,257 kJ/kgで除したものである。

D　ボイラー効率とは，全供給熱量に対する発生蒸気の吸収熱量の割合をいい，その算定方法は，式（1.2）のとおりである。その燃料の発熱量は，一般に低発熱量を用いる。

$$\text{ボイラー効率} = \frac{G\ (h_2 - h_1)}{(F)\ \times (H_l)} \times 100\ (\%) \quad \cdots\cdots \quad (1.2)$$

G，h_1，h_2は式（1.1）と同じである。
Fは燃料消費量（kg/h又は$m^3{}_N$/h）
H_lは燃料低発熱量（kJ/kg又はkJ/$m^3{}_N$）である。

〔答〕　(4)

〔ポイント〕　ボイラーの容量の算定式及び効率の算定式を理解すること「最短合格1.1.2」，「教本1.2.2」。

問3　ボイラーの水循環について，誤っているものは次のうちどれか。

(1)　ボイラー内で，温度が上昇した水及び気泡を含んだ水は上昇し，その後に温度の低い水が下降して，水の循環流ができる。
(2)　丸ボイラーは，伝熱面の多くがボイラー水中に設けられ，水の対流が困難なので，水循環の系路を構成する必要がある。
(3)　水管ボイラーは，水循環を良くするため，水と気泡の混合体が上昇する管と，水が下降する管を区別して設けているものが多い。
(4)　自然循環式水管ボイラーは，高圧になるほど蒸気と水との密度差が小さくなり，循環力が弱くなる。
(5)　水循環が良いと熱が水に十分に伝わり，伝熱面温度は水温に近い温度に保たれる。

〔解説〕

(1)，(5)　ボイラーでは，伝熱面に接触している水及び気泡を含んだ水が上昇し，その後に温度の低い水が下降してくる。このようにボイラー内に自然に水の循環流ができ，次々に蒸気を発生する。気泡を含んだ水は水面に達し蒸気を分離した後，下降して循環する。

循環が良いと熱が水に十分伝わり，伝熱面温度も水温に近い温度に保たれるが，反対に循環が不良であると気泡が停滞したりして伝熱面の焼損，膨出などの原因となる。

(2)　丸ボイラーの伝熱面は水部中にあり，特別な水の循環系路を構成しなくても水の対流により循環する。

(3)，(4)　水管ボイラーでは，特に水の循環を良くするために，水の気泡の混合体が上昇する管（上昇管，蒸発管）と，水が下降する管（下降管，降水管）を設けて，下降管と上昇管の密度差（kg/m^3）により循環するが，高圧になるにしたがって，蒸気の密度は大きくなるため，下降管と上昇管の密度差は小さくなるので水の循環力は弱くなる。

問の(2)の記述において，水の対流が困難なので，水循環の系路を構成する必要があるという記述は誤りである。正しくは，特別な水の循環系路を構成しなくても水の対流により循環する。

〔答〕　(2)

〔ポイント〕　ボイラーにおける蒸気の発生と水循環について理解すること「最短合格1.3.2，1.5.3」「教本1.1.3，1.4.2」。

問4　ボイラーに使用される次の管類のうち，伝熱管に分類されないものはどれか。

(1)　煙管
(2)　水管
(3)　主蒸気管
(4)　エコノマイザ管
(5)　過熱管

〔解説〕　ボイラーに使用される伝熱管には，ボイラー本体に使われている煙管・水管及び附属設備のエコノマイザ管と過熱管がある。
主蒸気管は，蒸気を送るために用いられる管であって伝熱管ではない。したがって，答えは問の(3)である。

(1)　煙管は丸ボイラーの炉筒煙管ボイラーなどの伝熱管である。
(2)　水管はボイラーの伝熱管である。
(4), (5)　は付属設備であるエコノマイザ及び過熱器の伝熱管である。

〔答〕　(3)

〔ポイント〕　ボイラーの管には，伝熱管と配管がある「最短合格1.6.7」，「教本1.7.7」。

問５　鋳鉄製ボイラーについて，誤っているものは次のうちどれか。

(1)　蒸気ボイラーの場合，その使用圧力は１MPa以下に限られる。
(2)　暖房用蒸気ボイラーでは，原則として復水を循環使用する。
(3)　暖房用蒸気ボイラーの返り管の取付けには，ハートフォード式連結法が用いられる。
(4)　ウェットボトム式は，ボイラー底部にも水を循環させる構造となっている。
(5)　鋼製ボイラーに比べ，腐食には強いが強度は弱い。

〔解説〕　鋳鉄製ボイラーは，主として暖房用の低圧の蒸気発生用又は温水ボイラーとして使用されている。ただし，使用圧力は，蒸気ボイラーのときは0.1 MPa以下，温水ボイラーのときは0.5 MPa以下（破壊試験を行ったものは１MPaまで），温水温度120℃以下に限られる。

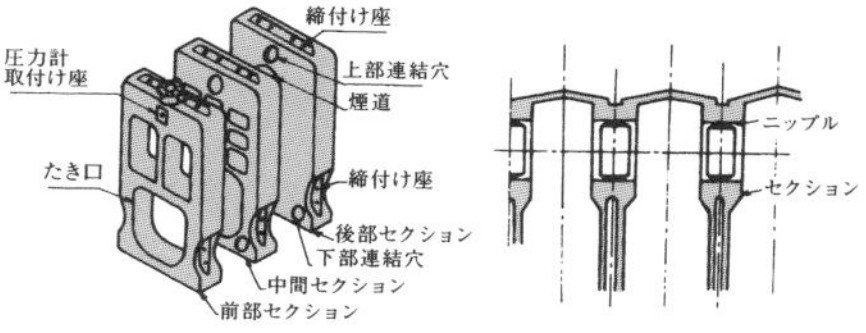

(a)　セクションの構造　　(b)　ニップル継手

図１　セクションの構造及びニップル継手

したがって，問の(1)の記述は誤りである。

鋳鉄製ボイラーは鋼よりも脆く，熱による不同膨張によって割れが生じやすい。そのため，ボイラーへ送る給水はボイラー水との温度差を極力少なくするために，原則として復水を循環して使用する。そして，給水管はボイラー本体に直接取り付けないで返り管に取り付ける（図１）。

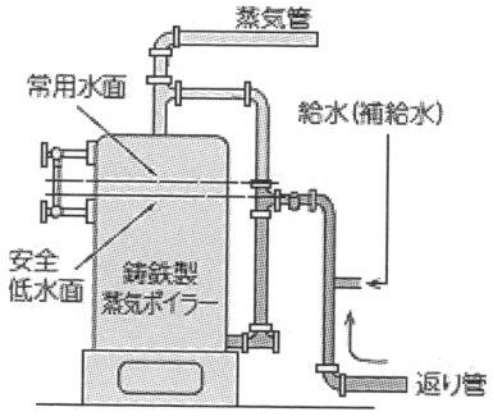

図２　ハートフォード式連結法（蒸気ボイラー）

蒸気暖房返り管は，万一，返り管系が空の状態になったときでも，蒸気ボイラーには少なくとも安全低水面近くまでボイラー水が残るようなハートフォード式連結法（図１）が用いられる。その返り管の取付け位置は，重力循環式の場合は安全低水面に一致させるが，ポンプ循環方式では安全低水面以下の150 mm以内に取り付ける。ウォーターハンマを防止するためである（図１）。

鋳鉄製ボイラーは，鋳鉄製のセクションをいくつか前後に並べて組み合わせたもので，下部は燃焼室，上部の窓は煙道となる。各セクションは，上部に蒸気部連絡口，下部に水部連絡口をそれぞれ備えており，この穴の部分にこう配のついたニップルをはめて結合（図２）し，かつ，外部のボルトで締めつけて組み立てられる。最近，ボイラーの伝熱面積を増加させるために，ボイラー底部に水を循環させるウェットボトム形構造のものが多く用いられている。ドライボトム形構造とは，ボイラー底部に水を循環していないものをいう。

〔答〕　(1)

〔ポイント〕　鋳鉄製ボイラーの構造・特徴及び返り管と給水管の取付け位置について理解すること「最短合格1.4.2，1.4.5」，「教本1.5」。

問６　ボイラーに使用される計測器について，誤っているものは次のうちどれか。

⑴　ブルドン管圧力計は，断面が真円形の管をＵ字状に曲げたブルドン管に圧力が加わると，圧力の大きさに応じて円弧が広がることを利用している。
⑵　差圧式流量計は，流体が流れている管の中に絞りを挿入すると，入口と出口との間に流量の二乗に比例する圧力差が生じることを利用している。
⑶　容積式流量計は，ケーシングの中で，だ円形歯車を２個組み合わせ，これを流体の流れによって回転させると，流量が歯車の回転数に比例することを利用している。
⑷　平形反射式水面計は，ガラスの前面から見ると水部は光線が通って黒色に見え，蒸気部は光線が反射されて白色に光って見える。
⑸　Ｕ字管式通風計は，計測する場所の空気又はガスの圧力と大気圧との差圧を水柱で示す。

〔解説〕

⑴　圧力計は一般的に，ブルドン管式のものが使用される。
　圧力計のブルドン管は扁平（図１）な管を円弧状に曲げ，その一端を固定し，他端を閉じて自由に動けるようにしたもので，その先に歯付扇形片をかみ合わせる。ブルドン管に圧力が加わると，ブルドン管の円弧が広がり歯付扇形片が動く。その結果，これにかみ合う小歯車が回転し，その軸に取り付けられている指針の動きから圧力を知るのである。その指示圧力は，大気圧との差圧のゲージ圧力を示す。
　したがって，問の⑴の記述内容は，断面が真円形の管であり誤りである。

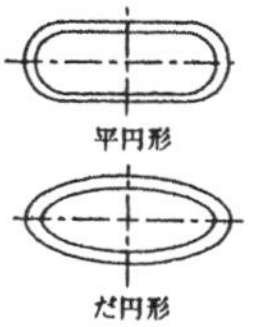

図１　ブルドン管断面

⑵　差圧式流量計は，オリフィス又はベンチュリ管の入口と出口との圧力差を測る。この差圧は，流体の流量の二乗に比例する（図２）。

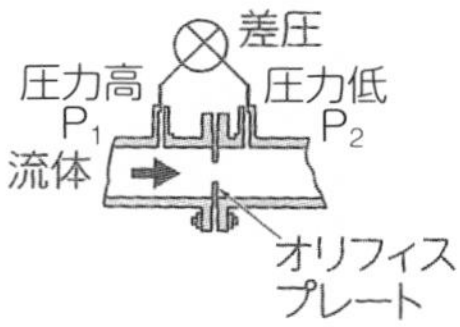

図２　差圧式流量計

$W^2 = C \cdot (P_1 - P_2)$

W：流量
C：流量係数
$P_1 - P_2$：差圧

⑶　容積式流量計は，ケーシングの中にだ円形歯車を２個組合わせたもので，流量は歯車の回転数に比例するため，この回転数を測定して流量を測る。
⑷　水面計の種類には，丸形ガラス，平形反射式，平形透視式及び二色水面計等がある。平形反射式水面計は，裏面に三角形の溝をつけた平形のガラスを組み込んだもので，光の通過と反射の作用により水部は黒色に，蒸気部は白色に光って見える。
⑸　Ｕ字管式通風計は，炉内又は煙風道内の通風力（ドラフト）を測る計器である。通風力は，水柱の差圧で表す。

〔答〕　⑴
〔ポイント〕　ボイラーに使用する計測器について理解すること「最短合格1.7.1」，「教本1.8.1」。

問７　ボイラーの自動制御について，誤っているものは次のうちどれか。

(1)　オンオフ動作による蒸気圧力制御は，蒸気圧力の変動によって，燃焼又は燃焼停止のいずれかの状態をとる。

(2)　ハイ・ロー・オフ動作による蒸気圧力制御は，蒸気圧力の変動によって，高燃焼，低燃焼又は燃焼停止のいずれかの状態をとる。

(3)　比例動作による制御は，オフセットが現れた場合にオフセットがなくなるように動作する制御である。

(4)　積分動作による制御は，偏差の時間積分値に比例して操作量を増減するように動作する制御である。

(5)　微分動作による制御は，偏差が変化する速度に比例して操作量を増減するように動作する制御である。

〔解説〕　ボイラーの自動制御には，シーケンス制御とフィードバック制御がある。

この問題は，フィードバック制御の動作に関する問題である。

フィードバック制御とは，操作の結果得られた制御量の値（圧力，水位など）を目標値と比較して，それらを一致させるような動作を繰り返す制御のことであり，以下の動作をいう。

検出部から得られた制御量の値を目標値と比較し，その偏差に対する操作信号を作る調節器の制御動作を分類すれば，オンオフ動作，ハイ・ロー・オフ動作，比例動作，積分動作及び微分動作となる。

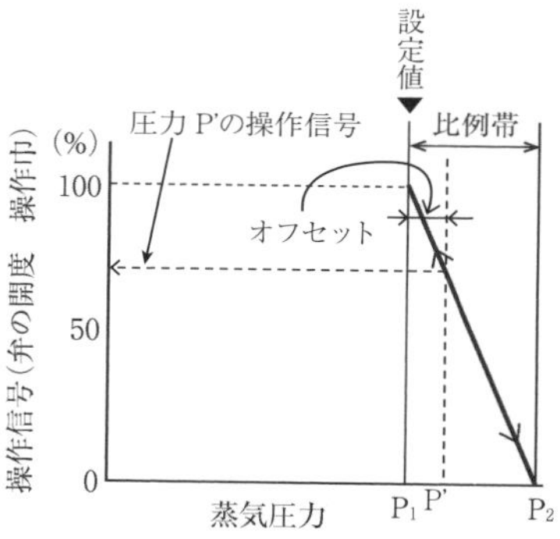

図　比例制御

①　オンオフ動作は，制御偏差が設定値に対し正であるか負であるかによって制御するものであるので，動作すき間の設定が必要である。

②　ハイ・ロー・オフ動作は，設定圧力を２段階に分けて，高燃焼（ハイ）と低燃焼（ロー）及び停止（オフ）の３段階の制御をするものである。

③　比例動作は，偏差の大きさに比例して操作量を増減するように動作するものである（図）。蒸気圧力が設定値より少し異なった値P'でつり合う。これを偏差（オフセット）という。

④　積分動作は，制御偏差量に比例した速度で操作量を増減するように動作するもので，オフセットが現れた場合に，オフセットをなくすように動く。

⑤　微分動作による制御は，偏差が変化する速度に比例して操作量を増減するように動作するもので，外乱（負荷の急激な変動など）が大きい場合，制御結果が大きく変動するのを防ぐことができる制御である。

したがって，問の(3)の記述内容は積分動作による制御である。比例動作の制御は解説③に示すようにオフセットはなくならない。

〔答〕　(3)

〔ポイント〕　各調節器の制御動作について理解すること「最短合格1.8.2 ②」，「教本1.9.2」。

問 8　ボイラーの給水系統装置について，誤っているものは次のうちどれか。

(1)　ボイラーに給水する遠心ポンプは，多数の羽根を有する羽根車をケーシング内で回転させ，遠心作用により水に圧力及び速度エネルギーを与える。
(2)　遠心ポンプは，案内羽根を有するディフューザポンプと有しない渦巻ポンプに分類される。
(3)　渦流ポンプは，円周流ポンプとも呼ばれているもので，小容量の蒸気ボイラーなどに用いられる。
(4)　給水弁と給水逆止め弁をボイラーに取り付ける場合は，ボイラーに近い側に給水逆止め弁を取り付ける。
(5)　給水内管は，一般に長い鋼管に多数の穴を設けたもので，胴又は蒸気ドラム内の安全低水面よりやや下方に取り付ける。

〔解説〕

(1), (2), (3)　ボイラーに給水するポンプには，遠心ポンプ（ディフューザポンプと渦巻ポンプ）及び渦流ポンプ（円周流ポンプ）がある。

遠心ポンプは，羽根車をケーシング内で回転させ，遠心作用によって水に圧力及び速度エネルギーを与えるものである。羽根車の中心から吸い込まれた水は，半径方向外向きに流れ，速度エネルギーは渦巻室（ボリュートケーシング）を通過する間に圧力エネルギーに変換され，吐出し口から外に出る。

ディフューザポンプは，羽根車の周辺に案内羽根をもつもので，高圧・大容量ボイラーには多段式のものが用いられる。

渦巻ポンプは，羽根車の周辺に案内羽根のないもので，一般に低圧・中小容量のボイラーに用いられる。

特殊ポンプの渦流ポンプは，円周流ポンプとも呼ばれ，小さい吐出流量で高い揚程が得られる。小容量のボイラーに用いられる。

(4)　ボイラー又はエコノマイザ入口には，給水弁及び逆止め弁を取り付けなければならない。給水弁をボイラーに近い側に取り付ける。逆止め弁が故障の場合，給水弁を閉止して，ボイラー水をボイラーに残したままで逆止め弁を修理することができるようにするためである。なお，給水弁はアングル弁又は玉形弁が用いられ，給水逆止め弁には，スイング式又はリフト式が用いられる（図）。

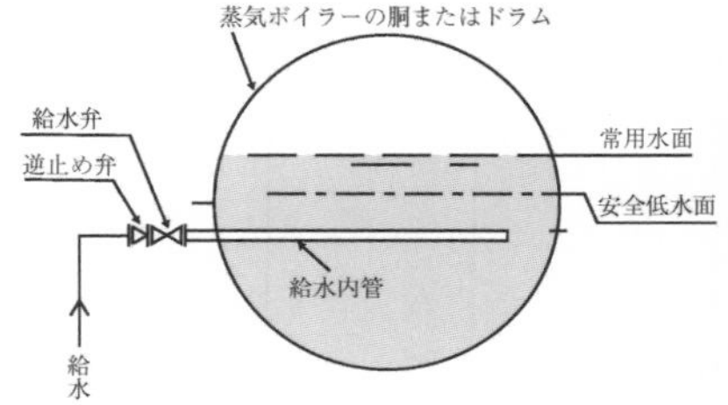

図　給水弁及び給水管内と水面との関係位置

したがって，問の(4)の記述内容は，弁の順序が逆であり誤りである。

(5)　給水内管は，ボイラー水より低い温度の水をボイラー側の 1 箇所に集中して送り込まないようにするために，多数の小さな穴を設け，ボイラー胴内部の広い範囲に給水を配分する構造としたものである。また，給水内管の位置は，図に示すようにボイラー水面が安全低水面まで低下しても，水面より上に現れないよう安全低水面よりやや下方に置く。

〔答〕　(4)

〔ポイント〕　ボイラー用給水系統装置について理解すること「最短合格1.7.4」，「教本1.8.4」。

問9　ボイラーのエコノマイザなどについて，誤っているものは次のうちどれか。

(1)　エコノマイザは，煙道ガスの余熱を回収して給水の予熱に利用する装置である。
(2)　エコノマイザ管は，エコノマイザに給水するための給水管である。
(3)　エコノマイザを設置すると，ボイラー効率を向上させ燃料が節約できる。
(4)　エコノマイザを設置すると，通風抵抗が多少増加する。
(5)　エコノマイザは，燃料の性状によっては低温腐食を起こすことがある。

〔解説〕

(1)　エコノマイザは，ボイラーから排出されるガスの熱を回収して，ボイラーの給水を予熱する附属設備である。
(2)　エコノマイザに使用される伝熱管は，鋼管が多く使われるが，まれに腐食に強い鋳鉄管が使用される。
　問の(2)において，エコノマイザ管は，伝熱管なので，エコノマイザに給水するための給水管である。という記述は誤りである。
(3)　ボイラー排ガスの余熱を回収することにより，排ガスによってボイラーの外へ持ち出される熱量が少なくなるので，ボイラーの熱効率が向上し燃料の節約になる。
(4)　エコノマイザは煙道に設けられるため，通風損失が増加する。そのため，ファンの消費動力が多少増加する。
(5)　硫黄分のある燃料を使用する場合，エコノマイザの伝熱面の温度が給水温度により低くなることによって，エコノマイザの低温部で低温腐食を起こすことがある。

〔答〕 (2)

〔ポイント〕 エコノマイザを設置した場合の利点と欠点と低温腐食について理解すること「最短合格1.7.7 2」，「教本1.8.7 (2)」。

問10　温水ボイラー及び蒸気ボイラーの附属品について，誤っているものは次のうちどれか。

(1)　水高計は，温水ボイラーの圧力を測る計器であり，蒸気ボイラーの圧力計に相当する。
(2)　温水ボイラーの温度計は，ボイラー水が最高温度となる箇所の見やすい位置に取り付ける。
(3)　温水ボイラーの逃がし管は，ボイラー水の膨張分を逃がすためのもので，高所に設けた開放型膨張タンクに直結させる。
(4)　逃がし弁は，暖房用蒸気ボイラーで，発生蒸気の圧力と使用箇所での蒸気圧力の差が大きいときの調節弁として用いられる。
(5)　凝縮水給水ポンプは，重力還水式の暖房用蒸気ボイラーで，凝縮水をボイラーに押し込むために用いられる。

〔解説〕

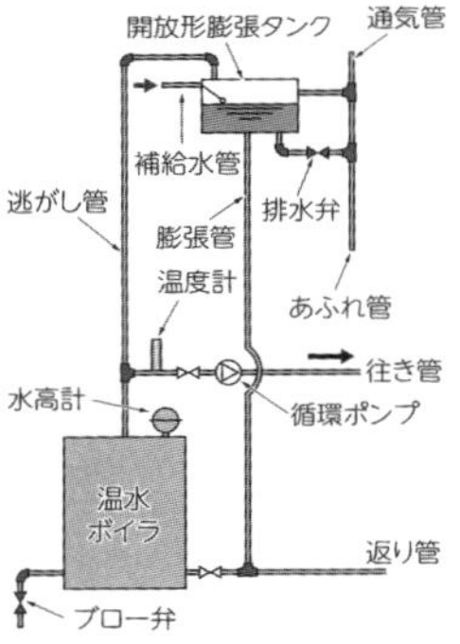

図１　温水ボイラーの配管例
（開放形膨張タンク方式）

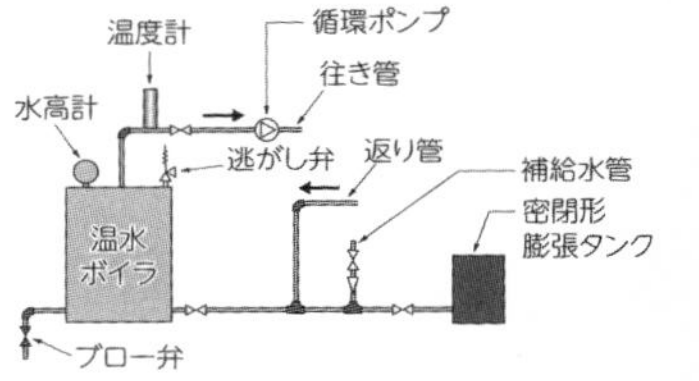

図２　温水ボイラーの配管例
（密閉形膨張タンク方式）

(1)，(2)　温水ボイラーの附属品として，水高計，温度計が取り付けられる。水高計は，温水ボイラーの圧力を測る計器で，蒸気ボイラーの圧力計に相当する。また，温度計は温水ボイラーの温水温度を測る計器で，温水ボイラー本体，または温水出口配管に取り付けられる。

(3)，(4)　温水ボイラーの安全装置としては，一般に逃がし管（図１　開放形膨張タンク方式）が使用されるが，密閉式の場合は，逃がし管の代わりに逃がし弁（ボイラー本体に取り付ける）（図２）を使用する。なお，図１の開放形の場合の逃がし管には，途中に弁やコックを設けてはならない。また，内部の水が凍結するおそれがある場合には，保温その他の措置を講じること。

逃がし弁は，温水ボイラーの安全装置として使用される。したがって，問の(4)の記述は誤りである。

(5)　凝縮水給水ポンプは，重力還水式の蒸気暖房装置に用いられるポンプである。凝縮水は凝縮水槽まで自重によって自然流下し，それから先，ボイラーに押し込むのにこのポンプが用いられる。

このポンプは凝縮水槽（レシーバ），モータ直結渦巻ポンプ，自動スイッチ及びレシーバ内のフロートから構成されている。

〔答〕(4)

〔ポイント〕　温水ボイラーの附属品及び循環装置について理解すること「最短合格1.7.6」，「教本1.8.6」。

■令和５年前期：ボイラーの取扱いに関する知識■

問１　ボイラーの点火前の点検・準備について，適切でないものは次のうちどれか。

(1)　水面計を点検してからボイラー水位を確認し，水位が低いときは，給水を行って常用水位に調整する。
(2)　水位を上下して水位検出器の機能を試験し，設定水位の下限において，給水調節弁が閉方向に動作することを確認する。
(3)　圧力計の指針の位置を点検し，残針がある場合は予備の圧力計と取り替える。
(4)　験水コックがある場合には，水部にあるコックを開けて，水が噴き出すことを確認する。
(5)　煙道の各ダンパを全開にしてファンを運転し，炉及び煙道内の換気を行う。

〔解説〕　ボイラーの点火時は，ガス爆発や低水位事故が起きやすいので，点火に際しては事前の点検が完全であっても再度次の確認を行う。

①　ボイラー水位の確認

水面計によって，水位が常用水位であるか確認する。水位が常用水位より低い場合は給水を行い，高い場合は吹出しを行うことにより，水位の調整をする。また，験水コックがある場合，水部にあるコックを開いて，水が噴き出すことを確認する。

②　吹出し装置の点検

吹出しを行い，弁の機能が正常であるか確認し，確実に閉止しておく。

③　圧力計の点検

圧力がない場合は，圧力計の指針が０点に戻っているかを確認し，残針がある場合は，予備の圧力計と取り替える。

④　給水装置の点検と作動確認

給水管路の弁が確実に開いていること。また，水位を上下して水位検出器の設定水位の上限において，ポンプが停止し，また，水位の下限においてポンプが起動するか確認する。

⑤　空気抜き弁

空気抜き弁は，蒸気が発生し始めるまで開いておく。

⑥　通風装置の点検・換気

煙道ダンパを全開にしてファンを運転し，炉及び煙道内の換気を行う。

⑦　燃焼装置の点検

ガス圧力または油圧・油温が適正であるか，また，燃料系路の弁が確実に開いていること。液体燃料の場合，油タンク内の油量を液面計で確認すること。

⑧　自動制御装置の点検

問の(2)の水位検出器機能試験で，設定された水位の下限において，給水調節弁が閉方向に動作するというのは適切でない。水位の下限において給水調節弁が開方向に動作することの確認を行うのが正しい。

〔答〕　(2)

〔ポイント〕　点火前の点検・準備について理解すること「最短合格2.1.3」，「教本2.1.3 (1)～(8)」。

問2　ボイラーをたき始めるときの，各種の弁又はコックとその開閉の組合せとして，適切でないものは次のうちどれか。

(1)　主蒸気弁………………………………………………… 閉
(2)　胴の空気抜弁…………………………………………… 開
(3)　吹出し弁又は吹出しコック…………………………… 閉
(4)　水面計とボイラー間の連絡管の弁又はコック……… 閉
(5)　圧力計のコック………………………………………… 開

〔解説〕

(1)　ボイラーをたき始めるときに閉止している主蒸気弁を送気始めで，初めて開くときは，ウォータハンマを起こさないように行う。
(2)　空気抜き弁は，蒸気が発生し始めるまで開いておく。
(3)　吹出しを行い，弁の機能が正常であるか確認し，確実に閉止しておく。
(4)　水面計とボイラー間の連絡管の弁又はコックを開くことにより，ボイラー内の水位を水面計で確認することができるようになる。水面計によって，水位が常用水位であるか確認する。水位が常用水位より低い場合は給水を行い，高い場合は吹出しを行うことにより，水位の調整をする。また，水面計または験水コックの作動・機能の確認を行う。
　したがって，問の(4)の記述は適切でない。
(5)　圧力計の指針の位置を点検するため，圧力計のコックを開く。

〔答〕 (4)

〔ポイント〕　点火前の点検・準備について理解すること「最短合格2.1.3」，「教本2.1.3 (1)～(8)」。

問3　ボイラー水位が安全低水面以下に異常低下する原因として，適切でないものは次のうちどれか。

(1)　蒸気トラップの機能が不良である。
(2)　給水逆止め弁が故障した。
(3)　吹出し装置の閉止が不完全である。
(4)　蒸気を大量に消費した。
(5)　給水内管の穴が閉塞した。

〔解説〕　ボイラー水位が安全低水面（図）以下に異常低下する原因は，次のとおりである。

①　水位の監視不良（水面計の汚れによる誤認，監視の怠慢，自動制御装置の点検・整備の不良など）
②　水面計の機能不良（不純物による閉塞，止め弁の開閉誤作動など）
③　ボイラー水の漏れ（吹出し装置の閉止不完全，水管，煙管などの損傷による漏れ）
④　蒸気の大量消費
⑤　自動給水装置，低水位遮断器の不作動（不純物による作動妨害，機能の故障など）

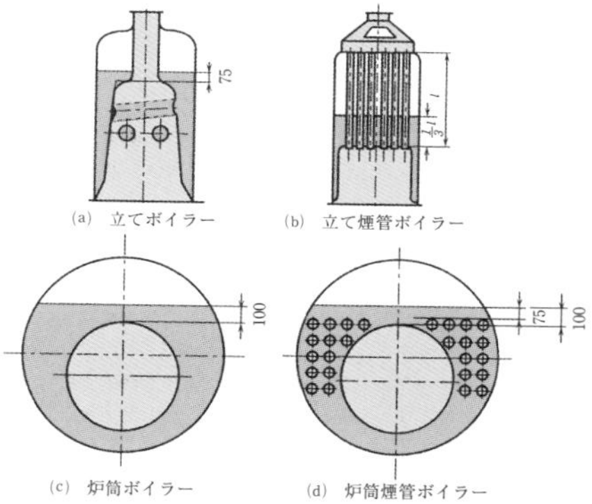

図　ボイラーの安全低水面

⑥　給水不能（給水装置の故障，給水弁の操作不良，逆止め弁の故障，給水内管の穴の閉塞，給水温度の過昇，貯水槽の水量不足など）

異常低水位は，ボイラーの取扱い上，最も危険なものであるから，常に前述の附属品などの点検，機能の試験を行って，その防止に努めなければならない。

したがって，問の(1)の記述は適切でない。蒸気トラップは蒸気配管及び蒸気附属機器などで発生したドレンを系外に排出するためのものである。

〔答〕　(1)

〔ポイント〕　ボイラー水位異常時の原因について理解すること「最短合格2.1.7 [1]」，「教本2.1.7 (1)」。

問 4　ボイラーに発生するキャリオーバとしての現象及び原因として，適切でないものは次のうちどれか。

(1)　ボイラー水が水滴となって蒸気とともに運び出された。これをプライミング（水気立ち）という。
(2)　ドラム内に発生した泡が広がり，これにより蒸気に水分が混入して運び出された。これをホーミング（泡立ち）という。
(3)　蒸気流量が急増した。
(4)　ボイラー水に有機物が含まれていたり，又は溶解した蒸発残留物が過度に濃縮している。
(5)　ボイラー水の導電性が低下している。

〔解説〕　ボイラーから出ていく蒸気に，ボイラー水が水滴の状態又は泡の状態で混じって運び出されることをキャリオーバといい，その原因となる現象にプライミング（水気立ち）とホーミング（泡立ち）がある（表１）。

表２に，キャリオーバの原因と発生した場合の処置を示す。

表1　キャリオーバの種類

	プライミング	ホーミング
現象	ボイラー水が水滴となって蒸気とともに運び出される	泡が発生しドラム内に広がり，蒸気に水分が混入して運び出される
原因等	蒸気流量の急増等によるドラム水面の変動	溶解性蒸発残留物の過度の濃縮又は有機物の存在

表2　キャリオーバの原因と発生した場合の処置

原　　因	処　　置
①　蒸気負荷が過大である	①　燃焼量を下げる
②　主蒸気弁を急に開く	②　主蒸気弁などを徐々に絞り，水位の安定を保つ
③　ボイラー水位が高水位である	③　一部をブローする
④　ボイラー水が過度に濃縮され，溶解性蒸発残留物が多く，また，油脂分が含まれている	④　水質試験を行い，吹出し量を増して，必要によりボイラー水を入れ替える

ボイラー水が過度に濃縮すると導電性が高くなる。

したがって，問の(5)の記述は適切でない。

〔答〕 (5)

〔ポイント〕　キャリオーバの現象・原因について理解すること「最短合格2.1.7 [2]」，「教本2.1.7 (4)」。

問5　ボイラーの燃焼安全装置の燃料遮断弁が作動する原因となる場合として，適切でないものは次のうちどれか。

(1)　蒸気圧力が過昇した。
(2)　高水位である。
(3)　不着火だった。
(4)　異常消火した。
(5)　送風量が低下した。

〔解説〕　ボイラーの燃焼安全装置の燃料遮断弁が作動する原因は，異常消火などの燃焼状態に関するインターロックによるものと，ボイラー圧力過昇や地震の発生，送風量の低下，燃料圧力の低下など，直接，燃焼に関わらない外部からのインターロックによるものがある。

高水位は，すぐに燃焼を停止しなければならない重故障ではない。

したがって，問の(2)の記述は適切でない。

〔答〕　(2)

〔ポイント〕　ボイラー運転中の取扱いについて理解すること「最短合格2.1.6」，「教本2.1.6 (1)」。

問 6　ボイラーに給水するディフューザポンプの取扱いについて，適切でないものは次のうちどれか。

(1)　グランドパッキンシール式の軸については，運転中に少量の水が連続して滴下する程度にパッキンが締まっていることを確認する。
(2)　運転前に，ポンプ内及びポンプ前後の配管内の空気を十分に抜く。
(3)　起動は，吸込み弁及び吐出し弁を全開にした状態で行う。
(4)　運転中は，ポンプの吐出し圧力，流量及び負荷電流が適正であることを確認する。
(5)　運転を停止するときは，吐出し弁を徐々に閉め，全閉にしてからポンプ駆動用電動機を止める。

〔解説〕

(1)　ポンプの軸をシールする方式にメカニカルシール式とグランドパッキンシール式がある。グランドパッキンシール式では，運転中少量の水が滴下する程度にパッキンを締めるが，メカニカルシール式の軸については水漏れがないことを確認する（図）。

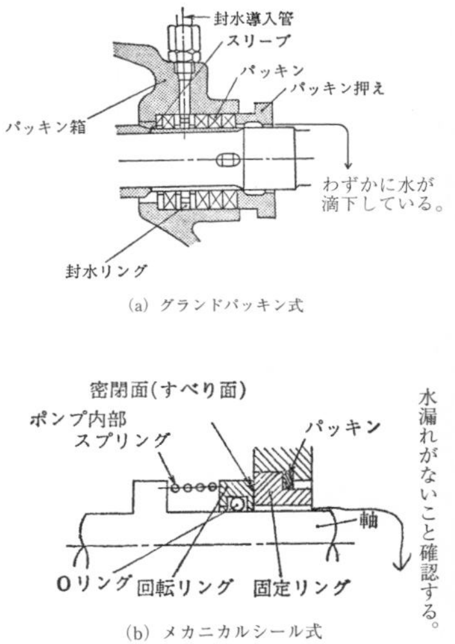

(a) グランドパッキン式
(b) メカニカルシール式

図　ポンプの軸シール方式

(2)　ポンプを起動する前は，ポンプ内及び前後の配管内の空気を十分に抜く。
　ポンプ内に空気が入っていると，ポンプを運転しても規定圧力まで上昇しないことがある。

(3)，(4)，(5)　ポンプの起動・停止時における弁は，電動機に過負荷電流が流れないように次に示す順序で操作すること。

	吸込み弁	吐出し弁
起動時	全開	全閉・電動機起動後に全開
停止時	全開	電動機停止前に全閉

　ポンプの起動時及び運転中は，吐出し圧力及び流量が適正であり，そのポンプの状態に対応する負荷電流値が適正であることを確認する。また，運転中は，振動，異音，偏心などの異常の有無及び軸受の過熱，油漏れなどの有無を点検する。
　したがって，問の(3)の記述は適切でない。

〔答〕 (3)

〔ポイント〕　給水装置の取扱いを理解すること「最短合格2.2.5」，「教本2.2.5」。

問７　ボイラーのばね安全弁及び逃がし弁の調整並びに試験について，適切でないものは次のうちどれか。

(1)　安全弁の調整ボルトを定められた位置に設定した後，ボイラーの圧力をゆっくり上昇させて安全弁を作動させ，吹出し圧力及び吹止まり圧力を確認する。
(2)　安全弁が設定圧力になっても作動しない場合は，一旦，ボイラーの圧力を設定圧力の80％程度まで下げ，調整ボルトを緩めて，再度，試験する。
(3)　ボイラー本体に安全弁が２個ある場合は，１個を最高使用圧力以下で先に作動するように調整したときは，他の１個を最高使用圧力の３％増以下で作動するように調整することができる。
(4)　エコノマイザの逃がし弁（安全弁）は，ボイラー本体の安全弁より低い圧力に調整する。
(5)　最高使用圧力の異なるボイラーが連絡している場合，各ボイラーの安全弁は，最高使用圧力の最も低いボイラーを基準に調整する。

〔解説〕

(1)，(2)　ばね安全弁の調整は，ばねをある程度締めて圧力をゆっくり上昇させると安全弁が作動して蒸気が吹き出し，その後圧力が下がって弁が閉じるので，その吹出し圧力及び吹止まり圧力を確認する。吹出し圧力が設定圧力になっても作動しない場合（設定圧力が高い）は，いったんボイラーの圧力を設定圧力の80％程度まで下げて調整ボルトを緩めて再度試験する。なお，設定圧力も低い場合は，調整ボルトを締めて再度試験する。

(3)　ボイラー本体に安全弁が１個設けられている場合，その吹出し圧力はボイラーの最高使用圧力以下になるように調整する。２個以上の安全弁が設けられている場合，全ての安全弁の吹出し圧力を最高使用圧力以下に調整しても差し支えない。なお，この場合，１個の安全弁を最高使用圧力以下で作動するように調整したときは，他の安全弁を最高使用圧力の３％増以下で作動するように調整することができる。

(4)　エコノマイザの逃がし弁（安全弁）をボイラー本体の安全弁より低い圧力に調整すると，ボイラー本体の安全弁よりエコノマイザの逃がし弁（安全弁）が先に吹き出してボイラー本体に給水が供給されなくなるおそれがある。このため，エコノマイザの逃がし弁（安全弁）の吹出し圧力は，ボイラー本体の安全弁より高い圧力に調整するが，エコノマイザの最高使用圧力以下であることも必要である。

　したがって，問の(4)記述は適切でない。

(5)　最高使用圧力の異なるボイラーが連絡している場合，連絡しているボイラーの蒸気圧力は同一となるので，それぞれのボイラーの最高使用圧力を超えないようにするためには，最も低い最高使用圧力のボイラーを基準に調整する必要がある。

〔答〕　(4)

〔ポイント〕　安全弁の調整及び試験について理解すること「最短合格2.2.3 [2]」，「教本2.2.3 (3)」。

問 8　ボイラーの運転を停止し，ボイラー水を全部排出する場合の措置として，適切でないものは次のうちどれか。

(1)　運転停止のときは，ボイラーの水位を常用水位に保つように給水を続け，蒸気の送り出し量を徐々に減少させる。
(2)　運転停止のときは，燃料の供給を停止し，十分換気してからファンを止める。
(3)　運転停止後は，ボイラーの蒸気圧力がないことを確かめた後，給水弁及び蒸気弁を閉じる。
(4)　給水弁及び蒸気弁を閉じた後は，ボイラー内部が負圧にならないように空気抜弁を閉じて，空気を送り込む。
(5)　ボイラー水の排出は，運転停止後，ボイラー水の温度が90℃以下になってから，吹出し弁を開いて行う。

〔解説〕　ボイラーの保全を行うために使用中のボイラーを冷却してボイラー水を排出する場合は，次の順序による。

①　ボイラーの水位を常用水位に保つように給水を続け，蒸気の送り出しを徐々に減少する。
②　燃料の供給を停止する。石炭だきの場合は，炉内の燃料を完全に燃え切らせる。
③　押込ファンを止める。自然通風の場合は，ダンパを半開とし，たき口及び空気口を開いて，炉内を冷却する。
④　ボイラーの圧力がないことを確かめた後，給水弁，蒸気弁を閉じ，空気抜き弁，その他蒸気室部の弁を開いてボイラー内に空気を送り込み，内部が真空になることを防ぐ。
したがって，問の(4)の記述は適切でない。
⑤　排水がフラッシュしないように，ボイラー水の温度が90 ℃以下になってから，吹出し弁を開きボイラー水を排出する。

〔答〕　(4)

〔ポイント〕　ボイラーの運転を停止し，ボイラー水を排出する順序について理解すること「最短合格2.3.2 1」，「教本2.3.2 (4)」。

問 9　ボイラー水中の不純物について，適切でないものは次のうちどれか。

(1)　溶存しているO_2は，鋼材の腐食の原因となる。
(2)　溶存しているCO_2は，鋼材の腐食の原因となる。
(3)　スケールは，溶解性蒸発残留物が濃縮され，ドラム底部などに沈積した軟質沈殿物である。
(4)　懸濁物には，りん酸カルシウムなどの不溶物質，エマルジョン化された鉱物油などがある。
(5)　スケールの熱伝導率は，炭素鋼の熱伝導率より低い。

〔解説〕

(1)，(2)　溶存気体には，酸素（O_2），二酸化炭素（CO_2）などがある。これらの溶存気体は，鋼材の腐食の原因となる。酸素は直接腐食作用をもっているほか，他の物質との化学作用により腐食を助長させる。二酸化炭素は酸素ほどではないが，この二つが共存すると助長しあって，腐食作用を繰り返し進行させる。

(3)　スラッジは，主としてカルシウム，マグネシウムの炭酸水素塩が加熱（80～100 ℃）により分解して生じた炭酸カルシウムや水酸化マグネシウム，及び軟化を目的とした清缶剤を添加した場合に生じるりん酸カルシウムや，りん酸マグネシウムなどの軟質沈殿物である。

　したがって，問の(3)の記述はスケールとなっており適切でない。

(4)　懸濁物には，りん酸カルシウムなどの不溶物質，微細なじんあい，エマルジョン化された鉱物油などがあり，キャリオーバの原因となる。

(5)　スケールの熱伝導率は炭素鋼に比較して著しく低く，一般に炭素鋼の 1 /20～1 /100程度である。したがって，ボイラーの伝熱面にスケールが付着すると，燃焼ガスとボイラー水との間に断熱材を置いたような結果となり，ボイラーの過熱や熱効率が低下することになる。

〔答〕　(3)

〔ポイント〕　不純物の種類について理解すること「最短合格2.4.4」，「教本2.4.4 (1)」

問10　次のうち，ボイラー給水の脱酸素剤として使用される薬剤のみの組合せはどれか。

(1)　塩化ナトリウム　　　りん酸ナトリウム
(2)　りん酸ナトリウム　　タンニン
(3)　炭酸ナトリウム　　　りん酸ナトリウム
(4)　亜硫酸ナトリウム　　炭酸ナトリウム
(5)　亜硫酸ナトリウム　　タンニン

〔解説〕　ボイラー給水の脱酸素剤として使用される薬剤には，亜硫酸ナトリウム，ヒドラジン及びタンニンがある。清缶剤の作用による分類を次の表に示す。

ボイラー給水の脱酸素剤として使用される薬剤は問の(5)である。

表　清缶剤の作用による分類

作用分類	主な作用（効果）	主な薬品名
pH及び酸消費量の調節剤	ボイラー水に適度の酸消費量を与え腐食を防止する。	・水酸化ナトリウム（NaOH） ・炭酸ナトリウム（Na_2CO_3）
軟化剤	硬度成分をスラッジに変えてスケール付着を防止する。	・炭酸ナトリウム（Na_2CO_3） ・りん酸ナトリウム（Na_3PO_4）
スラッジ分散剤	スラッジが伝熱面に焼きついてスケールとして固まらないようにする。	・タンニン
脱酸素剤	ボイラー水中の酸素を除去して溶存気体による腐食を防止する。	・亜硫酸ナトリウム（Na_2SO_3） ・ヒドラジン（N_2H_4） ・タンニン
給水，復水系統の防食剤	給水・復水系統の配管等が(O_2)(CO_2)によって腐食されるのを防止する。	・pH調節剤（防食） ・被膜性防食剤

〔答〕　(5)

〔ポイント〕　清缶剤の使用目的と薬品名を理解すること「最短合格 2.4.6 [2]」，「教本 2.4.6 (2)，(3)」。

■ 令和４年後期：ボイラーの取扱いに関する知識 ■

問１　ボイラーのばね安全弁及び逃がし弁の調整及び試験に関するＡからＤまでの記述で，適切なもののみを全て挙げた組合せは，次のうちどれか。

Ａ　安全弁の調整ボルトを定められた位置に設定した後，ボイラーの圧力をゆっくり上昇させて安全弁を作動させ，吹出し圧力及び吹止まり圧力を確認する。

Ｂ　安全弁が設定圧力になっても作動しない場合は，直ちにボイラーの圧力を設定圧力の80 %程度まで下げ，調整ボルトを締めて再度，試験する。

Ｃ　安全弁の吹出し圧力が設定圧力よりも低い場合は，一旦，ボイラーの圧力を設定圧力の80 %程度まで下げ，調整ボルトを緩めて再度，試験する。

Ｄ　最高使用圧力の異なるボイラーが連絡している場合，各ボイラーの安全弁は，最高使用圧力の最も低いボイラーを基準に調整する。

(1)　Ａ，Ｂ
(2)　Ａ，Ｂ，Ｄ
(3)　Ａ，Ｃ，Ｄ
(4)　Ａ，Ｄ
(5)　Ｃ，Ｄ

〔解説〕

Ａ　ばね安全弁の調整は，ばねをある程度締めて圧力をゆっくり上昇させると安全弁が作動して蒸気が吹き出し，その後圧力が下がって弁が閉じるので，その吹出し圧力及び吹止り圧力を確認する。

Ｂ，Ｃ　吹出し圧力が設定圧力になっても作動しない場合（設定圧力が高い）は，いったんボイラーの圧力を設定圧力の80 %程度まで下げて調整ボルトを緩めて再度試験する。Ｂの記述では，「調整ボルトを締めて」となっているので誤りである。なお，設定圧力も低い場合は，調整ボルトを締めて再度試験する。Ｃの記述では，「調整ボルトを緩めて」となっているので誤りである。

Ｄ　最高使用圧力の異なるボイラーが連絡している場合，連絡しているボイラーの蒸気圧力は同一となるので，それぞれのボイラーの最高使用圧力を超えないようにするためには，最も低い最高使用圧力のボイラーを基準に調整する必要がある。

したがって，適切なものは，Ａ，Ｄであり，この組合せは(4)である。

〔答〕 (4)

〔ポイント〕　安全弁の調整及び試験について理解すること「最短合格2.2.3 [2]」，「教本2.2.3 (3)」。

問2　ボイラーのたき始めに，燃焼量を急激に増加させてはならない理由として，最も適切なものは次のうちどれか。

(1)　高温腐食を起こさないため。
(2)　燃焼装置のベーパロックを起こさないため。
(3)　スートファイヤを起こさないため。
(4)　火炎の偏流を起こさないため。
(5)　ボイラー本体の不同膨張を起こさないため。

〔解説〕 ボイラーのたき始めに，いかなる理由があっても急激に燃焼量を増やしてはならない。圧力計を注視しながら圧力の上昇度合いに応じて燃焼量を加減すること。

急激な燃焼量の増加は，ボイラー本体の不同膨張を起こし，れんが積みの目地割れなどが生じる。また，本体圧力部のクラック（割れ），水管，煙管の取付け拡管部及び継手部などから漏れの原因となる。また，鋳鉄製ボイラーは急熱急冷により割れることがある。

そのため，冷たい水からたき始める場合は，一般に保有水量の多い低圧ボイラーでは最低１～２時間をかけ所定の蒸気圧力まで上昇させる。

問の(1)，(2)，(3)，(4)，記述内容は，ボイラーのたき始めに急激に燃焼量を増やしてはならない理由ではない。

したがって，最も適切な記述は問の(5)である。

〔答〕 (5)

〔ポイント〕 圧力上昇時の取扱いについて理解すること「最短合格2.1.5 1」，「教本2.1.5 (1)，(2)」。

問3　ボイラーの運転を停止し，ボイラー水を全部排出する場合の措置として，誤っているものは次のうちどれか。

(1)　運転停止のときは，ボイラーの水位を常用水位に保つように給水を続け，蒸気の送り出し量を徐々に減少させる。
(2)　運転停止のときは，燃料の供給を停止し，十分換気してからファンを止め，自然通風の場合はダンパを半開とし，たき口及び空気口を開いて炉内を冷却する。
(3)　運転停止後は，ボイラーの蒸気圧力がないことを確かめた後，給水弁及び蒸気弁を閉じる。
(4)　給水弁及び蒸気弁を閉じた後は，ボイラー内部がわずかに負圧になる程度に空気を送り込んでから，空気抜弁を閉じる。
(5)　ボイラー水の排出は，運転停止後，ボイラー水の温度が90 ℃以下になってから，吹出し弁を開いて行う。

〔解説〕　ボイラーの保全を行うために使用中のボイラーを冷却してボイラー水を排出する場合は，次の順序による。

①　ボイラーの水位を常用水位に保つように給水を続け，蒸気の送り出しを徐々に減少する。
②　燃料の供給を停止する。石炭だきの場合は，炉内の燃料を完全に燃え切らせる。
③　押込ファンを止める。自然通風の場合は，ダンパを半開とし，たき口及び空気口を開いて，炉内を冷却する。
④　ボイラーの圧力がないことを確かめた後，給水弁，蒸気弁を閉じ，空気抜き弁，その他蒸気室部の弁を開いてボイラー内に空気を送り込み，内部が真空になることを防ぐ。
⑤　排水がフラッシュしないように，ボイラー水の温度が90 ℃以下なってから，吹出し弁を開きボイラー水を排出する。

したがって，問の(4)における記述は誤りである。正しくは，内部が真空になることを防ぐ。

〔答〕（4）

〔ポイント〕　ボイラーの運転を停止し，ボイラー水を排出する順序について理解すること「最短合格2.3.2 [1]」，「教本2.3.2 (4)」。

問4　次のうち，ボイラー給水の脱酸素剤として使用される薬剤のみの組合せはどれか。

(1)　ヒドラジン　　　　　　タンニン
(2)　りん酸ナトリウム　　　ヒドラジン
(3)　塩化ナトリウム　　　　タンニン
(4)　炭酸ナトリウム　　　　りん酸ナトリウム
(5)　ヒドラジン　　　　　　炭酸ナトリウム

〔解説〕　ボイラー給水の脱酸素剤として使用される薬剤には，亜硫酸ナトリウム，ヒドラジン及びタンニンがある。清缶剤の作用による分類を次の表に示す。
　ボイラー給水の脱酸素剤として使用される薬剤は問の(1)である。

表　清缶剤の作用による分類

作用分類	主な作用（効果）	主な薬品名
pH及び酸消費量の調節剤	ボイラー水に適度の酸消費量を与え腐食を防止する。	・水酸化ナトリウム（NaOH） ・炭酸ナトリウム（Na_2CO_3）
軟化剤	硬度成分をスラッジに変えてスケール付着を防止する。	・炭酸ナトリウム（Na_2CO_3） ・りん酸ナトリウム（Na_3PO_4）
スラッジ分散剤	スラッジが伝熱面に焼きついてスケールとして固まらないようにする。	・タンニン
脱酸素剤	ボイラー水中の酸素を除去して溶存気体による腐食を防止する。	・亜硫酸ナトリウム（Na_2SO_3） ・ヒドラジン（N_2H_4） ・タンニン
給水・復水系統の防食剤	給水・復水系統の配管等が（O_2），（CO_2）によって腐食されるのを防止する。	・pH調節剤（防食） ・被膜性防食剤

〔答〕　(1)

〔ポイント〕　清缶剤の使用目的と薬品名を理解すること「最短合格 2.4.6 ②」，「教本 2.4.6 (2)，(3)」。

問 5　ボイラー水の吹出しについて，誤っているものは次のうちどれか。

(1)　炉筒煙管ボイラーの吹出しは，ボイラーを運転する前，運転を停止したとき又は負荷が低いときに行う。
(2)　鋳鉄製蒸気ボイラーの吹出しは，燃焼をしばらく停止してボイラー水の一部を入れ替えるときに行う。
(3)　水冷壁の吹出しは，いかなる場合でも運転中に行ってはならない。
(4)　吹出し弁を操作する者が水面計の水位を直接見ることができない場合は，水面計の監視者と共同で合図しながら吹出しを行う。
(5)　吹出し弁が直列に 2 個設けられている場合は，急開弁を先に閉じ，次に漸開弁を閉じて吹出しを終了する。

〔解説〕

(1)　炉筒煙管ボイラーの吹出しは，ボイラーを運転する前，運転を停止した時，またはボイラー運転の負荷が低い時に行う。この時期，スラッジがボイラー底部に沈殿して排出するのに最も効果があるためである。

(2)　鋳鉄製蒸気ボイラーは，復水を循環使用するのを原則としているので，運転中のブローは必要ない。また，保有水量が少ないので，運転中は吹出しを行ってはならない。運転中に吹出しを行うと，補給水によりボイラー本体が急冷されて，不同膨張により割れを生じることがある。

　ブローする場合は，燃焼をしばらく停止して，ボイラーが冷えてから行う。

(3)　水冷壁の吹出し（図）は，スラッジの吹出しが目的ではなく，ボイラー停止時に操作する排水用である。したがって，運転中に操作を行わないこと。

(4)　吹出し弁又はコックを操作する担当者が水面計の水位を直接見ることができない場合には，水面計の監視者と共同で合図しながら吹出しを行う。

(5)　吹出し弁が直列に 2 個設けられている場合の操作順序は，先に急開弁を開き，次に漸開弁を徐々に開く。閉止するときの順序は，漸開弁を閉じてから急開弁を閉じる（図）。

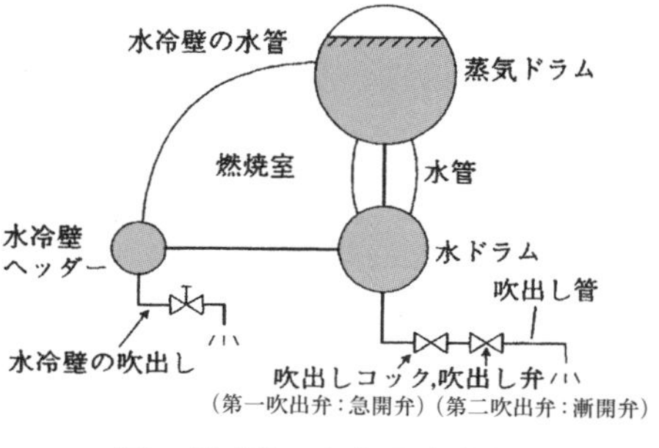

図　ボイラーからの吹出し

　したがって，問の(5)記述は誤りである。

〔答〕　(5)

〔ポイント〕　吹出し装置の操作方法，取扱いに注意すること「最短合格2.2.4」，「教本2.2.4」。

問16　ボイラー水位が安全低水面以下に異常低下する原因として，最も適切でないものは次のうちどれか。

(1)　蒸気トラップの機能が不良である。
(2)　不純物により水面計が閉塞している。
(3)　吹出し装置の閉止が不完全である。
(4)　プライミングが急激に発生した。
(5)　ホーミングが急激に発生した。

〔解説〕　ボイラー水位が安全低水面（図）以下に異常低下する原因は，次のとおりである。

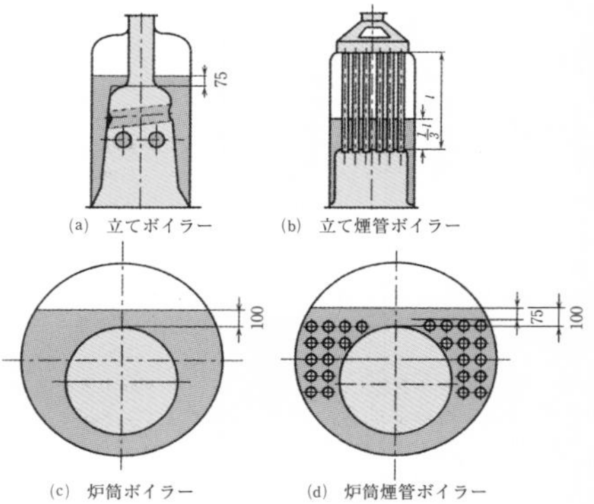

図　ボイラーの安全低水面

①　水位の監視不良（水面計の汚れによる誤認，監視の怠慢，自動制御装置の点検・整備の不良など）
②　水面計の機能不良（不純物による閉塞，止め弁の開閉誤作動など）
③　ボイラー水の漏れ（吹出し装置の閉止不完全，水管，煙管などの損傷による漏れ）
④　蒸気の大量消費
⑤　自動給水装置，低水位遮断器の不作動（不純物による作動妨害，機能の故障など）
⑥　給水不能（給水装置の故障，給水弁の操作不良，逆止め弁の故障，給水内管の穴の閉塞，給水温度の過昇，貯水槽の水量不足など）

水面計に水位が現れないのは，①水位が高すぎるとき，②低すぎるとき，又は③プライミング，ホーミングなどが発生しているときである。

異常低水位は，ボイラーの取扱い上，最も危険なものであるから，常に前述の附属品などの点検，機能の試験を行って，その防止に努めなければならない。

したがって，正しい記述は問の(2)，(3)，(4)，(5)である。

問の(1)の記述は適切でない。蒸気トラップは蒸気配管及び蒸気附属機器などで発生したドレンを系外に排出するためのものである。

〔答〕 (1)

〔ポイント〕　ボイラー水位異常時の原因について理解すること「最短合格2.1.7 ①」，「教本2.1.7 (1)」。

問7　ボイラーの点火前の点検・準備に関するAからDまでの記述で，正しいもののみを全て挙げた組合せは，次のうちどれか。

A　水面計によってボイラー水位が高いことを確認したときは，吹出しを行って常用水位に調整する。
B　水位を上下して水位検出器の機能を試験し，設定された水位の上限において，正確に給水ポンプが起動することを確認する。
C　験水コックがある場合には，水部にあるコックから水が出ないことを確認する。
D　煙道の各ダンパを全開にして，プレパージを行う。

(1)　A，B，D
(2)　A，C
(3)　A，C，D
(4)　A，D
(5)　B，D

〔解説〕　ボイラーの点火時は，ガス爆発や低水位事故が起きやすいので，点火に際しては事前の点検が完全であっても再度次の確認を行う。

①　ボイラー水位の確認
水面計によって，水位が常用水位であるか確認する。水位が常用水位より低い場合は給水を行い，高い場合は吹出しを行うことにより，水位の調整をする。また，験水コックがある場合，水部にあるコックを開いて，水が噴き出すことを確認する。

②　吹出し装置の点検
吹出しを行い，弁の機能が正常であるか確認し，確実に閉止しておく。

③　圧力計の点検
圧力がない場合は，圧力計の指針が0点に戻っているかを確認し，残針がある場合は，予備の圧力計と取り替える。

④　給水装置の点検と作動確認
給水管路の弁が確実に開いていること。また，水位を上下して水位検出器の設定水位の上限において，ポンプが停止し，また，水位の下限においてポンプが起動するか確認する。

⑤　空気抜き弁
空気抜き弁は，蒸気が発生し始めるまで開いておく。

⑥　通風装置の点検・換気
煙道ダンパを全開にしてファンを運転し，炉及び煙道内の換気を行う。

⑦　燃焼装置の点検
ガス圧力または油圧・油温が適正であるか，また，燃料系路の弁が確実に開いていること。液体燃料の場合，油タンク内の油量を液面計で確認すること。

⑧　自動制御装置の点検

問のA,Dの記述は正しいので、正しいもののみを全て挙げた組合せは(4)である。

〔答〕　(4)

〔ポイント〕　点火前の点検・準備について理解すること「最短合格2.1.3」，「教本2.1.3 (1)～(8)」。

問8　ボイラーのスートブローについて，誤っているものは次のうちどれか。

(1)　スートブローは，主としてボイラーの水管外面などに付着するすすの除去を目的として行う。
(2)　スートブローは，燃焼量の低い状態で行うと，火を消すおそれがある。
(3)　スートブローは，圧力及び温度が低く，多少のドレンを含む蒸気を使用する方がボイラーへの損傷が少ない。
(4)　スートブロー中は，ドレン弁を少し開けておくのが良い。
(5)　スートブローの回数は，燃料の種類，負荷の程度，蒸気温度などに応じて決める。

〔解説〕

(1)　ボイラーの燃料として，重質油及び石炭等を使用した時，また低負荷運転が長く続いた場合などには，ボイラー外部伝熱面に多くの，すすが，付着する。スートブローは，付着した，すすを，除去するために行われる。スートブローの回数は，燃料の種類，負荷の程度などの条件により決められる。

(2)　ボイラー運転中において燃焼量の低い状態では，通風量（通風力）が減少しており，このとき，スートブローを行うと通風量に影響し火炎が消失することがあり，燃焼ガスの流れを乱し，また，すすが排出されにくく，ボイラー底部にたまるおそれがあるので，ボイラー負荷が低く燃焼量の低い状態においてはスートブローを行わない。最大負荷よりやや低いところで行うこと。また，ボイラーを消火した直後の高温炉内では，除去された，すすが，ボイラー外に排出されないで，再び燃焼を起こすことなどがあるので，この状態ではスートブローを行わないこと。

(3)、(4)　スートブローの噴射流体には蒸気又は圧縮空気が用いられるが，両流体中に含まれているドレンをよく切ることが必要である。ドレンが含まれている状態で噴射すると，すすに含まれている硫黄分などと反応して伝熱面を腐食させたり，ドレンによる衝撃力によって伝熱面を浸食したりする。そのため，スートブローが終了したら，蒸気の元弁を閉止し，ドレン弁は開放する。また、スートブロー中は、ドレン弁を少し開けておくのが良い。

したがって，問の(3)の記述は誤りである。

(5)　スートブローは，付着した，すすを，除去するために行われる。したがって，スートブローの回数は，燃料の種類，負荷の程度などの条件によって決められる。スートブローを行ったときは，煙道ガスの温度や通風損失を測定して効果を調べる。

〔答〕(3)

〔ポイント〕伝熱面の，すす掃除をする時期，状態について理解すること「最短合格2.1.6 3」，「教本2.1.6 (5)」。

令和2年後期と同様の問題です。（P.124参照）

問 9　単純軟化法によるボイラー補給水の軟化装置について，誤っているものは次のうちどれか。

(1)　軟化装置は，強酸性陽イオン交換樹脂を充塡したNa塔に補給水を通過させるものである。
(2)　軟化装置は，水中のカルシウムやマグネシウムを除去することができる。
(3)　軟化装置による処理水の残留硬度は，貫流点を超えると著しく減少する。
(4)　軟化装置の強酸性陽イオン交換樹脂の交換能力が低下した場合は，一般に食塩水で再生を行う。
(5)　軟化装置の強酸性陽イオン交換樹脂は，１年に１回程度，鉄分による汚染などを調査し，樹脂の洗浄及び補充を行う。

〔解説〕　単純軟化装置は，強酸性陽イオン交換樹脂を充塡したNa塔に給水を通過させて，給水中の硬度成分であるカルシウムイオン（Ca^{2+}）とマグネシウムイオン（Mg^{2+}）を樹脂に吸着させ，樹脂のナトリウムイオン（Na^{+}）と置換させる装置で，低圧ボイラーに多く使用されている〔図(a)〕。単純軟化法では，給水中のシリカ（SiO_2）及び塩素イオン（Cl^{-}）を除去することはできない。それらを除去するには，イオン交換水製造法による。

処理されて出てくる水の硬度は，通水開始後は０に近いが，次第に樹脂の交換能力が減退して水に硬度成分が残るようになり，その許容範囲の貫流点を超えると残留硬度は著しく増加してくる〔図(b)〕。

このように樹脂の交換能力が減じた場合，食塩水（NaCl）によりNaイオンを吸着させ，樹脂の交換能力を復元させる。これを再生という。

イオン交換樹脂は使用とともに鉄分で汚染されるので，１年に１回程度調査し，樹脂の酸洗い及び補充を行う必要がある。

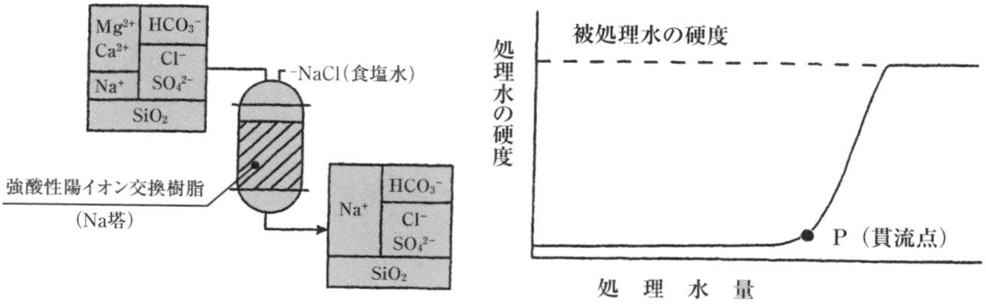

(a) 軟化処理法　　(b) 単純軟化における処理水量と残留硬度の関係

図　軟化処理

問の(1)，(2)，(4)，(5)の記述は正しい。

問の(3)の記述は誤りである。正しくは，貫流点を超えると硬度は著しく増加する。

〔答〕　(3)

〔ポイント〕　単純軟化法について理解すること「最短合格2.4.5 ②」，「教本2.4.5 (2)」。

問10　ボイラーのガラス水面計の機能試験を行う時期として，必要性の低い時期は次のうちどれか。

(1)　ホーミングが生じたとき。
(2)　水位が絶えず上下にかすかに動いているとき。
(3)　ガラス管の取替えなどの補修を行ったとき。
(4)　取扱い担当者が交替し，次の者が引き継いだとき。
(5)　プライミングが生じたとき。

〔解説〕　水面計の機能試験は，次の時期に行う。
①　残圧がある場合は，ボイラーをたき始める前
②　残圧がない場合は，ボイラーをたき始めて蒸気圧力が上がり始めたとき
③　二組の水面計の水位に差異を認めたとき
④　水位の動きがにぶく，正しい水位かどうか疑いを感じたとき
⑤　ガラス管の取替え，その他の補修をしたとき
⑥　プライミング，ホーミングなどキャリオーバが生じたとき
⑦　取扱い担当者が交替し，次の者が引き継いだとき

したがって，問の(2)において，水位が絶えず上下にかすかに動いている場合は，正常なので機能試験を行う必要はない。

〔答〕　(2)

〔ポイント〕　水面計の機能試験をする時期及び操作順序を理解すること「最短合格2.2.2 ②」，「教本2.2.2 (4)」。

■ 令和４年前期：ボイラーの取扱いに関する知識 ■

問１　ガスだきボイラーの手動操作による点火などについて，適切でないものは次のうちどれか。

(1)　ガス圧力が加わっている継手，コック及び弁は，ガス漏れ検出器の使用又は検出液の塗布によりガス漏れの有無を点検する。
(2)　通風装置により，炉内及び煙道を十分な空気量でプレパージする。
(3)　バーナが２基以上ある場合の点火は，初めに１基のバーナに点火し，その後，直ちに他のバーナにも点火して燃焼を速やかに安定させる。
(4)　燃料弁を開いてから点火制限時間内に着火しないときは，直ちに燃料弁を閉じ，炉内を換気する。
(5)　着火後，燃焼が不安定なときは，直ちに燃料の供給を止める。

〔解説〕
(1)　ガス圧力が加わっているガス配管及び弁・コックなどは，ガス漏れ検出器又は石けん等の検出液でガス漏れの有無を点検する。また，ガス圧力が適正で安定していることを確認する。点火用ガス圧力が低下していると，短炎となり未点火及び逆火を引き起こすおそれがある。
(2)　通風装置，煙風道の各ダンパの機能を点検して全開とし，炉内及び煙道内の換気（プレパージ）を行う。
(3)　バーナが２基以上ある場合の点火操作は，初めに１基のバーナに点火し，燃焼が安定してから他のバーナに点火する。バーナが上下に配置されている場合は，下方のバーナから点火する。
したがって，問の(3)の記述内容は適切でない。
(4)，(5)　制限時間内に点火，着火しないとき及び着火してからも燃焼状態が不安定のときは，直ちに燃料弁を閉じ点火操作を打ち切って，ダンパを全開し炉内を完全に換気したのち不着火や燃焼不良の原因を調べ，それを修復してから再び点火操作を行う。

〔答〕 (3)

〔ポイント〕　ガスだきボイラーの点火前の準備および点火方法について理解すること「最短合格2.1.4」，「教本2.1.4」。

問2　ボイラーの水位検出器の点検及び整備に関するAからDまでの記述で，適切なもののみを全て挙げた組合せは，次のうちどれか。

A　電極式では，1日に1回以上，水の純度の低下による電気伝導率の上昇を防ぐため，検出筒内のブローを行う。

B　電極式では，1日に1回以上，ボイラー水の水位を上下させ，水位検出器の機能を確認する。

C　フロート式では，1年に2回程度，フロート室を分解し，フロート室内のスラッジやスケールを除去するとともに，フロートの破れ，シャフトの曲がりなどがあれば補修する。

D　フロート式のマイクロスイッチ端子間の電気抵抗をテスターでチェックする場合，抵抗がスイッチが開のときは無限大で，閉のときは導通があることを確認する。

(1)　A，B　　　　(4)　B，C，D
(2)　A，B，C　　(5)　C，D
(3)　B，C

〔解説〕

A　電極式水位検出器の検出筒の水が，蒸気の凝縮により純度が高くならないように（水の導電性が低下しないように），検出筒の水を1日に1回以上ブローする（図）。

　したがって，問のAの記述は適切でない。

B　電極式水位検出器は1日に1回以上，実際にボイラー水の水位を上下させ，検出器の作動状況（水位の警報，燃料の遮断及び給水の制御など）の確認をする。

　したがって，問のBの記述は適切である。

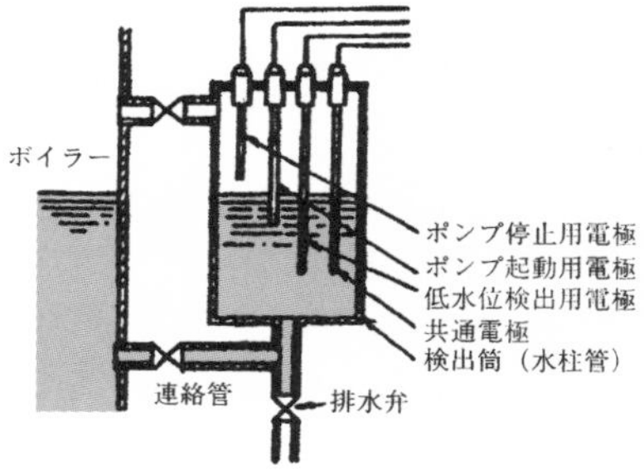

図　電極式水位検出器取付図

C，D　フロート式水位検出器は，フロート室及び連絡配管の汚れ，つまりを防ぐため，1日に1回以上はブローを行い水位検出器の作動確認を行う。また，フロート式は，6ヶ月に1回程度フロート室内を解体し，ベローズ破損の有無，内部の鉄さびの発生及び水分の付着などの点検をして，整備・補修を行う。

　また，マイクロスイッチはしっかり固定されているかよく点検する。スイッチの電気抵抗をテスターでチェックした場合，スイッチ開の場合は抵抗が無限大なので電流は0となり，閉の場合は抵抗が0Ωなので電流は最大となる。

したがって，問のC，Dの記述は適切である。

〔答〕(4)

〔ポイント〕　水位検出器（電極式とフロート式）の点検・整備の目的と要領について理解すること「最短合格1.8.4 [3]」,「教本1.9.4 (4)，2.2.6 (4)」。

問3　ボイラーのばね安全弁に蒸気漏れが生じた場合の原因に関するAからDまでの記述で，正しいもののみを全て挙げた組合せは，次のうちどれか。

A　弁体円筒部と弁体ガイド部の隙間が少なく，熱膨張などにより弁体円筒部が密着している。
B　弁棒に曲がりがあり，弁棒貫通部に弁棒が接触している。
C　弁体と弁座の中心がずれて，当たり面の接触圧力が不均一になっている。
D　弁体と弁座のすり合わせの状態が悪い。

(1)　A，B
(2)　A，C，D
(3)　A，D
(4)　B，C，D
(5)　C，D

〔解説〕

A，B，C　安全弁のばねが腐食して，弁体を押し下げる力が弱くなり，また弁棒の押す力がずれて，弁体と弁座の当たり面が不均一になっていると蒸気漏れの原因となるので，安全弁を分解して修理すること。また，熱膨張により，弁体円筒部と弁体ガイドが密着している。また弁棒が曲がっていると，弁棒がスムースに動かないので，安全弁が作動しないことがある。
したがって，問のCの記述は正しい。

D　弁体と弁座の間に，ごみなどの異物が付着して蒸気漏れが生じている場合は，試験用レバーで一度安全弁を吹かすと，弁体と弁座間のごみが吹き飛んで漏れが止まることがある。また，弁体と弁座に対する当たりが変わって漏れが止まることがある。漏れが止まらない場合は，弁体と弁座に，きずが，発生したり，すり合わせが悪くなっていると思われるので，安全弁を分解してその原因を調べ，弁体，弁座の修理をする。

したがって，問のDの記述は正しい。

〔答〕　(5)

〔ポイント〕　安全弁の故障の原因を理解すること「最短合格2.2.3」，「教本2.2.3」。

問 4　ボイラーをたき始めるときの，各種の弁又はコックとその開閉の組合せとして，誤っているものは次のうちどれか。

(1)　主蒸気弁……………………………………………………… 閉
(2)　水面計とボイラー間の連絡管の弁又はコック……… 開
(3)　胴の空気抜弁………………………………………………… 閉
(4)　吹出し弁又は吹出しコック………………………………… 閉
(5)　給水管路の弁………………………………………………… 開

〔解説〕

(1)　ボイラーをたき始めるときに閉止している主蒸気弁を送気始めで，初めて開くときは，ウォータハンマを起こさないように行う。

(2)　水面計とボイラー間の連絡管の弁又はコックを開くことにより，ボイラー内の水位を水面計で確認することができるようになる。水面計によって，水位が常用水位であるか確認する。水位が常用水位より低い場合は給水を行い，高い場合は吹出しを行うことにより，水位の調整をする。また，水面計または験水コックの作動・機能の確認を行う。

(3)　空気抜き弁は，蒸気が発生し始めるまで開いておく。
　したがって，問の(3)の記述は誤りである。

(4)　吹出しを行い，弁の機能が正常であるか確認し，確実に閉止しておく。

(5)　給水管路の弁が確実に開いていること。また，水位を上下して水位検出器の機能と給水ポンプが正しく起動・停止が行われているか確認する。

〔答〕 (3)

〔ポイント〕 点火前の点検・準備について理解すること「最短合格2.1.3」,「教本2.1.3 (1)～(8)」。

問 5　ボイラーの給水中の溶存気体の除去について，誤っているものは次のうちどれか。

(1)　脱気は，給水中に溶存しているO_2などを除去するものである。
(2)　脱気法には，化学的脱気法と物理的脱気法がある。
(3)　加熱脱気法は，水を加熱し，溶存気体の溶解度を下げることにより，溶存気体を除去する方法である。
(4)　真空脱気法は，水を真空雰囲気にさらすことによって，溶存気体を除去する方法である。
(5)　膜脱気法は，高分子気体透過膜の片側に水を供給し，反対側を加圧して溶存気体を除去する方法である。

〔解説〕

(1)，(2)　脱気は給水中に溶存している酸素（O_2），二酸化炭素（CO_2）を除去するものである。脱気法には，物理的脱気法（機械的脱気法）と化学的脱気法がある。脱酸素剤で給水中の溶存酸素を除去する化学的脱気や，ボイラ給水の物理的脱気はボイラー系統内処理に含まれる。

(3)　加熱脱気法は，水を加熱して，溶存気体の溶解度を減少させて除去する方法で，酸素，二酸化炭素などが除去できる。

(4)　真空脱気法は，水を真空雰囲気にさらすことによって溶存気体を除去する方法で，加熱脱気法と同様，酸素や二酸化炭素などが除去できる。

(5)　膜脱気法は，高分子気体透過膜を介して，水中から溶存気体を除去する方法で，シリコーン系，四塩化ふっ素系などの気体透過膜の片側に水を供給し，反対側を真空にすることによって水中の溶存酸素などを除去する。

したがって，問の(5)の記述は誤りである。

〔答〕　(5)

〔ポイント〕　溶存気体の除去について理解すること「最短合格2.4.6」，「教本2.4.6 (1)」。

問6　ボイラー水の間欠吹出しについて，誤っているものは次のうちどれか。

(1)　炉筒煙管ボイラーの吹出しは，ボイラーを運転する前，運転を停止したとき又は負荷が低いときに行う。
(2)　鋳鉄製蒸気ボイラーの吹出しは，燃焼をしばらく停止して，ボイラー水の一部を入れ替えるときに行う。
(3)　水冷壁の吹出しは，いかなる場合でも運転中に行ってはならない。
(4)　直列に設けられている2個の吹出し弁を閉じるときは，急開弁を先に閉じ，次に漸開弁を閉じる。
(5)　1人で2基以上のボイラーの吹出しを同時に行ってはならない。

〔解説〕

(1)　炉筒煙管ボイラーの吹出しは，ボイラーを運転する前，運転を停止した時，またはボイラー運転の負荷が低い時に行う。この時期，スラッジがボイラー底部に沈殿して排出するのに最も効果があるためである。
(2)　鋳鉄製蒸気ボイラーは，復水を循環使用するのを原則としているので，運転中のブローは必要ない。また，保有水量が少ないので，運転中は吹出しを行ってはならない。運転中に吹出しを行うと，補給水によりボイラー本体が急冷されて，不同膨張により割れを生じることがある。ブローする場合は，燃焼をしばらく停止して，ボイラーが冷えてから行う。
(3)　水冷壁の吹出し（図）は，スラッジの吹出しが目的ではなく，ボイラー停止時に操作する排水用である。したがって，運転中に操作を行わないこと。
(4)　吹出し弁が直列に2個設けられている場合の操作順序は，先に急開弁を開き，次に漸開弁を徐々に開く。閉止するときの順序は，漸開弁を閉じてから急開弁を閉じる（図）。
　したがって，問の(4)の記述は誤りである。
(5)　1人で2基以上のボイラーの吹出しを同時に行ってはならない。また，吹出しを行っている間は，他の作業を行ってはならない。他の作業を行う必要が生じたときは，吹出し作業を中止して，吹出し弁を閉止してから行う。

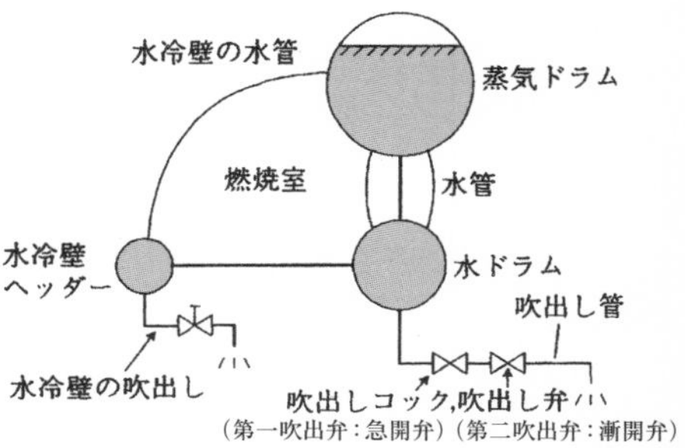

図　ボイラーからの吹出し

〔答〕(4)

〔ポイント〕　吹出し装置の操作方法，取扱いに注意すること「最短合格2.2.4」，「教本2.2.4」。

問 7　ボイラー水中の不純物について，誤っているものは次のうちどれか。

(1)　スラッジは，溶解性蒸発残留物が濃縮されて析出し，管壁などの伝熱面に固着したものである。
(2)　懸濁物には，りん酸カルシウムなどの不溶物質，エマルジョン化された鉱物油などがある。
(3)　溶存しているO_2は，鋼材の腐食の原因となる。
(4)　溶存しているCO_2は，鋼材の腐食の原因となる。
(5)　スケールの熱伝導率は，炭素鋼の熱伝導率より著しく低い。

〔解説〕

(1)　スラッジは，主としてカルシウム，マグネシウムの炭酸水素塩が加熱（80～100 ℃）により分解して生じた炭酸カルシウムや水酸化マグネシウム，及び軟化を目的とした清缶剤を添加した場合に生じるりん酸カルシウムや，りん酸マグネシウムなどの軟質沈殿物である。
　したがって，問の(1)の記述は誤りである。

(2)　懸濁物には，りん酸カルシウムなどの不溶物質，微細なじんあい，エマルジョン化された鉱物油などがあり，キャリオーバの原因となる。

(3)，(4)　溶存気体には，酸素（O_2），二酸化炭素（CO_2）などがある。これらの溶存気体は，鋼材の腐食の原因となる。酸素は直接腐食作用をもっているほか，他の物質との化学作用により腐食を助長させる。二酸化炭素は酸素ほどではないが，この二つが共存すると助長しあって，腐食作用を繰り返し進行させる。

(5)　スケールの熱伝導率は炭素鋼に比較して著しく低く，一般に炭素鋼の 1 /20～1 /100程度である。したがって，ボイラーの伝熱面にスケールが付着すると，燃焼ガスとボイラー水との間に断熱材を置いたような結果となり，ボイラーの過熱や熱効率が低下することになる。

〔答〕　(1)

〔ポイント〕　不純物の種類について理解すること「最短合格2.4.4」，「教本2.4.4 (1)」。

問8　ボイラーの水管理について，誤っているものは次のうちどれか。

(1)　水溶液が酸性かアルカリ性かは，水中の水素イオンと水酸化物イオンの量により定まる。
(2)　常温（25 ℃）でpHが7未満は酸性，7は中性である。
(3)　酸消費量は，水中に含まれる水酸化物，炭酸塩，炭酸水素塩などのアルカリ分の量を示すものである。
(4)　酸消費量（pH4.8）を滴定する場合は，フェノールフタレイン溶液を指示薬として用いる。
(5)　全硬度は，水中のカルシウムイオン及びマグネシウムイオンの量を，これに対応する炭酸カルシウムの量に換算し，試料1リットル中のmg数で表す。

〔解説〕
(1)，(2)　水（水溶液）が酸性か，アルカリ性かは水中の水素イオン（H^+）と，水酸化物イオン（OH^-）の量により定まるが，これを表示する方法として水素イオン指数pH（ピーエイチ）が用いられる。図は，pHと水の性質との関係を示す。
すなわち，常温（25 ℃）でpHが7未満は酸性，7は中性，7を超えるものはアルカリ性である。

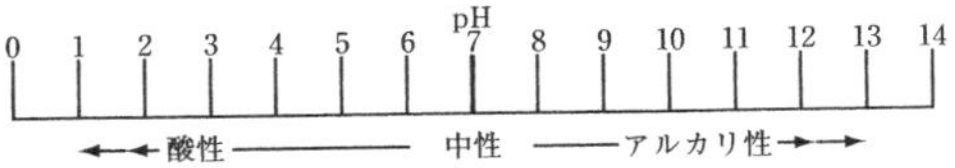

図　pHと水の性質

(3)，(4)　酸消費量は，水中に含まれる水酸化物，炭酸塩，炭酸水素塩などのアルカリ分を示すものであり，炭酸カルシウム（$CaCO_3$）に換算して試料1リットル中のmg数で表される。
①　アルカリ分をpH4.8まで中和するのに要する「酸消費量（pH4.8）」，アルカリ分をpH8.3まで中和するのに要する「酸消費量（pH8.3）」がある。
②　酸消費量（pH4.8）を滴定する場合はメチルレッド溶液を指示薬として用いる。酸消費量（pH8.3）の場合はフェノールフタレイン溶液を用いる。
したがって，問の(4)の記述は誤りである。
(5)　全硬度は，水中のカルシウムイオン及びマグネシウムイオンの量を，これに対応する炭酸カルシウム（$CaCO_3$）の量に換算して試料1リットル中のmg数で表したものの合計である。
全硬度＝カルシウム硬度+マグネシウム硬度

〔答〕 (4)

〔ポイント〕　ボイラーに関する用語と単位を理解すること「最短合格2.4.3　1～4」，「教本2.4.3 (a)～(d)」。

問 9　油だきボイラーの燃焼の維持及び調節について，誤っているものは次のうちどれか。

(1)　燃焼室の温度は，原則として燃料を完全燃焼させるため，高温に保つ。
(2)　蒸気圧力又は温水温度を一定に保つように，負荷の変動に応じて燃焼量を増減する。
(3)　燃焼量を増すときは，燃料供給量を先に増してから燃焼用空気量を増す。
(4)　燃焼用空気量の過不足は，計測して得た燃焼ガス中のCO_2，CO又はO_2の濃度により判断する。
(5)　燃焼用空気量が多い場合には，炎は短い輝白色で，炉内が明るい。

〔解説〕

(1)，(2)　ボイラーは，常に蒸気圧力又は温水温度を一定に保つように負荷の変動に応じて，燃焼量を増減することが必要となる。

燃焼量を増減する場合には，それに適応した空気量に変える必要があり，通風を調節しなければならない。この調節が適切でないと不完全燃焼となって，ばい煙を発生させ大気汚染の原因となったり，空気過剰となってボイラー効率を低下させる。

炉（燃焼室）の温度は，特別な場合を除きできるだけ高温に保つこと。

(3)　燃焼量を急激に増減しないこと。燃焼量を増すときは空気量を先に増し，燃焼量を減ずるときは燃料の供給量を先に減少させることが重要であり，これを逆に行ってはならない。

したがって，問の(3)の記述は誤りである。

(4)，(5)　常に燃焼用空気量の過不足に注意し，効率の高い燃焼を行うようにしなければならない。空気量の過不足は，燃焼ガス計測器によりCO_2，CO，又はO_2の値を知り判断する。また，炎の形及び色によっても知ることができる。

空気量が多い場合には，炎は短く，輝白色を呈し炉内は明るい。

〔答〕　(3)

〔ポイント〕　燃焼の維持，調整について理解すること「最短合格2.4.3　1～4」，「教本2.1.6 (3)」。

問10　ボイラーの運転を終了するときの一般的な操作順序として，適切なものは(1)～(5)のうちどれか。
ただし，A～Eは，それぞれ次の操作をいうものとする。

A　給水を行い，圧力を下げた後，給水弁を閉じ，給水ポンプを止める。
B　蒸気弁を閉じ，ドレン弁を開く。
C　空気を送入し，炉内及び煙道の換気を行う。
D　燃料の供給を停止する。
E　ダンパを閉じる。

(1)　B→A→D→C→E
(2)　B→D→A→C→E
(3)　C→D→A→B→E
(4)　D→B→A→C→E
(5)　D→C→A→B→E

〔解説〕　ボイラーの運転を終了するときの操作順序は次による。
①　燃料の供給を停止する。
②　炉内及び煙道の換気（パージ）を行う。
③　給水を行い常用水位よりやや高めにして，給水弁を閉じ給水ポンプを止める。
④　主蒸気弁を閉じ，主蒸気管などのドレン弁を開く。
⑤　煙道ダンパを閉じる。

正しい操作順序は，問の(5)である。

〔答〕　(5)

〔ポイント〕　ボイラーの運転作業を終了するときの操作手順を理解すること「最短合格2.1.8 [1]」，「教本2.1.8 (2)」。

問１　ボイラーに給水するディフューザポンプの取扱いについて，誤っているものは次のうちどれか。

(1)　運転前に，ポンプ内及びポンプ前後の配管内の空気を十分に抜く。
(2)　起動は，吐出し弁を全閉，吸込み弁を全開にした状態でポンプ駆動用電動機を起動し，ポンプの回転と水圧が正常になったら吐出し弁を徐々に開き，全開にする。
(3)　運転中は，ポンプの吐出し圧力，流量及び負荷電流が適正であることを確認する。
(4)　メカニカルシール式の軸については，運転中，軸冷却のため，少量の水が連続して滴下していることを確認する。
(5)　運転を停止するときは，吐出し弁を徐々に閉め，全閉にしてからポンプ駆動用電動機を止める。

〔解説〕

(1)　ポンプを起動する前は，ポンプ内及び前後の配管内の空気を十分に抜く。
　ポンプ内に空気が入っていると，ポンプを運転しても規定圧力まで上昇しないことがある。

(2)，(5)　ポンプの起動・停止時における弁は，電動機に過負荷電流が流れないように次に示す順序で操作すること。

	吸込み弁	吐出し弁
起動時	全開	全閉・電動機起動後に全開
停止時	全開	電動機停止前に全閉

(3)　ポンプの起動時及び運転中は，吐出し圧力及び流量が適正であり，そのポンプの状態に対応する負荷電流値が適正であることを確認する。また，運転中は，振動，異音，偏心などの異常の有無及び軸受の過熱，油漏れなどの有無を点検する。

(4)　ポンプの軸をシールする方式にメカニカルシール式とグランドパッキンシール式がある。グランドパッキンシール式では，運転中少量の水が滴下する程度にパッキンを締めるが，メカニカルシール式の軸については水漏れがないことを確認する（図）。

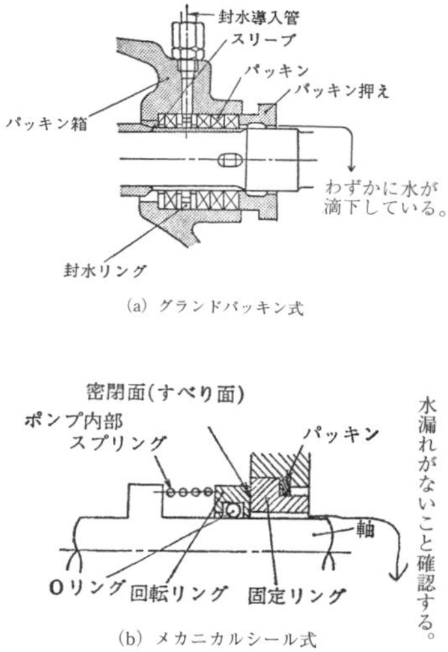

(a) グランドパッキン式
(b) メカニカルシール式

図　ポンプの軸シール方式

したがって，問の(4)の記述は誤りである。

〔答〕 (4)

〔ポイント〕　給水装置の取扱いを理解すること「最短合格2.2.5」，「教本2.2.5」。

問2　ボイラーのスートブローについて，誤っているものは次のうちどれか。

(1)　スートブローは，主としてボイラーの水管外面などに付着したすすの除去を目的として行う。
(2)　スートブローの蒸気は，ドレンを抜き乾燥したものを用いる。
(3)　スートブローは，安定した燃焼状態を保持するため，一般に最大負荷の50%以下で行う。
(4)　スートブローが終了したら蒸気の元弁を確実に閉止し，ドレン弁は開放する。
(5)　スートブローを行ったときは，煙道ガスの温度や通風損失を測定して，その効果を確かめる。

〔解説〕

(1)　ボイラーの燃料として，重質油及び石炭等を使用した時，また低負荷運転が長く続いた場合などには，ボイラー外部伝熱面に多くの，すすが，付着する。スートブローは，付着した，すすを，除去するために行われる。スートブローの回数は，燃料の種類，負荷の程度などの条件により決められる。

(2)，(4)　スートブローの噴射流体には蒸気又は圧縮空気が用いられるが，両流体中に含まれているドレンをよく切ることが必要である。ドレンが含まれている状態で噴射すると，すすに含まれている硫黄分などと反応して伝熱面を腐食させたり，ドレンによる衝撃力によって伝熱面を浸食したりする。そのため，スートブローが終了したら，蒸気の元弁を閉止し，ドレン弁は開放する。

(3)　ボイラー運転中において燃焼量の低い状態では，通風量（通風力）が減少しており，このとき，スートブローを行うと通風量に影響し火炎が消失することがあり，燃焼ガスの流れを乱し，また，すすが排出されにくく，ボイラー底部にたまるおそれがあるので，ボイラー負荷が低く燃焼量の低い状態においてはスートブローを行わない。最大負荷よりやや低いところで行うこと。また，ボイラーを消火した直後の高温炉内では，除去された，すすが，ボイラー外に排出されないで，再び燃焼を起こすことなどがあるので，この状態ではスートブローを行わないこと。

　したがって，問の(3)において，一般に最大負荷の50%以下で行うという記述は誤りである。

(5)　スートブローは，付着した，すすを，除去するために行われる。したがって，スートブローの回数は，燃料の種類，負荷の程度などの条件によって決められる。スートブローを行ったときは，煙道ガスの温度や通風損失を測定して効果を調べる。

〔答〕(3)

〔ポイント〕　伝熱面の，すす掃除をする時期，状態について理解すること「最短合格2.1.6 ③」，「教本2.1.6 (5)」。

問3　次のうち，ボイラー給水の脱酸素剤として使用される薬剤のみの組合せはどれか。

(1)りん酸ナトリウム　　ヒドラジン
(2)りん酸ナトリウム　　タンニン
(3)亜硫酸ナトリウム　　炭酸ナトリウム
(4)タンニン　　　　　　ヒドラジン
(5)炭酸ナトリウム　　　りん酸ナトリウム

〔解説〕　ボイラー給水の脱酸素剤として使用される薬剤には，亜硫酸ナトリウム，ヒドラジン及びタンニンがある。清缶剤の作用による分類を次の表に示す。
　ボイラー給水の脱酸素剤として使用される薬剤は問の(4)である。

表　清缶剤の作用による分類

作用分類	主な作用（効果）	主な薬品名
pH及び酸消費量の調節剤	ボイラー水に適度の酸消費量を与え腐食を防止する。	・水酸化ナトリウム（NaOH） ・炭酸ナトリウム（Na_2CO_3）
軟化剤	硬度成分をスラッジに変えてスケール付着を防止する。	・炭酸ナトリウム（Na_2CO_3） ・りん酸ナトリウム（Na_3PO_4）
スラッジ分散剤	スラッジが伝熱面に焼きついてスケールとして固まらないようにする。	・タンニン
脱酸素剤	ボイラー水中の酸素を除去して溶存気体による腐食を防止する。	・亜硫酸ナトリウム（Na_2SO_3） ・ヒドラジン（N_2H_4） ・タンニン
給水・復水系統の防食剤	給水・復水系統の配管等が（O_2），（CO_2）によって腐食されるのを防止する。	・pH調節剤（防食） ・被膜性防食剤

〔答〕（4）

〔ポイント〕　清缶剤の使用目的と薬品名を理解すること「最短合格 2.4.6 [2]」，「教本 2.4.6 (2)，(3)」。

問４　ボイラー水の吹出しに関するＡからＤまでの記述で，正しいもののみを全て挙げた組合せは，次のうちどれか。

Ａ　炉筒煙管ボイラーの吹出しは，最大負荷よりやや低いときに行う。
Ｂ　水冷壁の吹出しは，スラッジなどの沈殿を考慮して，運転中に適宜行う。
Ｃ　吹出しを行っている間は，他の作業を行ってはならない。
Ｄ　吹出し弁が直列に２個設けられている場合は，急開弁を締切り用とする。

(1)　Ａ，Ｂ
(2)　Ａ，Ｃ
(3)　Ａ，Ｃ，Ｄ
(4)　Ｂ，Ｃ，Ｄ
(5)　Ｃ，Ｄ

〔解説〕

Ａ　炉筒煙管ボイラーの吹出しは，ボイラーを運転する前，運転を停止した時，またはボイラー運転の負荷が低い時に行う。この時期，スラッジがボイラー底部に沈殿して排出するのに最も効果があるためである。したがって，問のＡの記述は誤りである。

Ｂ　水冷壁の吹出し（図）は，スラッジの吹出しが目的ではなく，ボイラー停止時に操作する排水用である。したがって，運転中に操作を行わないこと。したがって，問のＢの記述は誤りである。

Ｃ　１人で２基以上のボイラーの吹出しを同時に行ってはならない。また，吹出しを行っている間は，他の作業を行ってはならない。他の作業を行う必要が生じたときは，吹出し作業を中止して，吹出し弁を閉止してから行う。したがって，問のＣの記述は正しい。

Ｄ　吹出し弁が直列に２個設けられている場合の操作順序は，先に急開弁を開き，これを締切り用とする。次に漸開弁を徐々に開き，これを吹出し用とする。閉止するときの順序は，漸開弁を閉じてから急開弁を閉じる（図）。したがって，問のＤの記述は正しい。

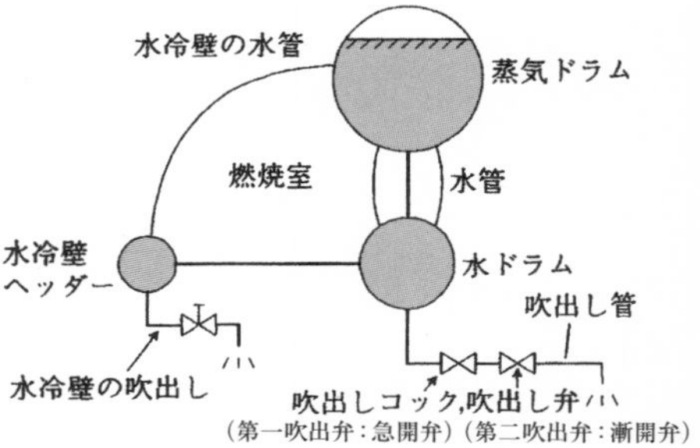

図　ボイラーからの吹出し

〔答〕 (5)

〔ポイント〕　吹出し装置の操作方法，取扱いに注意すること「最短合格2.2.4」，「教本2.2.4」。

問5　ボイラーにおけるキャリオーバの害に関するＡからＤまでの記述で，正しいもののみを全て挙げた組合せは，次のうちどれか。

Ａ　蒸気の純度を低下させる。
Ｂ　ボイラー水全体が著しく揺動し，水面計の水位が確認しにくくなる。
Ｃ　ボイラー水が過熱器に入り，蒸気温度が上昇して過熱器の破損を起こす。
Ｄ　水位制御装置が，ボイラー水位が下がったものと認識し，ボイラー水位を上げて高水位になる。

(1)　Ａ，Ｂ
(2)　Ａ，Ｂ，Ｃ
(3)　Ａ，Ｂ，Ｄ
(4)　Ｂ，Ｃ
(5)　Ｃ，Ｄ

〔解説〕　ボイラーから出て行く蒸気に，ボイラー水が水滴の状態又は泡の状態で混じって運び出されることをキャリオーバといい，その原因となる現象にプライミング（水気立ち）とホーミング（泡立ち）がある。キャリオーバの種類を次の表に示す。

表　キャリオーバの種類

	プライミング	ホーミング
現象	ボイラー水が水滴となって蒸気とともに運び出される	泡が発生しドラム内に広がり，蒸気に水分が混入して運び出される
原因等	蒸気流量の急増等によるドラム水面の変動	溶解性蒸発残留物の過度の濃縮又は有機物の存在

キャリオーバの害は，次のとおりである。
①　蒸気の純度を低下させる。
②　ボイラー水全体が著しく揺動し，水面計の水位を確認しにくい。
③　安全弁が汚れたり，圧力計の連絡穴にスケールや異物が詰まったり，又は水面計の蒸気連絡管にボイラー水が入ったりして，これらの性能を害する。
④　過熱器にボイラー水が入り，蒸気温度（過熱度）が低下し，かつ，過熱器を汚し，破損することもある。
⑤　自動制御関係の検出端（差圧式蒸気流量計，水位制限器及び調節器，圧力制限器及び調節器，その他）の開口部及び連絡配管の閉そく又は機能の障害をもたらす。
⑥　蒸気とともにボイラーから出た水分が配管内にたまり，ウォータハンマを起こし，配管，弁，継手，蒸気管などに損傷を与えることがある。
⑦　プライミングやホーミングが急激に起こると，水位が上がったものと水位制御装置が認識し，ボイラー内の水位を下げ，低水位事故を起こすおそれがある。
⑧　食品工場又は製品加工工場において，直接蒸気と接触する製品の場合は，製品の汚染，その他異臭など悪影響を及ぼすことがある。

問のＡ，Ｂの記述は正しい。問のＣ，Ｄの記述は誤りである。

〔答〕　(1)
〔ポイント〕　キャリオーバの現象・原因及びその障害について理解すること「最短合格2.1.7 ②」，「教本2.1.7(4)」。

問6　ボイラー水位が安全低水面以下にあると気付いたときの措置として，誤っているものは次のうちどれか。

(1)　燃料の供給を止めて，燃焼を停止する。
(2)　換気を行い，炉を冷却する。
(3)　主蒸気弁を全開にして，蒸気圧力を下げる。
(4)　炉筒煙管ボイラーでは，水面が煙管のある位置より低下した場合は，給水を行わない。
(5)　ボイラーが冷却してから，原因及び各部の損傷の有無を調査する。

〔解説〕　ボイラー水位が水面計以下にあると気づいたときは，

①　燃料の供給を止めて燃焼を停止する。
②　換気を行い，炉の冷却を図る。
③　主蒸気弁を閉じて送気を中止する。
④　残存水面上にある加熱管が急冷されるので，給水を行わない。また，鋳鉄製ボイラーの場合には，いかなる場合でも水を送ってはならない。
⑤　ボイラーが自然冷却するのを待って，原因及び各部の損傷の有無を点検する。

したがって，問の(3)の記述は誤りである。

〔答〕　(3)

〔ポイント〕　運転中の障害とその対策について理解すること「最短合格2.1.7 ①」，「教本2.1.7 (1)」。

問 7　ボイラーの内面清掃の目的として，適切でないものは次のうちどれか。

(1)　すすの付着による効率の低下を防止する。
(2)　スケールやスラッジによる過熱の原因を取り除き，腐食や損傷を防止する。
(3)　スケールやスラッジによるボイラー効率の低下を防止する。
(4)　穴や管の閉塞による安全装置，自動制御装置などの機能障害を防止する。
(5)　ボイラー水の循環障害を防止する。

〔解説〕　ボイラーの清掃には，内面の清掃（水側）と外面の清掃（ガス側）がある。

(a)　内面清掃の目的

①　スケール，スラッジによるボイラー効率の低下を防止する。また，スケールの付着，腐食の状態などから水管理の良否を判断する。

②　スケール，スラッジによる過熱の原因を除き，腐食，損傷を防止する。

③　穴や管の閉そくによる安全装置，自動制御装置，その他の運転機能の障害を防止する。

④　ボイラー水の循環障害を防止する。

(b)　外面清掃の目的

①　すすの付着によるボイラー効率の低下を防止する。また，すすの付着状況から燃焼管理の良否を判断する。

②　灰のたい積による通風障害を除去する。

③　外部腐食を防止する。

　したがって，問の(1)の記述は外面の清掃（ガス側）の目的であり，適切でない。

〔答〕　(1)

〔ポイント〕　ボイラーの清掃の目的について理解すること「最短合格2.3.2」，「教本2.3.2」。

問8　単純軟化法によるボイラー補給水の軟化装置について，誤っているものは次のうちどれか。

(1)　軟化装置は，水の硬度成分を除去する最も簡単なもので，低圧ボイラーに広く普及している。
(2)　軟化装置は，水中のシリカや塩素イオンを除去することができる。
(3)　軟化装置による処理水の残留硬度は，貫流点を超えると著しく増加する。
(4)　軟化装置の強酸性陽イオン交換樹脂の交換能力が低下した場合は，一般に食塩水で再生を行う。
(5)　軟化装置の強酸性陽イオン交換樹脂は，1年に1回程度，鉄分による汚染などを調査し，樹脂の洗浄及び補充を行う。

〔解説〕　給水の硬度成分を除去する最も簡単な軟化装置で，設備が安価なため低圧ボイラーに広く普及している。

単純軟化装置は，強酸性陽イオン交換樹脂を充填したNa塔に給水を通過させて，給水中の硬度成分であるカルシウムイオン（Ca^{2+}）とマグネシウムイオン（Mg^{2+}）を樹脂に吸着させ，樹脂のナトリウムイオン（Na^{+}）と置換させる装置で，低圧ボイラーに多く使用されている〔図(a)〕。単純軟化法では，給水中のシリカ（SiO_2）及び塩素イオン（Cl^{-}）を除去することはできない。それらを除去するには，イオン交換水製造法による。

処理されて出てくる水の硬度は，通水開始後は0に近いが，次第に樹脂の交換能力が減退して水に硬度成分が残るようになり，その許容範囲の貫流点を超えると残留硬度は著しく増加してくる〔図(b)〕。

このように樹脂の交換能力が減じた場合，食塩水（NaCl）によりNaイオンを吸着させ，樹脂の交換能力を復元させる。これを再生という。

イオン交換樹脂は使用とともに鉄分で汚染されるので，1年に1回程度調査し，樹脂の酸洗い及び補充を行う必要がある。

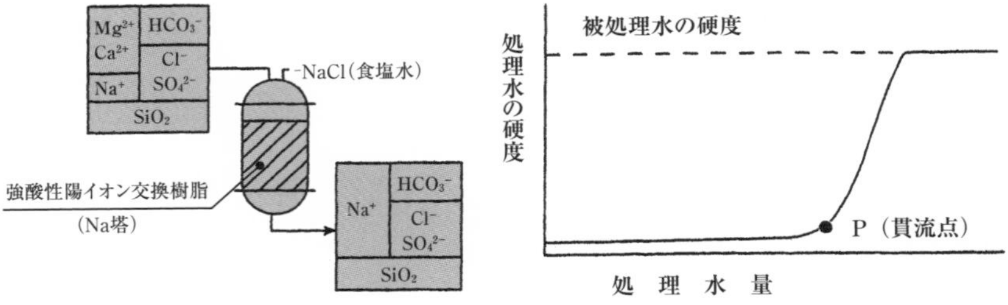

(a) 軟化処理法　　(b) 単純軟化における処理水量と残留硬度の関係

図　軟化処理

問の(1)，(3)，(4)，(5)の記述は正しい。
シリカ及び塩素イオンは，除去できない。問の(2)の記述は誤りである。

〔答〕　(2)

〔ポイント〕　単純軟化法について理解すること「最短合格2.4.5 [2]」，「教本2.4.5 (2)」

問９　ボイラーのばね安全弁及び逃がし弁の調整及び試験に関するＡからＤまでの記述で，適切なもののみを全て挙げた組合せは，次のうちどれか。

Ａ　安全弁の調整ボルトを定められた位置に設定した後，ボイラーの圧力をゆっくり上昇させて安全弁を作動させ，吹出し圧力及び吹止まり圧力を確認する。

Ｂ　安全弁が１個設けられている場合は，最高使用圧力の３％増以下で作動するように調整する。

Ｃ　エコノマイザの逃がし弁（安全弁）は，ボイラー本体の安全弁より低い圧力に調整する。

Ｄ　安全弁の手動試験は，常用圧力の75％以下の圧力で行う。

(1)　Ａ
(2)　Ａ，Ｂ
(3)　Ａ，Ｃ，Ｄ
(4)　Ａ，Ｄ
(5)　Ｂ，Ｃ，Ｄ

〔解説〕

Ａ　ばね安全弁の調整は，ばねをある程度締めて圧力をゆっくり上昇させると安全弁が作動して蒸気が吹き出し，その後圧力が下がって弁が閉じるので，その吹出し圧力及び吹止り圧力を確認する。吹出し圧力が設定圧力になっても作動しない場合（設定圧力が高い）は，いったんボイラーの圧力を設定圧力の80％程度まで下げて調整ボルトを緩めて再度試験する。なお，設定圧力も低い場合は，調整ボルトを締めて再度試験する。したがって，問のＡの記述は適切である。

Ｂ　ボイラー本体に安全弁が１個設けられている場合，その吹出し圧力はボイラーの最高使用圧力以下になるように調整する。２個以上の安全弁が設けられている場合，全ての安全弁の吹出し圧力を最高使用圧力以下に調整しても差し支えない。なお，この場合，１個の安全弁を最高使用圧力以下で作動するように調整したときは，他の安全弁を最高使用圧力の３％増以下で作動するように調整することができる。したがって，問のＢの記述は適切でない。

Ｃ　エコノマイザの逃がし弁（安全弁）をボイラー本体の安全弁より低い圧力に調整すると，ボイラー本体の安全弁よりエコノマイザの逃がし弁（安全弁）が先に吹き出してボイラー本体に給水が供給されなくなるおそれがある。このため，エコノマイザの逃がし弁（安全弁）の吹出し圧力は，ボイラー本体の安全弁より高い圧力に調整するが，エコノマイザの最高使用圧力以下であることも必要である。したがって，問のＣの記述は適切でない。

Ｄ　安全弁の手動試験は，定常負荷にあるボイラーの運転中に試験レバーを持ち上げて，蒸気が吹出すことを確認するもので，最高使用圧力の75％以上の圧力で行う。したがって，問のＤの記述は適切でない。

〔答〕　(1)

〔ポイント〕　安全弁の調整及び試験について理解すること「最短合格2.2.3 [2]」，「教本2.2.3 (3)」。

問10　ボイラーの点火前の点検・準備について，適切でないものは次のうちどれか。

(1)　液体燃料の場合は油タンク内の油量を，ガス燃料の場合はガス圧力を調べ，適正であることを確認する。
(2)　験水コックがある場合には，水部にあるコックを開けて，水が噴き出すことを確認する。
(3)　圧力計の指針の位置を点検し，残針がある場合は予備の圧力計と取り替える。
(4)　給水タンク内の貯水量を点検し，十分な水量があることを確認する。
(5)　炉及び煙道内の換気は，煙道の各ダンパを半開にしてファンを運転し，徐々に行う。

〔解説〕　ボイラーの点火時は，ガス爆発や低水位事故が起きやすいので，点火に際しては事前の点検が完全であっても再度次の確認を行う。

①　ボイラー水位の確認及び調整
　水面計によって，水位が常用水位であるか確認する。水位が常用水位より低い場合は給水を行い，高い場合は吹出しを行うことにより，水位の調整をする。
　また，水面計または験水コックの作動・機能の確認を行う。

②　吹出し装置の点検
　吹出しを行い，弁の機能が正常であるか確認し，確実に閉止しておく。

③　圧力計の点検
　圧力がない場合は，圧力計の指針が0点に戻っているか確認し，残針がある場合は，予備の圧力計と取り替える。

④　給水装置の点検と作動確認
　給水タンク内の貯水量を点検し，十分な水量があることを確認する。
　給水管路の弁が確実に開いていること。また，水位を上下して水位検出器の機能と給水ポンプが正しく起動・停止が行われているか確認する。

⑤　空気抜き弁
　空気抜き弁は，蒸気が発生し始めるまで開いておく。

⑥　通風装置の点検・換気
　煙道のダンパを全開にしてファンを運転し，炉及び煙道内の換気を行う。

⑦　燃焼装置の点検
　ガス圧力または油圧・油温が適正であるか，また，燃料系路の弁が確実に開いていること。液体燃料の場合，油タンク内の油量を液面計で確認すること。

⑧　自動制御装置の点検

　以上のことから，問の(1)，(2)，(3)，(4)の記述は適切であり，(5)の記述は上記⑥のとおり，ダンパを全開にしてファンを運転すべきであるため適切でない。

〔答〕　(5)

〔ポイント〕　点火前の点検・準備について理解すること「最短合格2.1.3」，「教本2.1.3 (1)～(8)」。

■ 令和３年前期：ボイラーの取扱いに関する知識 ■

問１　ボイラーの点火前の点検・準備について，誤っているものは次のうちどれか。

(1)　液体燃料の場合は油タンク内の油量を，ガス燃料の場合はガス圧力を調べ，適正であることを確認する。
(2)　験水コックがある場合には，水部にあるコックを開けて，水が噴き出すことを確認する。
(3)　圧力計の指針の位置を点検し，残針がある場合は予備の圧力計と取り替える。
(4)　水位を上下して水位検出器の機能を試験し，給水ポンプが設定水位の上限において，正確に起動することを確認する。
(5)　煙道の各ダンパを全開にしてファンを運転し，炉及び煙道内のプレパージを行う。

〔解説〕　ボイラーの点火時は，ガス爆発や低水位事故が起きやすいので，点火に際しては事前の点検が完全であっても再度次の確認を行う。

①　ボイラー水位の確認及び調整
　水面計によって，水位が常用水位であるか確認する。水位が常用水位より低い場合は給水を行い，高い場合は吹出しを行うことにより，水位の調整をする。
　また，水面計または験水コックの作動・機能の確認を行う。

②　吹出し装置の点検
　吹出しを行い，弁の機能が正常であるか確認し，確実に閉止しておく。

③　圧力計の点検
　圧力がない場合は，圧力計の指針が０点に戻っているか確認し，残針がある場合は，予備の圧力計と取り替える。

④　給水装置の点検と作動確認
　給水管路の弁が確実に開いていること。また，水位を上下して水位検出器の機能と給水ポンプが正しく起動・停止が行われているか確認する。

⑤　空気抜き弁
　空気抜き弁は，蒸気が発生し始めるまで開いておく。

⑥　通風装置の点検・換気
　煙道のダンパを全開にしてファンを運転し，炉及び煙道内の換気を行う。

⑦　燃焼装置の点検
　ガス圧力または油圧・油温が適正であるか，また，燃料系路の弁が確実に開いていること。液体燃料の場合，油タンク内の油量を液面計で確認すること。

⑧　自動制御装置の点検

　問の(1)，(2)，(3)，(5)の記述は正しい。
問の(4)において，水位検出器機能試験で，設定された水位の上限において，給水ポンプの起動の確認を行うというのは誤りで，水位の上限において給水ポンプが停止することの確認を行うが正しい。

〔答〕　(4)

〔ポイント〕　点火前の点検・準備について理解すること「最短合格2.1.3」，「教本2.1.3 (1)～(8)」。

問2　ボイラーの水管理について，誤っているものは次のうちどれか。

(1)　マグネシウム硬度は，水中のカルシウムイオンの量を，これに対応する炭酸マグネシウムの量に換算し，試料1リットル中のmg数で表す。
(2)　水溶液が酸性かアルカリ性かは，水中の水素イオンと水酸化物イオンの量により定まる。
(3)　常温（25 ℃）でpHが7は中性，7を超えるものはアルカリ性である。
(4)　酸消費量は，水中に含まれる水酸化物，炭酸塩，炭酸水素塩などのアルカリ分の量を示すものである。
(5)　酸消費量には，酸消費量（pH4.8）と酸消費量（pH8.3）がある。

〔解説〕

(1)　全硬度は，水中のカルシウムイオン及びマグネシウムイオンの量を，これに対応する炭酸カルシウム（$CaCO_3$）の量に換算して試料1リットル中のmg数で表したものの合計である。

全硬度＝カルシウム硬度+マグネシウム硬度

したがって，問の(1)の記述は誤りである。

(2)，(3)　水（水溶液）が酸性か，アルカリ性かは水中の水素イオン（H^+）と，水酸化物イオン（OH^-）の量により定まるが，これを表示する方法として水素イオン指数pH（ピーエイチ）が用いられる。

図は，pHと水の性質との関係を示す。

すなわち，常温（25 ℃）でpHが7未満は酸性，7は中性，7を超えるものはアルカリ性である。

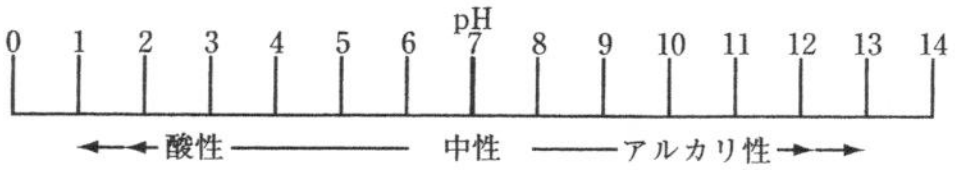

図　pHと水の性質

(4)，(5)　酸消費量は，水中に含まれる水酸化物，炭酸塩，炭酸水素塩などのアルカリ分を示すものであり，炭酸カルシウム（$CaCO_3$）に換算して試料1リットル中のmg数で表される。

アルカリ分をpH4.8まで中和するのに要する「酸消費量（pH4.8）」とアルカリ分をpH8.3まで中和するのに要する「酸消費量（pH8.3）」がある。

〔答〕(1)

〔ポイント〕　ボイラーに関する用語と単位を理解すること「最短合格2.4.3 1～4」，「教本2.4.3 (a)～(d)」。

問3　ボイラーの酸洗浄に関するAからDまでの記述で，適切なもののみを全て挙げた組合せは，次のうちどれか。

A　酸洗浄の使用薬品には，りん酸が多く用いられる。
B　酸洗浄は，酸によるボイラーの腐食を防止するため抑制剤（インヒビタ）を添加して行う。
C　薬液で洗浄した後は，中和防錆《せい》処理を行ってから，水洗する。
D　シリカ分の多い硬質スケールを酸洗浄するときは，所要の薬液で前処理を行い，スケールを膨潤させる。

(1)　A，B，C
(2)　A，B，D
(3)　A，C
(4)　B，D
(5)　B，C，D

〔解説〕　ボイラーの酸洗浄は，薬品に酸を用いて洗浄し，ボイラー内のスケールを溶解除去するものである。

①　使用薬品

通常，洗浄主剤として，塩酸（HCl）が用いられている。

酸洗浄には，酸によるボイラーの腐食を防止するため抑制剤（インヒビタ）が添加されるほか，必要に応じて種々の添加剤（シリカ溶解剤，銅溶解剤，銅封鎖剤，還元剤など）が併用される。

②　洗浄作業

酸洗浄の処理工程は，次のとおりである。

(a)前処理→(b)水洗→(c)酸洗浄→(d)水洗→(e)中和防錆処理（除去しきれなかった酸液を中和する）

注：前処理は，シリカ分の多い硬質スケールのとき，所要の薬液でスケールを膨潤させて，あとの酸洗浄を効果的にするために行う。

③　火災の防止

酸洗浄作業中は水素（H_2）が発生するので，ボイラー周辺では火気を厳禁とする。火気使用禁止期間は，酸液注入開始時から酸洗浄終了時までである。

したがって，ボイラーの酸洗浄についての正しい組合せは，問の(4)　B，Dである。

〔答〕　(4)

〔ポイント〕　ボイラーの内部洗浄時の酸洗浄について理解すること「最短合格2.3.2 5」，「教本2.3.2 (8)」。

問4　油だきボイラーが運転中に突然消火する原因に関するAからDまでの記述で，正しいもののみを全て挙げた組合せは，次のうちどれか。

A　蒸気（空気）噴霧式バーナの場合，噴霧蒸気（空気）の圧力が高すぎる。
B　燃料油の温度が低すぎる。
C　燃料油弁を絞りすぎる。
D　炉内温度が高すぎる。

(1)　A，B
(2)　A，B，C
(3)　A，C
(4)　B，C，D
(5)　B，D

〔解説〕　油だきボイラーの異常消火した場合には，次の原因が考えられる。

①　燃焼用空気量が多すぎる。
②　噴霧する空気，または蒸気圧力が強すぎる。
③　油ろ過器がごみ，さびなどにより詰まった場合。
④　燃料油弁を絞りすぎた場合。
⑤　燃料油の温度が低すぎた場合。
⑥　燃料油に水分や空気またはガスが多く含まれていた場合。

問のDの記述は誤りである。炉内温度が高くても異常消火にはならない。消火する原因というのは誤りである。

したがって，正しい組合せは，問の(2)A，B，Cである。

〔答〕　(2)

〔ポイント〕　油だきボイラーの異常消火の原因を理解すること「最短合格2.1.7 [4]」，「教本2.1.7 (10)」。

問５　ボイラーに給水するディフューザポンプの取扱いについて，適切でないものは次のうちどれか。

(1)　メカニカルシール式の軸については，水漏れがないことを確認する。
(2)　運転前に，ポンプ内及びポンプ前後の配管内の空気を十分に抜く。
(3)　起動は，吐出し弁を全閉，吸込み弁を全開にした状態で行い，ポンプの回転と水圧が正常になったら吐出し弁を徐々に開き，全開にする。
(4)　運転中は，振動，異音，偏心などの異常の有無及び軸受の過熱，油漏れなどの有無を点検する。
(5)　運転を停止するときは，ポンプ駆動用電動機を止めた後，吐出し弁を徐々に閉め，全閉にする。

〔解説〕

(1)　ポンプの軸をシールする方式にメカニカルシール式とグランドパッキンシール式がある。グランドパッキンシール式では，運転中少量の水が滴下する程度にパッキンを締めるが，メカニカルシール式の軸については水漏れがないことを確認する（図）。

(2)　ポンプを起動する前は，ポンプ内及び前後の配管内の空気を十分に抜く。

ポンプ内に空気が入っていると，ポンプを運転しても規定圧力まで上昇しないことがある。

(3),(5)　ポンプの起動・停止時における弁は，電動機に過負荷電流が流れないように次に示す順序で操作すること。

	吸込み弁	吐出し弁
起動時	全開	全閉・電動機起動後に全開
停止時	全開	電動機停止前に全閉

したがって，(5)の記述は適切でない。

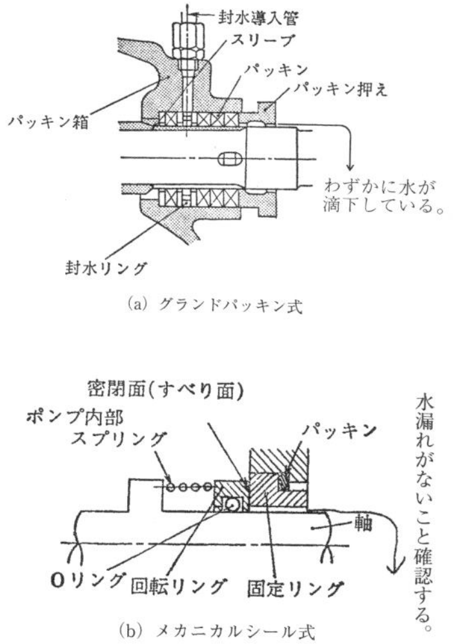

(a) グランドパッキン式

(b) メカニカルシール式

図　ポンプの軸シール方式

(4)　ポンプの起動時及び運転中は，吐出し圧力及び流量が適正であり，そのポンプの状態に対応する負荷電流値が適正であることを確認する。また，運転中は，振動，異音，偏心などの異常の有無及び軸受の過熱，油漏れなどの有無を点検する。

〔答〕(5)

〔ポイント〕　給水装置の取扱いを理解すること「最短合格2.2.5」，「教本2.2.5」。

問6　ボイラーの清缶剤について，誤っているものは次のうちどれか。

(1)　軟化剤は，ボイラー水中の硬度成分を不溶性の化合物（スラッジ）に変えるための薬剤である。
(2)　軟化剤には，炭酸ナトリウム，りん酸ナトリウムなどがある。
(3)　脱酸素剤は，ボイラー給水中の酸素を除去するための薬剤である。
(4)　脱酸素剤には，タンニン，亜硫酸ナトリウム，ヒドラジンなどがある。
(5)　低圧ボイラーの酸消費量付与剤としては，塩化ナトリウムが用いられる。

〔解説〕　清缶剤は，水に起因するスケールの付着，腐食，キャリオーバなどの障害を防止するために，給水及びボイラー水に直接添加する薬剤をいう。pH及び酸消費量調節剤，軟化剤及び脱酸素剤等があり，主な目的は次のとおりである。

ⓐ　pH，酸消費量の調節剤

ボイラー水のpHを調節して，ボイラーの腐食（イオン化を減少させて）及びスケールの付着などを防ぐ。また，シリカを可溶性の化合物とすることができる。

なお，酸消費量調節剤には，ボイラー水に酸消費量を付与するものと酸消費量の上昇を抑制するものがある。水酸化ナトリウム，炭酸ナトリウムは酸消費量付与剤である。

ⓑ　軟化剤

ボイラー水中の硬度成分を不溶性の化合物（スラッジ）に変えて，スケール付着を防止する。

ⓒ　脱酸素剤

給水及びボイラー水中の酸素を除去するための薬剤である。

ⓓ　スラッジ分散剤

ボイラー内で軟化して生じた泥状の沈殿物が，伝熱面に焼きついてスケールとして固まらないように水中に分散される。

表　清缶剤の作用による分類

作用分類	主な作用（効果）	主な商品名
pH及び酸消費量の調節剤	ボイラー水に適度の酸消費量を与え腐食を防止する。	・水酸化ナトリウム（$NaOH$） ・炭酸ナトリウム（Na_2CO_3）
軟化剤	硬度成分をスラッジに変えてスケール付着を防止する。	・炭酸ナトリウム（Na_2CO_3） ・りん酸ナトリウム（Na_3PO_4）
スラッジ分散剤	スラッジが伝熱面に焼きついてスケールとして固まらないようにする。	・タンニン
脱酸素剤	ボイラー水中の酸素を除去して溶存気体による腐食を防止する。	・亜硫酸ナトリウム（Na_2SO_3） ・ヒドラジン（N_2H_4） ・タンニン
給水，復水系統の防食剤	給水・復水系統の配管等が(O_2)(CO_2)によって腐食されるのを防止する。	・pH調節剤（防食） ・被膜性防食剤

問の(1)，(2)，(3)，(4)の記述は正しい。

問の(5)の酸消費量付与剤として塩化ナトリウムを用いるという記述は誤りである。正しくは，水酸化ナトリウム，炭酸ナトリウムである。

〔答〕　(5)

〔ポイント〕　清缶剤の使用目的と薬品名を理解すること「最短合格2.4.6 [2]」，「教本2.4.6 (2)，(3)」。

問7　ボイラーの蒸気圧力上昇時の取扱いについて，適切でないものは次のうちどれか。

(1)　点火後は，ボイラー本体に大きな温度差を生じさせないように，かつ，局部的な過熱を生じさせないように時間をかけ，徐々に昇圧する。
(2)　ボイラーをたき始めるとボイラー水の膨張により水位が上昇するので，２個の水面計の水位の動き具合に注意する。
(3)　蒸気が発生し始め，白色の蒸気の放出を確認してから，空気抜弁を閉じる。
(4)　圧力上昇中の圧力計の背面を点検のため指先で軽くたたくことは，圧力計を損傷するので行ってはならない。
(5)　整備した直後のボイラーでは，使用開始後にマンホール，掃除穴などの蓋取付け部は，漏れの有無にかかわらず，昇圧中や昇圧後に増し締めを行う。

〔解説〕
(1)　ボイラーのたき始めは，いかなる理由があっても急激に燃焼量を増してはならない。急激な燃焼量の増加は，ボイラー本体の不同膨張を起こし，ボイラーとれんが積みとの接触部のすき間を増し，れんが積みの目地割れなどを生じる。また，クラック（割れ），水管や煙管の取付け部や継手部からの漏れなどの原因となる。特に鋳鉄製ボイラーは，急冷急熱により割れることがある。時間をかけ，徐々に昇圧する。
(2)　二組の水面計の水位が同じであることを確認し，水位の動き具合に注意する。ボイラーをたき始めると，ボイラー水の膨張により水位が上昇する。水位が全く動かない場合は，連絡管の弁又はコックが閉じている可能性があるので調べる。
(3)　ボイラー起動前に空気抜弁を全開とし，蒸気が発生し始め，白色の蒸気の放出を確認してから，空気抜き弁を閉じる。
(4)　圧力計の指針の動きを注視し，圧力の上昇度合いに応じて燃焼を加減する。同系統の他の圧力計との比較とか，圧力計の背面を指先で軽くたたくなどして圧力計の機能の良否を判断する。指針の動きが円滑でなく機能に疑いがあるときは，予備の圧力計と取り替える。圧力計の下部のコックを閉じることにより，圧力が加わっているときでも圧力計を取り替えることができる。
したがって，問の(4)の記述は適切でない。
(5)　蒸気圧力が上がり始めたときは，附属品の取付け部，ふた取付け部など漏れがないことを確認し，漏れがある箇所は軽く増し締めを行う。
　整備した直後の使用始めのボイラーは，取付け部の漏れの有無にかかわらず，昇圧中や昇圧後に増し締めを行う。

〔答〕 (4)

〔ポイント〕　ボイラーの圧力上昇時の取扱いについて理解すること「最短合格2.1.5」，「教本2.1.5」。

問 8　ボイラーの水面測定装置の取扱いについて，誤っているものは次のうちどれか。

(1)　水面計の蒸気コック，水コックを閉じるときは，ハンドルを管軸に対し直角方向にする。
(2)　水面計の機能試験は，毎日行う。
(3)　水柱管の連絡管の途中にある止め弁は，誤操作を防ぐため，全開にしてハンドルを取り外しておく。
(4)　水柱管の水側連絡管の取付けは，ボイラー本体から水柱管に向かって上がり勾配とする。
(5)　水側連絡管のスラッジを排出するため，水柱管下部の吹出し管により，毎日１回吹出しを行う。

〔解説〕

(1)　水面計のドレンコックのハンドルが管軸と直角方向であれば，コックは開の状態である。
　したがって，問の(1)の記述内容は誤りである。

(2), (5)　水柱管及び水側連絡管はスラッジがたまりやすいので，毎日１回は水柱管の吹出し弁を操作してスラッジを排出する。

(3)　水面計が水柱管に取り付けられている場合，水柱管の連絡管の途中にある止め弁（図のA弁）の開閉を誤認しないようにするため，弁を全開にしてからハンドルを取り外しておく。

(4)　水柱管の水側連絡管は，途中にスラッジがたまりやすいので，水柱管に向かって下がり勾配となる配管は避け，図に示すように水柱管に向かって上がり勾配とすること。

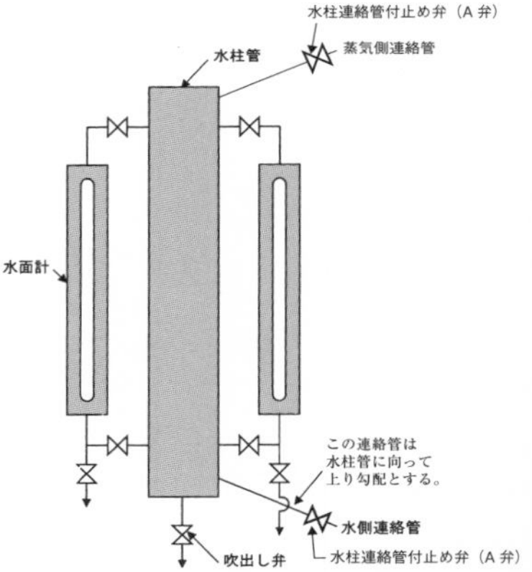

図　水面計取り付け図

〔答〕 (1)

〔ポイント〕　水面測定装置の取扱いについて理解すること「最短合格2.2.2」,「教本2.2.2」。

問 9　ボイラーにおけるスケール及びスラッジの害として，誤っているものは次のうちどれか。

(1)　熱の伝達を妨げ，ボイラーの効率を低下させる。
(2)　炉筒，水管などの伝熱面を過熱させる。
(3)　水管の内面に付着すると，水の循環を悪くする。
(4)　ボイラーに連結する管，コック，小穴などを詰まらせる。
(5)　ウォータハンマを発生させる。

〔解説〕　給水中の溶解性蒸発残留物は，ボイラー内で次第に濃縮され飽和状態となって析出し，スケールとなって伝熱面に付着する。

スラッジは，主としてカルシウム，マグネシウムの炭酸水素塩が加熱（80 ～ 100 ℃）により分解して生じた炭酸カルシウムや水酸化マグネシウム，及び軟化を目的とした清缶剤を添加した場合に生じるりん酸カルシウムや，りん酸マグネシウムなどの軟質沈殿物である。

スケール及びスラッジの害は，次のとおりである。

① 炉筒や水管などの伝熱面を過熱させる。
② 熱の伝達を妨げ，ボイラーの効率を低下させる。
③ スケール成分の性質によっては，炉筒や水管，煙管などを腐食させる。
④ 水管の内面に付着すると水の循環を悪くする。
⑤ ボイラーに連結する管やコック及びその他の小穴を詰まらせる。

しかし，ウォータハンマは，管内を水のかたまりが高速度で走り，管の曲がり部や弁に強い衝撃を与える現象であり，ボイラーにおけるスケール及びスラッジによる害ではない。したがって，問の(5)の記述は誤りである。

〔答〕 (5)

〔ポイント〕　不純物による障害について理解すること「最短合格2.4.4 [1]」，「教本2.4.4 (2)」。

問10　ボイラーにキャリオーバが発生した場合の処置として，最も適切でないものは次のうちどれか。

(1)　燃焼量を下げる。
(2)　主蒸気弁を急開して蒸気圧力を下げる。
(3)　ボイラー水位が高いときは，一部を吹出しする。
(4)　ボイラー水の水質試験を行う。
(5)　ボイラー水が過度に濃縮されたときは，吹出し量を増し，その分を給水する。

〔解説〕　ボイラーから出ていく蒸気に，ボイラー水が水滴の状態又は泡の状態で混じって運び出されることをキャリオーバといい，その原因となる現象にプライミング（水気立ち）とホーミング（泡立ち）がある（表１）。

表２に，キャリオーバの原因と発生した場合の処置を示す。

表１　キャリオーバの種類

	プライミング	ホーミング
現象	ボイラー水が水滴となって蒸気とともに運び出される	泡が発生しドラム内に広がり，蒸気に水分が混入して運び出される
原因等	蒸気流量の急増等によるドラム水面の変動	溶解性蒸発残留物の過度の濃縮又は有機物の存在

表２　キャリオーバの原因と発生した場合の処置

原　　因	処　　置
①　蒸気負荷が過大である	①　燃焼量を下げる
②　主蒸気弁を急に開く	②　主蒸気弁などを徐々に絞り，水位の安定を保つ
③　ボイラー水位が高水位である	③　一部をブローする
④　ボイラー水が過度に濃縮され，溶解性蒸発残留物が多く，また，油脂分が含まれている	④　水質試験を行い，吹出し量を増して，必要によりボイラー水を入れ替える

キャリオーバが発生した場合の処置として，問の(1)，(3)，(4)，(5)，の記述は正しい。

問の(2)の記述は適切でない。正しくは，主蒸気弁を徐々に絞り，水位の安定を保つである。

〔答〕　(2)

〔ポイント〕　キャリオーバの現象・原因及びその処置について理解すること「最短合格2.1.7 [2]」，「教本2.1.7 (4)」。

■ 令和２年後期：ボイラーの取扱いに関する知識 ■

問１　ボイラーに給水するディフューザポンプの取扱いについて，誤っているものは次のうちどれか。

(1)　運転前に，ポンプ内及びポンプ前後の配管内の空気を十分に抜く。
(2)　起動は，吐出し弁を全閉，吸込み弁を全開にした状態で行い，ポンプの回転と水圧が正常になったら吐出し弁を徐々に開き，全開にする。
(3)　グランドパッキンシール式の軸については，運転中，水漏れが生じた場合はグランドボルトを増締めし，漏れを完全に止める。
(4)　運転中は，振動，異音，偏心，軸受の過熱，油漏れなどの有無を点検する。
(5)　運転を停止するときは，吐出し弁を徐々に閉め，全閉にしてからポンプ駆動用電動機を止める。

〔解説〕

(1)　ポンプを起動する前は，ポンプ内及び前後の配管内の空気を十分に抜く。
　ポンプ内に空気が入っていると，ポンプを運転しても規定圧力まで上昇しないことがある。

(2)　(5)ポンプの起動・停止時における弁は，電動機に過負荷電流が流れないように次に示す順序で操作すること。

	吸込み弁	吐出し弁
起動時	全開	全閉・電動機起動後に全開
停止時	全開	電動機停止前に全閉

(3)　ポンプの軸をシールする方式にメカニカルシール式とグランドパッキンシール式がある。グランドパッキンシール式では，運転中少量の水が滴下する程度にパッキンを締めるが，メカニカルシール式の軸については水漏れがないことを確認する（図）。
　したがって，問の(3)の記述は誤りである。

(4)　運転中は，振動，異音，偏心などの異常の有無を点検する。特にカップリングボルトのゴムリングの損耗の有無，基礎ボルトに緩みのないことを確認する。

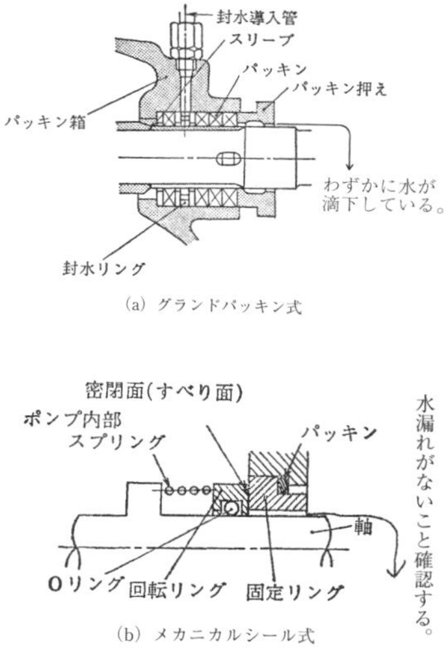

(a) グランドパッキン式
(b) メカニカルシール式

図　ポンプの軸シール方式

〔答〕　(3)

〔ポイント〕　給水装置の取扱いを理解すること「最短合格2.2.5」，「教本2.2.5」。

問2　ボイラーのスートブローについて，誤っているものは次のうちどれか。

(1)　スートブローは，主としてボイラーの水管外面などに付着するすすの除去を目的として行う。
(2)　スートブローは，安定した燃焼状態を保持するため，一般に最大負荷の50％以下で行う。
(3)　スートブローが終了したら，蒸気の元弁を閉止し，ドレン弁は開放する。
(4)　スートブローは，一箇所に長く吹き付けないようにして行う。
(5)　スートブローの回数は，燃料の種類，負荷の程度，蒸気温度などに応じて決める。

〔解説〕

(1)　ボイラーの燃料として，重質油及び石炭等を使用した時，また低負荷運転が長く続いた場合などには，ボイラー外部伝熱面に多くのすすが付着する。スートブローは，付着したすすを除去するために行われる。

　スートブローの回数は，燃料の種類，負荷の程度などの条件により決められる。

(2)　ボイラー運転中において燃焼量の低い状態では，通風量（通風力）が減少しており，このとき，スートブローを行うと通風量に影響し火炎が消失したり，燃焼ガスの流れを乱し，また，すすが排出されにくく，ボイラー底部にたまるおそれがあるので，ボイラー負荷が低く燃焼量の低い状態においてはスートブローを行わない。最大負荷よりやや低いところで行うこと。

　また，ボイラーを消火した直後の高温炉内では，除去されたすすがボイラー外に排出されないで，再び燃焼を起こすことなどがあるので，この状態ではスートブローを行わないこと。

　したがって，問の(2)において，一般に最大負荷の50％以下で行うという記述は誤りである。

(3)　スートブローの噴射流体には蒸気又は圧縮空気が用いられるが，両流体中に含まれているドレンをよく切ることが必要である。ドレンが含まれている状態で噴射すると，すすに含まれている硫黄分などと反応して伝熱面を腐食させたり，ドレンによる衝撃力によって伝熱面を浸食したりする。そのため，スートブローが終了したら，蒸気の元弁を閉止し，ドレン弁は開放する。

(4)　スートブローを行っているとき，噴射管は通常回転させるが，噴射管が曲がって回転が不可能になったことなどにより，一箇所に長く蒸気（圧縮空気）を吹きつけると，その部分が浸食されて伝熱管の厚さが薄くなり，破孔するおそれもあるので注意すること。

(5)　ボイラーの燃料として，重質油及び石炭等を使用した時，また低負荷運転が長く続いた場合などには，ボイラー外部伝熱面に多くすすが付着する。スートブローは，付着したすすを除去するために行われる。したがって，スートブローの回数は，燃料の種類，負荷の程度などの条件によって決められる。

〔答〕(2)

〔ポイント〕　伝熱面のすす掃除をする時期，状態について理解すること「最短合格2.1.6 [3]」，「教本2.1.6 (5)」。

問3　次のうち，ボイラー給水の脱酸素剤として使用される薬剤のみの組合せはどれか。

(1)　塩化ナトリウム　　　　りん酸ナトリウム
(2)　りん酸ナトリウム　　　タンニン
(3)　亜硫酸ナトリウム　　　炭酸ナトリウム
(4)　炭酸ナトリウム　　　　りん酸ナトリウム
(5)　亜硫酸ナトリウム　　　タンニン

〔解説〕　ボイラー給水の脱酸素剤として使用される薬剤には，亜硫酸ナトリウム，ヒドラジン及びタンニンがある。

ボイラー給水の脱酸素剤として使用される薬剤は問の(5)である。

表　清缶剤の作用による分類

作用分類	主な作用（効果）	主な薬品名
pH及び酸消費量の調節剤	ボイラー水に適度の酸消費量を与え腐食を防止する。	・水酸化ナトリウム（$NaOH$） ・炭酸ナトリウム（Na_2CO_3）
軟化剤	硬度成分をスラッジに変えてスケール付着を防止する。	・炭酸ナトリウム（Na_2CO_3） ・りん酸ナトリウム（Na_3PO_4）
スラッジ分散剤	スラッジが伝熱面に焼きついてスケールとして固まらないようにする。	・タンニン
脱酸素剤	ボイラー水中の酸素を除去して溶存気体による腐食を防止する。	・亜硫酸ナトリウム（Na_2SO_3） ・ヒドラジン（N_2H_4） ・タンニン
給水・復水系統の防食剤	給水・復水系統の配管等が（O_2），（CO_2）によって腐食されるのを防止する。	・pH調節剤（防食） ・被膜性防食剤

〔答〕(5)

〔ポイント〕　清缶剤の使用目的と薬品名を理解すること「最短合格 2.4.6 [2]」，「教本 2.4.6 (2)，(3)」。

問 4　ボイラー水の吹出しについて，誤っているものは次のうち どれか。

(1)　炉筒煙管ボイラーの吹出しは，ボイラーを運転する前，運転を停止したとき又は負荷が低いときに行う。
(2)　鋳鉄製温水ボイラーは，配管のさび又はスラッジを吹き出す場合のほかは，吹出しは行わない。
(3)　水冷壁の吹出しは，いかなる場合でも運転中に行ってはならない。
(4)　吹出し弁が直列に 2 個設けられている場合は，第二吹出し弁を先に開き，次に第一吹出し弁を開いて吹出しを行う。
(5)　鋳鉄製蒸気ボイラーの吹出しは，燃焼をしばらく停止して，ボイラー水の一部を入れ替えるときに行う。

〔解説〕

(1)　炉筒煙管ボイラーの吹出しは，ボイラーを運転する前，運転を停止した時，またはボイラー運転の負荷が低い時に行う。この時期，スラッジがボイラー底部に沈殿して排出するのに最も効果があるためである。

(2)，(5)　鋳鉄製蒸気ボイラーは，復水を循環使用するのを原則としているので，運転中のブローは必要ない。また，保有水量が少ないので，運転中は吹出しを行ってはならない。運転中に吹出しを行うと，補給水によりボイラー本体が急冷されて，不同膨張により割れを生じることがある。
　ブローする場合は，燃焼をしばらく停止して，ボイラーが冷えてから行う。

(3)　水冷壁の吹出し（図）は，スラッジの吹出しが目的ではなく，ボイラー停止時に操作する排水用である。したがって，運転中に操作を行わないこと。

(4)　吹出し弁が直列に 2 個設けられている場合の操作順序は，先に急開弁を開き，次に漸開弁を徐々に開く。閉止するときの順序は，漸開弁を閉じてから急開弁を閉じる（図）。

　したがって，問の(4)記述は誤りである。

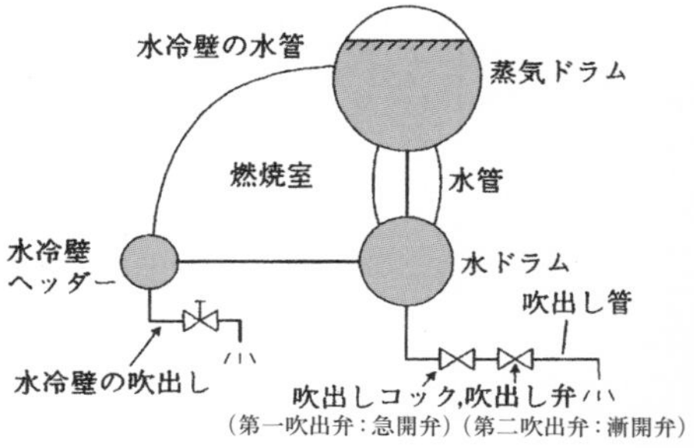

図　ボイラーからの吹出し

〔答〕 (4)

〔ポイント〕　吹出し装置の操作方法，取扱いに注意すること「最短合格2.2.4」，「教本2.2.4」。

問５　ボイラーにおけるキャリオーバの害として，誤っているものは次のうちどれか。

(1)　蒸気とともにボイラーから出た水分が配管内にたまり，ウォータハンマを起こす。
(2)　ボイラー水全体が著しく揺動し，水面計の水位が確認しにくくなる。
(3)　自動制御関係の検出端の開口部若しくは連絡配管の閉塞又は機能の障害を起こす。
(4)　水位制御装置が，ボイラー水位が上がったものと認識し，ボイラー水位を下げて低水位事故を起こす。
(5)　脱気器内の蒸気温度が上昇し，脱気器の破損や汚損を起こす。

〔解説〕　ボイラーから出て行く蒸気に，ボイラー水が水滴の状態又は泡の状態で混じって運び出されることをキャリオーバといい，その原因となる現象にプライミング（水気立ち）とホーミング（泡立ち）がある。

表　キャリオーバの種類

	プライミング	ホーミング
現象	ボイラー水が水滴となって蒸気とともに運び出される	泡が発生しドラム内に広がり，蒸気に水分が混入して運び出される
原因等	蒸気流量の急増等によるドラム水面の変動	溶解性蒸発残留物の過度の濃縮又は有機物の存在

キャリオーバの害は，次のとおりである。
①　蒸気の純度を低下させる。
②　ボイラー水全体が著しく揺動し，水面計の水位を確認しにくい。
③　安全弁が汚れたり，圧力計の連絡穴にスケールや異物が詰まったり，又は水面計の蒸気連絡管にボイラー水が入ったりして，これらの性能を害する。
④　過熱器にボイラー水が入り，蒸気温度（過熱度）が低下し，かつ，過熱器を汚し，破損することもある。
⑤　自動制御関係の検出端（差圧式蒸気流量計，水位制限器及び調節器，圧力制限器及び調節器，その他）の開口部及び連絡配管の閉そく又は機能の障害をもたらす。
⑥　蒸気とともにボイラーから出た水分が配管内にたまり，ウォータハンマを起こし，配管，弁，継手，蒸気管などに損傷を与えることがある。
⑦　プライミングやホーミングが急激に起こると，水位が上がったものと水位制御装置が認識し，ボイラー内の水位を下げ，低水位事故を起こすおそれがある。
⑧　食品工場又は製品加工工場において，直接蒸気と接触する製品の場合は，製品の汚染，その他異臭など悪影響を及ぼすことがある。

問の(1)，(2)，(3)，(4)の記述は正しい。
問の(5)の記述は誤りである。

〔答〕　(5)
〔ポイント〕　キャリオーバの現象・原因及びその障害について理解すること「最短合格2.1.7 ②」，「教本2.1.7(4)」。

問6　ボイラー水位が水面計以下にあると気付いたときの措置に関するAからDまでの記述で，正しいもののみを全て挙げた組合せは，次のうちどれか。

A　燃料の供給を止めて，燃焼を停止する。
B　炉内，煙道の換気を行う。
C　換気が完了したら，煙道ダンパは閉止しておく。
D　炉筒煙管ボイラーでは，水面が煙管のある位置より低下した場合は，徐々に給水を行い煙管を冷却する。

(1)　A，B
(2)　A，B，C
(3)　A，B，D
(4)　B，C
(5)　C，D

〔解説〕　ボイラー水位が水面計以下にあると気づいたときは，
①　燃料の供給を止めて燃焼を停止する。
②　換気を行い，炉の冷却を図る。
③　主蒸気弁を閉じて送気を中止する。
④　残存水面上にある加熱管が急冷されるので，給水を行わない。また，鋳鉄製ボイラーの場合には，いかなる場合でも水を送ってはならない。
⑤　ボイラーが自然冷却するのを待って，原因及び各部の損傷の有無を点検する。したがって，問のA,Bの記述が正しい。

〔答〕 (1)

〔ポイント〕　運転中の障害とその対策について理解すること「最短合格2.1.7 [1]」,「教本2.1.7 (1)」。

問7　ボイラーの内面清掃の目的として，適切でないものは次のうちどれか。

(1)　灰の堆積による通風障害を防止する。
(2)　スケールやスラッジによる過熱の原因を取り除き，腐食や損傷を防止する。
(3)　スケールの付着，腐食の状態などから水管理の良否を判断する。
(4)　穴や管の閉塞による安全装置，自動制御装置などの機能障害を防止する。
(5)　ボイラー水の循環障害を防止する。

〔解説〕　ボイラーの清掃には，内面の清掃（水側）と外面の清掃（ガス側）がある。

(a)　内面清掃の目的

①　スケール，スラッジによるボイラー効率の低下を防止する。また，スケールの付着，腐食の状態などから水管理の良否を判断する。

②　スケール，スラッジによる過熱の原因を除き，腐食，損傷を防止する。

③　穴や管の閉そくによる安全装置，自動制御装置，その他の運転機能の障害を防止する。

④　ボイラー水の循環障害を防止する。

(b)　外面清掃の目的

①　すすの付着によるボイラー効率の低下を防止する。また，すすの付着状況から燃焼管理の良否を判断する。

②　灰のたい積による通風障害を除去する。

③　外部腐食を防止する。

したがって，問の(1)の記述は外面の清掃（ガス側）の目的であり，適切でない。

〔答〕　(1)

〔ポイント〕　ボイラーの清掃の目的について理解すること「最短合格2.3.2」，「教本2.3.2」。

問 8　単純軟化法によるボイラー補給水の軟化装置について，誤っているものは次のうちどれか。

(1)　軟化装置は，強酸性陽イオン交換樹脂を充塡したNa塔に補給水を通過させるものである。
(2)　軟化装置は，水中のカルシウムやマグネシウムを除去することができる。
(3)　軟化装置による処理水の残留硬度は，貫流点を超えると著しく減少する。
(4)　軟化装置の強酸性陽イオン交換樹脂の交換能力が低下した場合は，一般に食塩水で再生を行う。
(5)　軟化装置の強酸性陽イオン交換樹脂は，1年に1回程度，鉄分による汚染などを調査し，樹脂の洗浄及び補充を行う。

〔解説〕　単純軟化装置は，強酸性陽イオン交換樹脂を充塡したNa塔に給水を通過させて，給水中の硬度成分であるカルシウムイオン(Ca^{2+})とマグネシウムイオン(Mg^{2+})を樹脂に吸着させ，樹脂のナトリウムイオン(Na^{+})と置換させる装置で，低圧ボイラーに多く使用されている〔図(a)〕。単純軟化法では，給水中のシリカ(SiO_2)及び塩素イオン(Cl^{-})を除去することはできない。それらを除去するには，イオン交換水製造法による。

処理されて出てくる水の硬度は，通水開始後は0に近いが，次第に樹脂の交換能力が減退して水に硬度成分が残るようになり，その許容範囲の貫流点を超えると残留硬度は著しく増加してくる〔図(b)〕。

このように樹脂の交換能力が減じた場合，食塩水（NaCl）によりNaイオンを吸着させ，樹脂の交換能力を復元させる。これを再生という。

イオン交換樹脂は使用とともに鉄分で汚染されるので，1年に1回程度調査し，樹脂の酸洗い及び補充を行う必要がある。

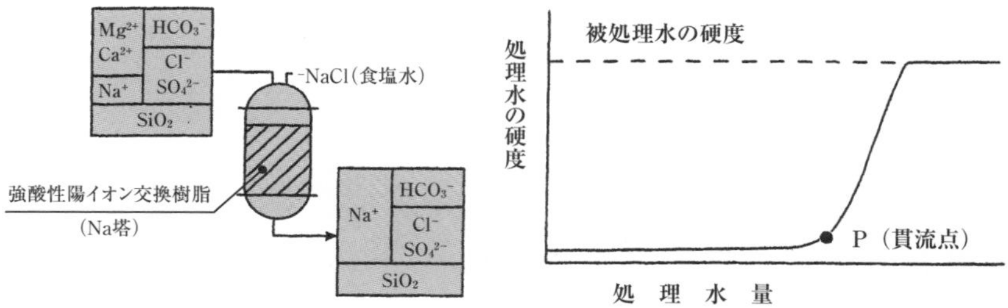

(a)　軟化処理法　　(b)　単純軟化における処理水量と残留硬度の関係

図　軟化処理

問の(1)，(2)，(4)，(5)の記述は正しい。

問の(3)の記述は誤りである。正しくは，貫流点を超えると硬度は著しく増加する。

〔答〕　(3)

〔ポイント〕　単純軟化法について理解すること「最短合格2.4.5 [2]」，「教本2.4.5 (2)」。

問９　ボイラーのばね安全弁及び逃がし弁の調整及び試験について，誤っているものは次のうちどれか。

(1)　安全弁の調整ボルトを定められた位置に設定した後，ボイラーの圧力をゆっくり上昇させて安全弁を作動させ，吹出し圧力及び吹止まり圧力を確認する。
(2)　安全弁が設定圧力になっても作動しない場合は，直ちにボイラーの圧力を設定圧力の80％程度まで下げ，調整ボルトを締めて再度，試験する。
(3)　ボイラー本体に安全弁が２個ある場合は，１個を最高使用圧力以下で先に作動するように調整したときは，他の１個を最高使用圧力の３％増以下で作動するように調整することができる。
(4)　エコノマイザの逃がし弁（安全弁）は，ボイラー本体の安全弁より高い圧力に調整する。
(5)　最高使用圧力の異なるボイラーが連絡している場合，各ボイラーの安全弁は，最高使用圧力の最も低いボイラーを基準に調整する。

〔解説〕

(1), (2)　ばね安全弁の調整は，ばねをある程度締めて圧力をゆっくり上昇させると安全弁が作動して蒸気が吹き出し，その後圧力が下がって弁が閉じるので，その吹出し圧力及び吹止り圧力を確認する。吹出し圧力が設定圧力になっても作動しない場合（設定圧力が高い）は，いったんボイラーの圧力を設定圧力の80％程度まで下げて調整ボルトを緩めて再度試験する。なお，設定圧力も低い場合は，調整ボルトを締めて再度試験する。

　問の(2)記述において，設定圧力よりも高い場合は，調整ボルトを締めるというのは誤りで，正しくは，緩めて再度試験する。

(3)　ボイラー本体に安全弁が１個設けられている場合，その吹出し圧力はボイラーの最高使用圧力以下になるように調整する。２個以上の安全弁が設けられている場合，全ての安全弁の吹出し圧力を最高使用圧力以下に調整しても差し支えない。なお，この場合，１個の安全弁を最高使用圧力以下で作動するように調整したときは，他の安全弁を最高使用圧力の３％増以下で作動するように調整することができる。

(4)　エコノマイザの逃がし弁（安全弁）をボイラー本体の安全弁より低い圧力に調整すると，ボイラー本体の安全弁よりエコノマイザの逃がし弁（安全弁）が先に吹き出してボイラー本体に給水が供給されなくなるおそれがある。このため，エコノマイザの逃がし弁（安全弁）の吹出し圧力は，ボイラー本体の安全弁より高い圧力に調整するが，エコノマイザの最高使用圧力以下であることも必要である。

(5)　最高使用圧力の異なるボイラーが連絡している場合，連絡しているボイラーの蒸気圧力は同一となるので，それぞれのボイラーの最高使用圧力を超えないようにするためには，最も低い最高使用圧力のボイラーを基準に調整する必要がある。

〔答〕　(2)

〔ポイント〕　安全弁の調整及び試験ついて理解すること「最短合格2.2.3 [2]」，「教本2.2.3 (3)」。

問10　ボイラーの点火前の点検・準備について，誤っているものは次のうちどれか。

(1)　水面計によってボイラー水位が低いことを確認したときは，給水を行って常用水位に調整する。
(2)　験水コックがある場合には，水部にあるコックを開けて，水が噴き出すことを確認する。
(3)　圧力計の指針の位置を点検し，残針がある場合は予備の圧力計と取り替える。
(4)　水位を上下して水位検出器の機能を試験し，給水ポンプが設定水位の上限において，正確に起動することを確認する。
(5)　煙道の各ダンパを全開にしてファンを運転し，炉及び煙道内の換気を行う。

〔解説〕　ボイラーの点火時は，ガス爆発や低水位事故が起きやすいので，点火に際しては事前の点検が完全であっても再度次の確認を行う。

①　ボイラー水位の確認
　水面計によって，水位が常用水位であるか確認する。水位が常用水位より低い場合は給水を行い，高い場合は吹出しを行うことにより，水位の調整をする。また，験水コックがある場合，水部にあるコックを開いて，水が噴き出すことを確認する。

②　吹出し装置の点検
　吹出しを行い，弁の機能が正常であるか確認し，確実に閉止しておく。

③　圧力計の点検
　圧力がない場合は，圧力計の指針が０点に戻っているかを確認し，残針がある場合は，予備の圧力計と取り替える。

④　給水装置の点検と作動確認
　給水管路の弁が確実に開いていること。また，水位を上下して水位検出器の設定水位の上限において，ポンプが停止し，また，水位の下限においてポンプが起動するか確認する。

⑤　空気抜き弁
　空気抜き弁は，蒸気が発生し始めるまで開いておく。

⑥　通風装置の点検・換気
　煙道ダンパを全開にしてファンを運転し，炉及び煙道内の換気を行う。

⑦　燃焼装置の点検
　ガス圧力または油圧・油温が適正であるか，また，燃料系路の弁が確実に開いていること。液体燃料の場合，油タンク内の油量を液面計で確認すること。

⑧　自動制御装置の点検

問の(1)，(2)，(3)，(5)の記述は正しい。

問の(4)において，水位検出器機能試験で，設定された水位の上限において，給水ポンプの起動の確認を行うというのは誤りで，水位の上限において給水ポンプが停止することの確認を行うのが正しい。

〔答〕　(4)

〔ポイント〕　点火前の点検・準備について理解すること「最短合格2.1.3」，「教本2.1.3 (1)～(8)」。

■ 令和５年前期：燃料及び燃焼に関する知識 ■

問１　次の文中の［　　］内に入れるA及びBの語句の組合せとして，適切なものは(1)～(5)のうちどれか。

「液体燃料を加熱すると［ A ］が発生し，これに小火炎を近づけると瞬間的に光を放って燃え始める。この光を放って燃える最低の温度を［ B ］という。」

	A	B
(1)	酸素	引火点
(2)	酸素	発火温度
(3)	蒸気	発火温度
(4)	蒸気	引火点
(5)	水素	着火温度

〔解説〕　燃焼とは，光と熱の発生を伴う急激な酸化反応である。ボイラーにおける燃焼は，燃料（可燃物）と空気（酸素）が燃焼室で反応するものであるが，燃料と空気を単に接触させただけでは燃焼は行われない。点火源並びに燃料及び燃焼室の温度が，燃料の着火温度以上に維持されていなければならない。

すなわち，燃焼には燃料，空気及び温度の三つの要素が必要とされる。

燃焼に大切なのは，着火性と燃焼速度である。着火性の良否は，燃料の性質，燃焼装置及び燃焼室の構造，空気導入部の配置などに大きく影響される。燃焼速度は，燃焼が進行する速さで，着火性がよく，燃焼速度が速いと一定量の燃料を完全燃焼させるのに狭い燃焼室で足りることになる。

引火点　：液体燃料が加熱されると蒸気を発生し，これに小火炎を近づけると瞬間的に光を放って燃え始める最低の温度。

着火温度：燃料を空気中で加熱すると温度が徐々に上昇し，他から点火しないで自然に燃え始める最低の温度。

したがって，適切な組合せはA：蒸気，B：引火点であるので答えは問の(4)である。

〔答〕　(4)

〔ポイント〕　燃料概論「最短合格3.1.1 [3]」，「教本3.1.1 (5)」と燃焼の要件「最短合格3.2.1 [1]～[3]」，「教本3.2.1」について理解すること。

問2　重油に含まれる水分及びスラッジによる障害について，適切でないものは次のうちどれか。

(1)　水分が多いと，熱損失が増加する。
(2)　水分が多いと，息づき燃焼を起こす。
(3)　水分が多いと，炭化物が生成される。
(4)　スラッジは，弁，ろ過器，バーナチップなどを閉塞させる。
(5)　スラッジは，ポンプ，流量計，バーナチップなどを摩耗させる。

〔解説〕　重油に含まれる成分などにより，次のような障害が発生する。

(a)　水分が多いと次の障害を起こす。
①　熱損失が増加する。
②　息づき燃焼を起こす。
③　貯蔵中にスラッジを形成する。

(b)　スラッジによる障害は，次のとおりである。
①　弁，ろ過器，バーナチップなどを閉そくさせる。
②　ポンプ，流量計，バーナチップなどを摩耗させる。

(c)　灰分による障害
①　ボイラーなどの伝熱面に付着し伝熱を阻害する。

(d)　残留炭素による障害
①　ばいじん量が多く発生する。

(e)　硫黄分による障害
①　ボイラー及び附属設備の低温伝熱面で低温腐食を起こす。

問の(1)，(2)，(4)，(5)の記述は正しい。

炭化物生成の原因となるのは，加熱温度が低すぎる場合である。したがって，問の(3)の記述は適切でない。

〔答〕　(3)

〔ポイント〕　重油に含まれる成分などによる障害について理解すること「最短合格3.1.2 [3]，3.2.2 [2]，[3]」，「教本3.1.2 (2) b，3.2.2 (2) (3)」。

問3　ボイラー用気体燃料に関するAからDまでの記述で，適切なもののみを全て挙げた組合せは，次のうちどれか。

A　気体燃料は，石炭や液体燃料に比べて成分中の炭素に対する水素の比率が高い。

B　LPGは，常温・常圧では気体であるが，常温で加圧することにより液化できる。

C　都市ガスは，漏えいすると窪《くぼ》みなどの低部に滞留しやすい。

D　都市ガスは，液体燃料に比べてNO_XやCO_2の排出量が少なく，また，SO_Xは排出しない。

(1)　A，B
(2)　A，B，D
(3)　A，C
(4)　A，C，D
(5)　B，D

〔解説〕

A，C，D　都市ガスのほとんどは，天然ガスを原料としている。

天然ガス（都市ガス）は，メタン（CH_4）などの炭化水素を主成分として，液体，固体燃料に比べると成分中の炭素（C）に対する水素の比率が高いので，同じ熱量の燃料を燃焼させた場合，CO_2の発生割合は，石炭の約60 %，液体燃料の約75 %で温室効果ガス削減に有効である。

また，燃料中に窒素，硫黄分が少ないため，窒素酸化物（NO_X）の排出量が少なく，また硫黄酸化物（SO_X）はほとんど排出しない。

都市ガスの発熱量（低）は，一般に40.6 MJ/m^3_Nである。また，空気に対する比重は，0.64であり，空気より軽い。

B　液化石油ガス（Liquefied Petroleum Gas）の中で燃料ガスとして一般的に使用されているのは，プロパン及びブタンである。これらは，常温常圧では気体であるが，通常は加圧液化して貯蔵する。

液化石油ガスの特徴としては，高発熱量はプロパンが99.1 MJ/m^3_N，ブタンが128 MJ/m^3_Nと高く，硫黄分がほとんどない，空気より重い，気化潜熱が大きい等がある。

LPGの比重（空気＝１）

プロパン：1.52
ブタン　：2.00

したがって，適切なもののみを全て挙げた組合せはA，B，Dなので答えは(2)である。

〔答〕(2)

〔ポイント〕　気体燃料の特徴と種類について理解すること「最短合格3.1.3 [1]，[2]」，「教本3.1.3 (1)，(2)」。

問 4　ボイラーの液体燃料の供給装置について，適切でないものは次のうちどれか。

(1)　燃料油タンクは，用途により貯蔵タンクとサービスタンクに分類される。
(2)　サービスタンクには，油面計，温度計，自動油面調節装置などを取り付ける。
(3)　サービスタンクの貯油量は，一般に最大燃焼量の２時間分程度とする。
(4)　油ストレーナは，油中の，ごみや水分などを除去するもので，オートクリーナなどがある。
(5)　燃料油にＡ重油の粘度以下及び軽質油を用いる場合は，一般に油加熱器を必要としないことが多い。

〔解説〕 燃料油タンクは，貯蔵タンク（ストレージタンク）とサービスタンクに分類される。

(a)　貯蔵タンク（ストレージタンク）

地下に設置する場合と地上に設置する場合があり，通常１週間から１か月の使用量の燃料油を受け入れて貯蔵する例が多く，フロート式の液面計など装備してタンク内の残油量を管理する。

燃料受入れの油送入管はタンク上部に，油取出し管はタンク底部から20 ～ 30 cm上方に取付けている。

(b)　サービスタンク

ボイラーの燃焼設備に，燃料油を円滑に供給する油だめの役目をなすもので，サービスタンクの貯油量は燃焼設備の定格油量の２時間分程度の容量が一般的である。

サービスタンクには，フロート式の液面調節器（フロートスイッチ）を設けて液位の調節（自動油面調節装置）を行っている。

液面調節器には，移送用ポンプを発停するための上限・下限リミットスイッチのほかに，異常低位，異常高位の警報用接点が設けられる。

また，油ストレーナは，ポンプ，バーナを支障なく作動させるため，油中の土砂，鉄さび，ごみその他の固形物を除去するものである。しかし，水分は除去できない。

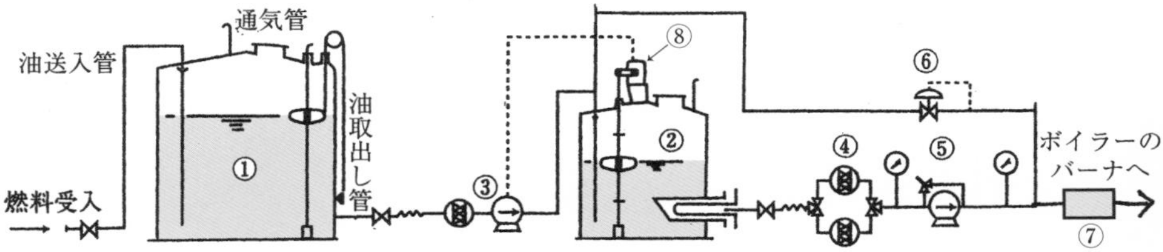

①貯蔵タンク（ストレージタンク）　②サービスタンク　③移送ポンプ　④吸込み側ストレーナ
⑤噴燃ポンプ　⑥油圧調節弁　⑦油加熱器　⑧自動油面調節装置

図　燃料油タンク廻りの系統

したがって，問の(4)の記述は適切でない。

〔答〕 (4)

〔ポイント〕 ボイラーの液体燃料の油タンクと供給装置について理解すること「最短合格3.2.2 ④」，「教本3.2.2 (4)」。

問 5　ボイラーにおける燃料の燃焼について，適切でないものは次のうちどれか。

(1)　燃焼には，燃料，空気及び温度の三つの要素が必要である。
(2)　理論空気量を A_0，実際空気量を A，空気比を m とすると，$A = mA_0$ という関係が成り立つ。
(3)　実際空気量は，一般の燃焼では，理論空気量より多い。
(4)　一定量の燃料を完全燃焼させるときに，燃焼速度が遅いと燃焼がゆっくり進行するので，狭い燃焼室でも良い。
(5)　燃焼ガスの成分割合は，燃料の成分，空気比及び燃焼の方法によって変わる。

〔解説〕

(1)　ボイラーにおける燃焼は，燃料（可燃物）と空気（酸素）が燃焼室で反応するものであるが，燃料と空気を単に接触させただけでは燃焼は行われない。点火源，燃料及び燃焼室の温度が燃料の着火温度以上に維持されていなければならない。

すなわち，燃焼には燃料，空気及び温度の三つの要素が必要とされる。

(2)，(3)　燃焼に必要な最少の空気量を理論空気量という。実際の燃焼に際して送入される空気量を実際空気量といい，一般の燃焼では理論空気量より大きい。理論空気量に対する実際空気量の比を空気比（m）という。

$$m = \frac{\text{実際空気量}\ (A)}{\text{理論空気量}\ (A_0)} \qquad A = mA_0$$

理論・実際空気量の単位は，液体及び固体燃料では（m^3_N/kg）で表し，気体燃料では（m^3_N/m^3_N）で表す。

微粉炭燃焼の場合の空気比は，燃焼速度が他の燃料より遅いので空気比は大きい（表）。

表　燃料別空気比の概略値

燃料	空気比（m）
微粉炭	1.15 ～ 1.3
液体燃料	1.05 ～ 1.3
気体燃料	1.05 ～ 1.2

(4)　燃焼に大切なのは，着火性と燃焼速度である。着火性の良否は，燃料の性質，燃焼装置及び燃焼室の構造，空気導入部の配置などに大きく影響される。燃焼速度は，燃焼が進行する速さで，着火性がよく，燃焼速度が速いと一定量の燃料を完全燃焼させるのに狭い燃焼室で足りることになる。

したがって，問の(4)の記述は適切でない。

(5)　燃焼ガスの成分（CO，CO_2，H_2O，SO_2）は空気比及び燃焼法によって変わる。

〔答〕　(4)

〔ポイント〕　燃焼の基礎知識「最短合格3.3.1 5」，「教本3.3.1 (5)」と燃焼の要件「最短合格3.2.1」，「教本3.2.1」について理解すること。

令和2年後期と同様の問題です。（P.178参照）

問6　ボイラーの油バーナについて，適切でないものは次のうちどれか。

(1)　圧力噴霧式バーナは，油に高圧力を加え，これをノズルチップから炉内に噴出させて微粒化するものである。
(2)　戻り油式圧力噴霧バーナは，単純な圧力噴霧式バーナに比べ，ターンダウン比が広い。
(3)　高圧蒸気噴霧式バーナは，比較的高圧の蒸気を霧化媒体として油を微粒化するもので，ターンダウン比が広い。
(4)　回転式バーナは，回転軸に取り付けられたカップの内面で油膜を形成し，遠心力により油を微粒化するものである。
(5)　ガンタイプバーナは，ファンと空気噴霧式バーナを組み合わせたもので，燃焼量の調節範囲が広い。

〔解説〕
(1)　圧力噴霧式バーナは，油に高圧力を加えてノズルチップから激しい勢いで炉内に噴出させるものである。油量を減らすほど噴霧圧力は低くなり，微粒化が損なわれるので，ターンダウン比（バーナ負荷調整範囲）が狭い。
(2)　戻り油式圧力噴霧バーナは，油量の調節を戻り側で行うことにより，供給油圧を負荷に関係なくほぼ一定とすることができる。これより広い調整範囲（ターンダウン）が得られるようにしている。
(3)　蒸気（空気）噴霧式バーナは，圧力を有する蒸気又は空気（霧化媒体）をバーナ先端の混合室で油と混合して，油の霧化に利用するためターンダウン比が広い。
(4)　回転式バーナは，回転軸に取り付けられたカップの内面で油膜を形成し，遠心力により油を微粒化する。回転式バーナは，中・小容量ボイラーに用いられている。
(5)　ガンタイプバーナは，その形がピストルに似ているためこう呼ばれている。
　ファンと圧力噴霧式バーナとを組み合わせたもので，燃焼量の調節範囲が狭い。
　したがって，問の(5)の記述は適切でない。

〔答〕 (5)

〔ポイント〕 油バーナの種類とその構造及び特徴について理解すること「最短合格3.2.2 5」，「教本3.2.2 (4) ii」。

問7　ボイラーにおける気体燃料の燃焼の特徴として，適切でないものは次のうちどれか。

(1)　燃焼させるときに，微粒化や蒸発のプロセスが不要である。
(2)　空気との混合状態を比較的自由に設定でき，火炎の広がり，長さなどの調節が容易である。
(3)　安定した燃焼が得られ，点火及び消火が容易で，かつ，自動化しやすい。
(4)　ガス火炎は，油火炎に比べて，放射率が高いので，接触伝熱面での伝熱量が多い。
(5)　燃料の霧化媒体としての高圧空気や蒸気を必要としない。

〔解説〕　気体燃料は文字どおり空気と同じ気体であること，燃焼させるうえで液体燃料のような微粒化，蒸発のプロセスが不要であるため，次のような特徴がある。

①　空気との混合状態を比較的自由に設定でき，火炎の広がり，長さなどの火炎の調節が容易である。
②　安定な燃焼が得られ，点火，消火が容易で自動化しやすい。
③　重油のような燃料加熱，霧化媒体の高圧空気あるいは蒸気が不要である。
④　ガス火炎は油火炎に比べて放射率が低く，ボイラーにおいては火炉での放射伝熱量は減るが，接触伝熱面での伝熱量が増す。

　したがって，問の(4)の記述は適切でない。

〔答〕　(4)

〔ポイント〕　気体燃料の燃焼の特徴について理解すること「最短合格3.1.4」，「教本3.2.3 (2)」。

問8　ボイラーの燃料の燃焼により発生する大気汚染物質について，適切でないものは次のうちどれか。

(1)　排ガス中のNO_Xは，大部分がNOである。
(2)　排ガス中のSO_Xは，大部分がSO_2である。
(3)　フューエルNO_Xは，燃料中の窒素化合物が酸化されて生じる。
(4)　ダストは，燃料の燃焼により分解した炭素が遊離炭素として残存したものである。
(5)　SO_Xは，NO_Xとともに酸性雨の原因となる。

〔解説〕　大気汚染防止法においては硫黄酸化物（SO_X），窒素酸化物（NO_X），ばいじん等を包括して，ばい煙と称している。

(a)　硫黄酸化物（SO_X）

ボイラーの煙突から排出される硫黄の酸化物は二酸化硫黄（SO_2）が主で，数％の三酸化硫黄（SO_3）があり，このほかに硫黄の酸化物としては数種類のものが微量に含まれており，これらを総称して硫黄酸化物（SO_X）という。

SO_Xは，人の呼吸器の障害を起こすほか，酸性雨の原因となる。

(b)　窒素酸化物（NO_X）

一般に窒素化合物で大気汚染物質として問題視されるのは，一酸化窒素（NO）と二酸化窒素（NO_2）である。このほかに数種類の化合物があり，これらを総称して窒素酸化物（NO_X）という。

燃料を空気中で燃焼した場合は主としてNOが発生し，NO_2は少量発生するにすぎない。燃焼室で発生したNOの中には，煙突から排出されて，大気中に拡散する間に，酸化されてNO_2になるのもある。

燃焼により生じるNO_Xには，燃焼に使用された空気中の窒素が高温条件下で酸素と反応して生成するサーマルNO_Xと燃料中の窒素化合物から酸化して生じるフューエルNO_Xの二種類がある。

NO_Xは，酸性雨の原因となる。

(c)　ばいじん

ボイラーにおいて，燃料を燃焼させる際に発生する固体微粒子には，すすとダストがある。ダストは，灰分が主体で，これに若干の未燃分が含まれたものである。すすは，燃料の燃焼により分解した炭素が遊離炭素として残存したものである。すなわち，燃料中の炭化水素は燃焼により分解し，H（水素原子）はH_2O（水）に，C（炭素）はCO_2（二酸化炭素）になるが，その際，冷却などにより反応が中断されたり，酸素が十分に供給されなかったりすると分解した炭素がそのまま遊離炭素として残存する。

ばいじんは，人体の呼吸器の障害となる。

問の(1)，(2)，(3)，(5)の記述は正しい。

問の(4)の記述は適切でない。正しくは，ダストは灰分が主体である。

〔答〕　(4)

〔ポイント〕　大気汚染物質（SO_X, NO_X，ばいじん）の生成について理解すること「最短合格3.2.5」，「教本3.2.5」。

問9　次の文中の［　　　］内に入れるAからCまでの語句の組合せとして，適切なものは(1)～(5)のうちどれか。

「［　A　］燃焼における［　B　］は，燃焼装置にて燃料の周辺に供給され，初期燃焼を安定させる。また，［　C　］は，旋回又は交差流によって燃料と空気の混合を良好に保ち，燃焼を完結させる。」

	A	B	C
(1)	流動層	一次空気	二次空気
(2)	流動層	二次空気	一次空気
(3)	油・ガスだき	一次空気	二次空気
(4)	油・ガスだき	二次空気	一次空気
(5)	火格子	一次空気	二次空気

〔解説〕　油・ガスだき燃焼における一次空気と二次空気は次の役割がある。

一次空気は，噴射された燃料の周辺に供給され初期燃焼（着火，油の場合は気化を含む）を安定させる。

二次空気は，旋回又は交差流によって燃料と空気の混合を良好に保ち，低空気比で燃焼を完結させる。

したがって，A：油・ガスだき，B：一次空気，C：二次空気となるため，適切な組合せは問の(3)である。

〔答〕　(3)

〔ポイント〕　ガスだき燃焼における一次空気と二次空気について理解すること「最短合格3.3.1.［4］」，「教本3.3.1 (4)」。

問10　ボイラーの通風に関して，適切でないものは次のうちどれか。

(1)　通風を起こさせる圧力差を通風力という。
(2)　煙突によって生じる自然通風力は，煙突の高さが高いほど強くなる。
(3)　押込通風は，燃焼用空気をファンを用いて，大気圧より高い圧力の炉内に押し込むものである。
(4)　誘引通風は，比較的高温で体積の大きな燃焼ガスを取り扱うので，大型のファンを必要とする。
(5)　平衡通風は，燃焼ガスの外部への漏れ出しはないが，誘引通風より大きな動力を必要とする。

〔解説〕

①　通風は，炉及び煙道を通して起こる空気及び燃焼ガスの流れをいう。
②　この通風を起こさせる圧力差を通風力という。
③　通風には，煙突だけによる自然通風と機械的方法による人工通風がある。
④　自然通風の通風力は弱い。自然通風力は，外気の密度と煙突内ガスの密度との差に煙突の高さを乗じて求める。

通風力　$h=(\rho_a-\rho_g)gH$〔Pa〕

ρ_a：外気の密度〔kg/m^3〕
ρ_g：煙突内ガス密度〔kg/m^3〕
H：煙突の高さ〔m〕
g：重力加速度〔9.8 m/s^2〕

ρ_g（煙突内ガス密度）は，ガス温度が高いほど小さくなるので，通風力は大きくなる。また，煙突の高さが高いほど，通風力は大きくなる。

⑤　人工通風は，ファンなどを使用するので，大容量から小容量ボイラーに至るまで広く用いられ，次の３種類がある。

(a)　押込通風：押込ファンを用いて，燃焼用空気を大気圧より高い圧力の炉内に押し込む（加圧燃焼）。空気流と燃料噴霧流との混合が有効に利用できるので，燃焼効率が高まる。炉内に漏れ込む空気がなく，ボイラー効率が向上するが，気密が不十分だと，燃焼ガスが外部に漏れる。所要動力が小さいので広く用いられている。

(b)　誘引通風：煙道又は煙突入口に設けたファンを用いて，燃焼ガス（高温のガス）を誘引するので，燃焼ガスの外部への漏れ出しがない。大型のファンを要し，所要動力が大きい。そのため，炉内圧は大気圧より低くなる。誘引通風は高温ガスを誘引するので，ガス中に腐食，摩耗性のものが含まれると損傷しやすい。

(c)　平衡通風：押込ファンと誘引ファンを併用したもので，炉内圧は大気圧よりわずかに低く調節するのが普通である。押込通風より大きな動力を必要とするが，誘引通風より動力は少ない。

各通風方式の動力の比較（同一の通風条件）：押込通風<平衡通風<誘引通風
したがって，問の(5)の記述は適切でない。

〔答〕　(5)

〔ポイント〕　人工通風の種類と特徴及び自然通風の通風力について理解すること「最短合格3.3.2 [1]，[2]」，「教本3.3.2 (1)，(2)」

令和４年後期：燃料及び燃焼に関する知識

問１　次の文中の□内に入れるＡからＣまでの語句の組合せとして，正しいものは(1)～(5)のうちどれか。

「燃料の工業分析では，［A］を気乾試料として，水分，灰分及び［B］を測定し，残りを［C］として質量（％）で表す。」

	A	B	C
(1)	気体燃料	水素分	酸素分
(2)	気体燃料	揮発分	炭素分
(3)	固体燃料	揮発分	固定炭素
(4)	固体燃料	固定炭素	揮発分
(5)	液体燃料	硫黄	酸素

〔解説〕　液体燃料及び固体燃料には元素分析が，気体燃料には成分分析が用いられる。なお，石炭などの固体燃料の場合は，工業分析を行う。

(a)　元素分析 ― 液体，固体燃料の組成である炭素，水素，窒素及び硫黄を測定し，100からそれらの成分を差し引いた値を酸素として扱う分析で，質量（％）で表される。

(b)　成分分析 ― 気体燃料のメタン，エタン等の含有成分を測定するもので，体積（％）で表される。

(c)　工業分析 ― 固体燃料を気乾試料として，水分，灰分及び揮発分を測定し，残りを固定炭素として質量（％）で表す。

　したがって，正しい語句の組合せは，問の(3)の

・Ａ ― 固体燃料
・Ｂ ― 揮発分
・Ｃ ― 固定炭素

である。

〔答〕　(3)

〔ポイント〕　液体燃料，固体燃料及び気体燃料の分析について理解すること「最短合格3.1.1 ［1］」，「教本3.1.1 (4)」。

問2　次の文中の[　　]内に入れるA及びBの語句の組合せとして，適切なものは(1)～(5)のうちどれか。

「液体燃料を加熱すると[A]が発生し，これに小火炎を近づけると瞬間的に光を放って燃え始める。この光を放って燃える最低の温度を[B]という。」

	A	B
(1)	酸素	引火点
(2)	酸素	発火温度
(3)	蒸気	発火温度
(4)	蒸気	引火点
(5)	水素	着火温度

〔解説〕　燃焼とは，光と熱の発生を伴う急激な酸化反応である。ボイラーにおける燃焼は，燃料（可燃物）と空気（酸素）が燃焼室で反応するものであるが，燃料と空気を単に接触させただけでは燃焼は行われない。点火源並びに燃料及び燃焼室の温度が，燃料の着火温度以上に維持されていなければならない。

すなわち，燃焼には燃料，空気及び温度の三つの要素が必要とされる。

燃焼に大切なのは，着火性と燃焼速度である。着火性の良否は，燃料の性質，燃焼装置及び燃焼室の構造，空気導入部の配置などに大きく影響される。燃焼速度は，燃焼が進行する速さで，着火性がよく，燃焼速度が速いと一定量の燃料を完全燃焼させるのに狭い燃焼室で足りることになる。

引火点　：液体燃料が加熱されると蒸気を発生し，これに小火炎を近づけると瞬間的に光を放って燃え始める最低の温度。

着火温度：燃料を空気中で加熱すると温度が徐々に上昇し，他から点火しないで自然に燃え始める最低の温度。

したがって，正しい組合せはA：蒸気，B：引火点であり，答えは問の(4)である。

〔答〕　(4)

〔ポイント〕　燃料概論「最短合格3.1.1 [3]」，「教本3.1.1 (5)」と燃焼の要件「最短合格3.2.1 [1]～[3]」，「教本3.2.1」について理解すること。

問３　重油の性質に関するＡからＤまでの記述で，正しいもののみを全て挙げた組合せは，次のうちどれか。

Ａ　重油の密度は，温度が上昇すると増加する。
Ｂ　流動点は，重油を冷却したときに流動状態を保つことのできる最低温度で，一般に温度は凝固点より2.5 ℃高い。
Ｃ　凝固点とは，油が低温になって凝固するときの最高温度をいう。
Ｄ　密度の小さい重油は，密度の大きい重油より単位質量当たりの発熱量が大きい。

(1)　Ａ，Ｂ，Ｃ
(2)　Ａ，Ｄ
(3)　Ｂ，Ｃ
(4)　Ｂ，Ｃ，Ｄ
(5)　Ｃ，Ｄ

〔解説〕　重油は，動粘度によりＡ重油，Ｂ重油及びＣ重油に分類される。
　その重油の燃焼性を表す粘度，引火点，炭素，硫黄分，残留炭素及び発熱量などは密度に関連する。通常，密度の大きいものほど難燃焼である。

Ａ　重油の密度は，温度により変化し，温度が上昇すると減少する（図）。
　重油の体膨張係数は約0.0007/℃なので，温度が１℃上昇するごとに約0.0007g/cm^{3}減少する。
　したがって，問のＡの記述は誤りである。

Ｂ　流動点とは，油を冷却したときに流動状態を保つことができる最低温度で，一般的に凝固点より2.5 ℃高い温度をいう。Ｃ重油の流動点は，規格に規定はなく，劣質のものでは18 ℃くらいのものもある。流動点の高い油は，予熱や配管などの加熱・保温を行い，流動点以上にして取り扱う必要がある。
　したがって，問のＢの記述は正しい。

Ｃ　凝固点とは，油が低温になって流動性をまったく失い，凝固する時の最高温度をいう。
　流動点とは，油を冷却した時に流動状態を保つことができる最低温度をいう。
　したがって，問のＣの記述は正しい。

Ｄ　密度が大きい重油は，密度の小さい重油より発熱量は小さい（表）。Ｃ重油はＡ重油に比べて密度は大きいが，単位質量当たりの発熱量は小さい。

	密度	低発熱量
Ａ重油	0.86 g/cm^3	42.7 MJ/kg
Ｃ重油	0.93 g/cm^3	40.9 MJ/kg

　したがって，正しいもののみを全て挙げた組合せはＢ，Ｃ，Ｄであり，答えは問の(4)である。

表　液体燃料の種類と燃焼性

	Ｃ重油	Ｂ重油	Ａ重油
イ）密度	大きい	⟶	小さい
ロ）低発熱量	小さい	⟶	大きい
ハ）引火点	高い	⟶	低い
ニ）粘度	高い	⟶	低い
ホ）凝固点	高い	⟶	低い
へ）流動点	高い	⟶	低い
ト）残留炭素	多い	⟶	少ない
チ）硫黄	多い	⟶	少ない

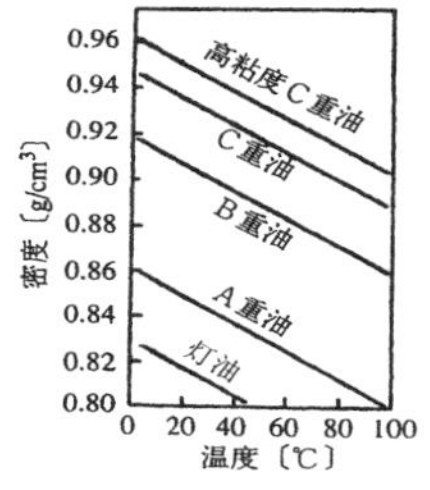

図　燃料油の温度による密度の変化

〔答〕　(4)
〔ポイント〕　重油の性質について理解すること「最短合格3.1.2」，「教本3.1.2」。

問４　油だきボイラーにおける重油の加熱に関するＡからＤまでの記述で，適切なもののみを全て挙げた組合せは，次のうちどれか。

Ａ　軽油やＡ重油は，一般に加熱を必要としない。
Ｂ　加熱温度が低すぎると，振動燃焼となる。
Ｃ　加熱温度が高すぎると，すすが発生する。
Ｄ　加熱温度が高すぎると，バーナ管内で油が気化し，ベーパロックを起こす。

(1)　Ａ
(2)　Ａ，Ｂ，Ｄ
(3)　Ａ，Ｃ，Ｄ
(4)　Ａ，Ｄ
(5)　Ｂ，Ｃ

〔解説〕　粘度の高い重油（Ｂ重油，Ｃ重油）は，加熱して噴霧に適当な粘度に下げる必要がある（図）。

加熱温度は，Ｂ重油 ― 50 ℃～ 60 ℃
　　　　　　Ｃ重油 ― 80 ℃～ 105 ℃が一般的である。

加熱温度が低すぎたり，高すぎたりすると，次のような障害が発生する。

加熱温度が低すぎるとき，
①　霧化不良となり，燃焼が不安定となる。
②　すすが発生し，炭化物（カーボン）が付着する。

加熱温度が高すぎるとき
①　バーナ管内で油が気化し，ベーパロックを起こす。
②　噴霧状態にむらができ，息づき燃焼となる。
③　炭化物生成の原因となる。

問のＡとＤが正しい。

したがって，適切なもののみを全て挙げた組合せは(4)である。

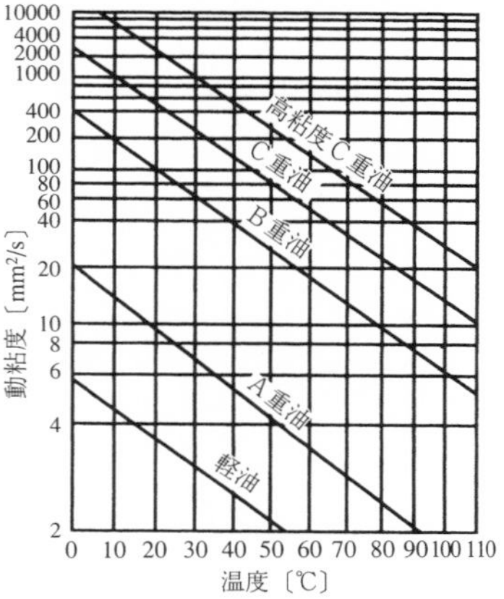

図　燃料油動粘度の温度による変化

〔答〕　(4)

〔ポイント〕　重油の加熱目的及び障害について理解すること「最短合格3.2.2 ②，③」，「教本3.2.2 (2) ii，(3)」。

問5　ボイラーの油バーナについて，誤っているものは次のうちどれか。

(1)　圧力噴霧式バーナは，油に高圧力を加え，これをノズルチップから炉内に噴出させて微粒化するものである。

(2)　プランジャ式圧力噴霧バーナは，単純な圧力噴霧式バーナに比べ，ターンダウン比が狭い。

(3)　高圧蒸気噴霧式バーナは，比較的高圧の蒸気を霧化媒体として油を微粒化するもので，ターンダウン比が広い。

(4)　回転式バーナは，回転軸に取り付けられたカップの内面で油膜を形成し，遠心力により油を微粒化するものである。

(5)　ガンタイプバーナは，ファンと圧力噴霧式バーナを組み合わせたもので，燃焼量の調節範囲が狭い。

〔解説〕　重油バーナに関する問題である。

(1)　圧力噴霧式バーナは，油に高圧力を加えてノズルチップから激しい勢いで炉内に噴出させるものである。油量を減らすほど噴霧圧力は低くなり，微粒化が損なわれるので，ターンダウン比（バーナ負荷調整範囲）が狭い。

(2)　圧力噴霧式バーナは，ターンダウン比が狭いので，次の方法が併用される。

ⓐ　バーナの数を加減する。

ⓑ　ノズルチップを取り替える。

ⓒ　戻り油式圧力噴霧バーナを用いる（油量調節を戻り油側で行う）。

ⓓ　プランジャ式圧力噴霧バーナを用いる（プランジャを用いて油量調節を行う）。

問の(2)の記述は誤りである。プランジャ式圧力噴霧バーナは，問の(1)圧力噴霧式バーナに比べ，ターンダウン比は大きくなる。

(3)　蒸気（空気）噴霧式バーナは，圧力を有する蒸気又は空気（霧化媒体）をバーナ先端の混合室で油と混合して，油の霧化に利用するためターンダウン比が広い。

(4)　回転式バーナは，回転軸に取り付けられたカップの内面で油膜を形成し，遠心力により油を微粒化する。

回転式バーナは，中・小容量ボイラーに用いられている。

(5)　ガンタイプバーナは，その形がピストルに似ているためこう呼ばれている。ファンと圧力噴霧式バーナとを組み合わせたもので，燃焼量の調節範囲が狭い。

〔答〕　(2)

〔ポイント〕　油バーナの種類とその構造及び特徴について理解すること「最短合格3.2.2 5」，「教本3.2.2 (4) ii」。

問6　ボイラー用固体燃料と比べた場合のボイラー用気体燃料の特徴として，誤っているものは次のうちどれか。

(1)　成分中の炭素に対する水素の比率が低い。
(2)　発生する熱量が同じ場合，CO_2の発生量が少ない。
(3)　燃料中の硫黄分や灰分が少なく，公害防止上有利で，また，伝熱面や火炉壁を汚染することがほとんどない。
(4)　燃料費は割高である。
(5)　漏えいすると，可燃性混合気を作りやすく，爆発の危険性が高い。

〔解説〕　気体燃料の特徴は，次のとおりである。

①　炭酸ガス（CO_2）の排出量が少ない。
　気体燃料は，メタン（CH_4）などの炭化水素を主成分として，液体，固体燃料に比べると成分中の炭素（C）に対する水素の比率が高いので，同じ熱量を燃焼させた場合，CO_2（二酸化炭素）の発生割合は，石炭の約60 %，液体燃料の約75 %で温室効果ガス削減に有効である。

②　クリーンである。
　燃料中の硫黄，窒素が少なく，灰分が含まれないので，ばい煙の発生量がほとんどなく，伝熱面，火炉壁を汚染することがほとんどない。また，バーナの閉そく，摩耗，汚れ及び作業環境の汚れも少ない。

③　気体燃料は気体なので，燃焼させるうえで液体燃料のような微粒化，蒸発のプロセスが不要である。

④　空気との混合状態を比較的自由に設定でき，火炎の広がり，長さなどの火炎の調節が容易である。

⑤　安定な燃焼が得られ，点火，消火が容易で自動化しやすい。

⑥　重油のような燃料加熱，霧化媒体の空気あるいは蒸気が不要である。

⑦　ガス火炎は，油火炎に比べて放射率が低いため，放射伝熱量は減る。

⑧　気体燃料は，いったん漏えいすると可燃混合気を作りやすく爆発の危険があり，漏えい防止，漏えい検知などに十分留意する必要がある。LPGは密度が大きいため窪み部等の底部に滞留しやすく，他の気体燃料とは違った配慮が必要である。

⑨　燃料費は，液体燃料，固体燃料に比べて割高である。
　したがって，問の(1)の記述は誤りである。正しくは，固体燃料（石炭）と比較して気体燃料（天然ガス）は炭素（C）に対する水素（H）の比率は高い。

　石炭（れき青炭）　　C/H　16.3 ～ 14.2
　天然ガス（13A CH_4）　C/H　3.02

〔答〕　(1)

〔ポイント〕　気体燃料の特徴を理解すること「最短合格3.1.3 [1]」，「教本3.1.3 (1)」。

問7　重油燃焼によるボイラー及び附属設備の低温腐食の抑制方法として，誤っているものは次のうちどれか。

(1)　硫黄分の少ない重油を選択する。
(2)　燃焼ガス中の酸素濃度を上げる。
(3)　給水温度を上昇させて，エコノマイザの伝熱面の温度を高く保つ。
(4)　蒸気式空気予熱器を用いて，ガス式空気予熱器の伝熱面の温度が低くなり過ぎないようにする。
(5)　重油に添加剤を加え，燃焼ガスの露点を下げる。

〔解説〕　重油燃焼による低温腐食は，重油中の硫黄分の燃焼により生成された二酸化硫黄が過剰の酸素と反応し三酸化硫黄となり，それが燃焼ガス中の水蒸気と結びついて硫酸蒸気（H_2SO_4）を生成する。この硫酸蒸気が燃焼ガス流路の低温部に接触し，露点以下になると凝縮する。

$$S + O_2 \rightarrow SO_2$$
$$SO_2 + 1/2\ O_2 \rightarrow SO_3$$
$$SO_3 + H_2O \rightarrow H_2SO_4$$

したがって，低温腐食を抑制するには，次の処理を講ずることが必要である。

①　硫黄分の少ない重油を選択する。
②　排ガスのO_2%を下げ，二酸化硫黄（SO_2）から三酸化硫黄（SO_3）への転換を抑制して，燃焼ガスの露点を下げる。
③　給水温度を上昇させて，エコノマイザの伝熱面の温度を高く保つ。
④　蒸気式空気予熱器を用いて，ガス式空気予熱器の伝熱面の温度が低くなり過ぎないようにする。
⑤　低温伝熱面に耐食材料を使用する。
⑥　低温伝熱面の表面の保護被膜を用いる。
⑦　燃焼室及び煙道への空気漏入を防止し，煙道ガスの温度低下を防ぐ。
⑧　添加剤を使用し，燃焼ガスの露点を下げる。

したがって，問の(2)の記述は誤りであり、正しくは、酸素濃度を下げ，二酸化硫黄（SO_2）から三酸化硫黄（SO_3）への転換を抑制して，燃焼ガスの露点を下げる。

〔答〕　(2)

〔ポイント〕　低温腐食について理解すること「最短合格3.2.2 [3]」，「教本3.2.2 (3)」。

問8　ボイラー用ガスバーナについて，誤っているものは次のうちどれか。

(1)　ボイラー用ガスバーナは，ほとんどが拡散燃焼方式を採用している。
(2)　拡散燃焼方式ガスバーナは，空気の流速・旋回強さ，ガスの分散・噴射方法，保炎器の形状などにより，火炎の形状やガスと空気の混合速度を調節する。
(3)　センタータイプガスバーナは，空気流中に数本のガスノズルを有し，ガスノズルを分割することによりガスと空気の混合を促進する。
(4)　リングタイプガスバーナは，リング状の管の内側に多数のガス噴射孔を有し，ガスを空気流の外側から内側に向けて噴射する。
(5)　ガンタイプガスバーナは，バーナ，ファン，点火装置，燃焼安全装置，負荷制御装置などを一体化したもので，中・小容量のボイラーに用いられる。

〔解説〕　ガスバーナには，拡散形と予混合形バーナがあるが，ボイラー用にはほとんど拡散形バーナが使用される。

①　予混合形バーナは，主にパイロットバーナとして使用され，パイロット火炎を保護するリテンション・リングが取り付けられているので，混合ガスの流速が極めて速くなってきても吹き消えず，火炎の安定範囲が広い。

②　拡散形バーナは，ガスと空気を別々に噴出し拡散混合しながら燃焼させるバーナで，燃焼量が調節できる範囲が広く逆火の危険性が少ないので，ボイラー用ガスバーナはほとんどが拡散燃焼方式を利用している。ガスバーナは空気の流速，旋回強さ，ガスの分散・噴射方式，スタビライザ（保炎器）の形状などで，火炎の形状，ガスと空気の混合速度を調節して，目的に合った火炎を形成している。一般的に，燃料ガスの噴出方法により，次のように分類されている（図）。

ⓐ　センタータイプ：1本のバーナ管の先端に複数個のガス噴射ノズルを設けたもの。
ⓑ　リングタイプ　：バーナタイル近傍にリング状のバーナ管を設けたもの。
ⓒ　マルチスパッド：バーナ管を複数設けたもの。
ⓓ　ガンタイプ　　：バーナ，ファン，点火装置，火炎検出器を含めた燃焼安全装置，制御装置などを一体としたもの。中・小容量ボイラー用バーナとして用いられる。

したがって，問の(3)の記述はマルチスパッドガスバーナについての説明であり，センタータイプガスバーナについての説明ではないので誤りである。

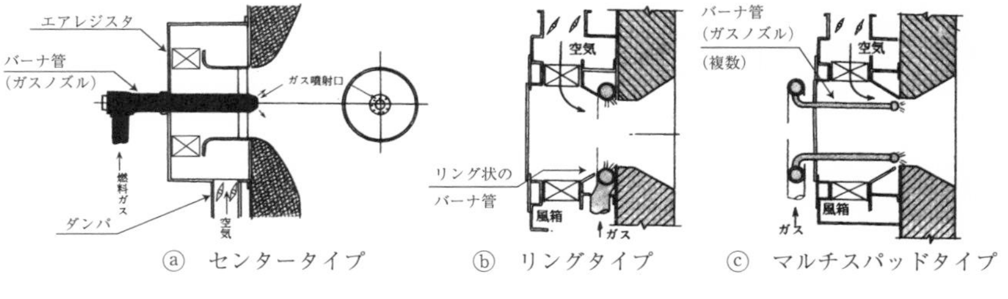

ⓐ　センタータイプ　　ⓑ　リングタイプ　　ⓒ　マルチスパッドタイプ

図　ガスバーナ

〔答〕　(3)

〔ポイント〕　ボイラー用ガスバーナについて理解すること「最短合格3.2.3 1，3」，「教本3.2.3 (1)，(3)」。

問９　ボイラーの通風に関するＡからＤまでの記述で，適切なもののみを全て挙げた組合せは，次のうちどれか。

Ａ　誘引通風は，燃焼ガス中に，すす，ダスト及び腐食性物質を含むことが多く，ファンの腐食や摩耗が起こりやすい。
Ｂ　押込通風は，一般に，常温の空気を取り扱い，所要動力が小さいので，油だきボイラーなどに広く用いられている。
Ｃ　誘引通風は，比較的高温で体積の大きな燃焼ガスを取り扱うので，炉内の気密が不十分であると燃焼ガスが外部へ漏れる。
Ｄ　平衡通風は，燃焼調節が容易で，通風抵抗の大きなボイラーでも強い通風力が得られる。

(1)　Ａ
(2)　Ａ，Ｂ，Ｄ
(3)　Ａ，Ｃ
(4)　Ｂ，Ｃ，Ｄ
(5)　Ｂ，Ｄ

〔解説〕
①　通風は，炉及び煙道を通して起こる空気及び燃焼ガスの流れをいう。
②　この通風を起こさせる圧力差を通風力という。
③　通風には，煙突だけによる自然通風と機械的方法による人工通風がある。
④　自然通風の通風力は弱い。自然通風力は，外気の密度と煙突内ガスの密度との差に煙突の高さを乗じて求める。

通風力　$h=(\rho_a-\rho_g)\,gH$〔Pa〕

ρ_a：外気の密度〔kg/m^3〕　　ρ_g：煙突内ガス密度〔kg/m^3〕
H：煙突の高さ〔m〕　　g　：重力加速度〔$9.8\ m/s^2$〕

ρ_g（煙突内ガス密度）は，ガス温度が高いほど小さくなるので，通風力は大きくなる。また，煙突の高さが高いほど，通風力は大きくなる。

⑤　人工通風は，ファンなどを使用するので，大容量から小容量ボイラーに至るまで広く用いられ，次の３種類がある。
(a)　押込通風：押込ファンを用いて，燃焼用空気を大気圧より高い圧力の炉内に押し込む（加圧燃焼）。空気流と燃料噴霧流との混合が有効に利用できるので，燃焼効率が高まる。炉内に漏れ込む空気がなく，ボイラー効率が向上するが，気密が不十分だと，燃焼ガスが外部に漏れる。
(b)　誘引通風：煙道又は煙突入口に設けたファンを用いて，燃焼ガス（高温のガス）を誘引するので，大型ファンを要し，所要動力が大きい。そのため，炉内圧は大気圧より低くなる。誘引通風は高温ガスを誘引するので，ガス中に腐食，摩耗性のものが含まれると損傷しやすい。
(c)　平衡通風：押込ファンと誘引ファンと併用したもので，炉内圧は大気圧よりわずかに低く調節するのが普通である。その結果，燃焼ガスが外部に漏れることはない。押込通風より大きな動力を必要とするが，誘引通風より動力は少ない。

これらのことから，問のＡ，Ｂ，Ｄの記述は適切である。
したがって、正しいもののみを全て挙げた組合せは(2)である。

〔答〕　(2)
〔ポイント〕　人工通風の種類と特徴及び自然通風の通風力について理解すること「最短合格3.3.2 1，2」，「教本3.3.2 (1)，(2)」。

問10　ボイラーの熱損失に関し，次のうち誤っているものはどれか。

(1)　排ガス熱によるものがある。
(2)　不完全燃焼ガスによるものがある。
(3)　ボイラー周壁からの放散熱によるものがある。
(4)　ドレンや吹出しによるものは含まれない。
(5)　熱伝導率が小さく，かつ，一般に密度の小さい保温材を用いることにより熱損失を小さくできる。

〔解説〕　ボイラーの熱損失には，次のものがある。

①　燃えがら中の未燃分による損失
石炭燃焼の場合，火格子に残る可燃分をいう。油だき及びガスだきの場合は，ほぼ0である。

②　不完全燃焼ガスによる損失
燃焼ガス中にCOやH_2などの未燃ガスが残ったときの損失で，燃焼が不完全なときに生じる。

③　排ガス熱による損失
ボイラーから煙突へ排出されるガスの保有熱による損失で，ボイラーの熱損失中で最も大きいものである。
排ガス熱は，排ガス量が多い（空気比が大)。また，排ガス温度が高いほど大きくなる。

④　ボイラー周壁からの放熱損失

⑤　蒸気や温水の漏れ，ドレン及びブロー（連続・間欠吹出し)，その他の熱損失

したがって，問の(4)の記述は誤りである。

〔答〕 (4)

〔ポイント〕　ボイラーの熱損失について理解すること「最短合格3.3.1 5」，「教本3.3.1 (5)」。

■ 令和４年前期：燃料及び燃焼に関する知識 ■

問１　ボイラーにおける石炭燃焼と比較した重油燃焼の特徴として，誤っているものは次のうちどれか。

(1)　完全燃焼させるときに，より大きな量の過剰空気が必要となる。
(2)　ボイラーの負荷変動に対して，応答性が優れている。
(3)　燃焼温度が高いため，ボイラーの局部過熱及び炉壁の損傷を起こしやすい。
(4)　クリンカの発生が少ない。
(5)　急着火及び急停止の操作が容易である。

〔解説〕　石炭燃焼と比べた場合の重油燃焼の特徴に関する問題である。重油燃焼は石炭燃焼に比べ，次のような特徴がある。

長所

①　重油の発熱量は，石炭より高い。
　　重油の発熱量：40～45 MJ/kg
　　石炭の発熱量：20～35 MJ/kg
②　貯蔵中に発熱量の低下や自然発火のおそれがない。
③　運搬や貯蔵管理が容易である。
④　ボイラーの負荷変動に対応して，応答性が優れている。
⑤　燃焼操作が容易で，労力を要することが少ない。
⑥　重油は，バーナで霧化されているため，少ない過剰空気で燃焼させることができる。
⑦　重油は，灰分が少ないので，すす，ダスト，クリンカ（石炭灰が溶融して固まったもの）の発生が少なく，灰処理の必要がない。
⑧　急着火，急停止の操作が容易である。

短所

①　石炭と比べ重油の発熱量は大きいため燃焼温度が高くなるので，ボイラーの局部過熱及び炉壁の損傷を起こしやすい。
②　油の漏れ込み，点火操作などに注意しないと，炉内ガス爆発を起こすおそれがある。
③　油の成分によっては，ボイラーを腐食させ，又は大気を汚染する。
④　油の引火点が低いため，火災防止に注意を要する。
⑤　バーナの構造によっては，騒音を発生しやすい。

したがって，問の(1)の記述は誤りである。

〔答〕　(1)

〔ポイント〕　石炭燃焼と比較した重油燃焼の特徴を理解すること「最短合格3.2.2 [1]」，「教本3.2.2 (2)」。

問2　油だきボイラーにおける重油の加熱に関するAからDまでの記述で，正しいもののみを全て挙げた組合せは，次のうちどれか。

A　A重油や軽油は，一般に50～60 ℃に加熱する必要がある。
B　加熱温度が高すぎると，息づき燃焼となる。
C　加熱温度が低すぎると，すすが発生する。
D　加熱温度が低すぎると，バーナ管内でベーパロックを起こす。

(1)　A，B，C　　(4)　B，C
(2)　A，C　　(5)　B，C，D
(3)　A，D

〔解説〕　粘度の高い重油（B重油，C重油）は，加熱して噴霧に適当な粘度に下げる必要がある（図）。

加熱温度は，B重油 ― 50 ℃～60 ℃
　　　　　　C重油 ― 80 ℃～105 ℃が一般的である。

加熱温度が低すぎたり，高すぎたりすると，次のような障害がある。

加熱温度が低すぎるとき，
①　霧化不良となり，燃焼が不安定となる。
②　すすが発生し，炭化物（カーボン）が付着する。

加熱温度が高すぎるとき
①　バーナ管内で油が気化し，ベーパロックを起こす。
②　噴霧状態にむらができ，息づき燃焼となる。
③　炭化物生成の原因となる。

したがって，問のBとCが正しい。

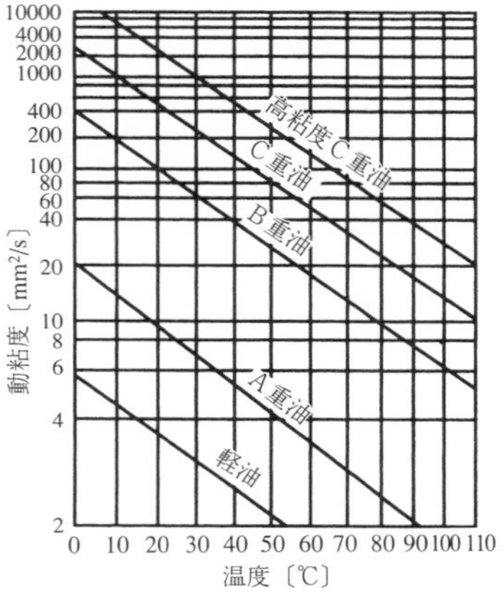

図　燃料油動粘度の温度による変化

〔答〕　(4)

〔ポイント〕　重油の加熱目的及び障害について理解すること「最短合格3.2.2 [2]，[3]」，「教本3.2.2 (2) ii，(3)」。

問 3　石炭について，誤っているものは次のうちどれか。

(1)　石炭に含まれる固定炭素は，石炭化度の進んだものほど多い。
(2)　石炭に含まれる揮発分は，石炭化度の進んだものほど少ない。
(3)　石炭に含まれる灰分が多くなると，石炭の発熱量が減少する。
(4)　石炭の燃料比は，揮発分を固定炭素で除した値である。
(5)　石炭の単位質量当たりの発熱量は，一般に石炭化度の進んだものほど大きい。

〔解説〕　石炭は，一般に炭化度の進行の度合により，褐炭，歴青炭及び無煙炭に分類され，主な性状を次の表に示す。無煙炭になると，水素，酸素はともに減少し，ほとんど炭素になる。これを石炭化作用（炭化作用ともいう）といい，石炭化度（炭化度ともいう）はその進行の度合いをいう。個体燃料の種類と性状を次の表に示す。

表　固体燃料の種類と性状

	褐炭	歴青炭	無煙炭（石炭化度が最も進んだもの）
固定炭素　質量％	30 ～ 40	45 ～ 80	70 ～ 85
灰分　質量％	2 ～ 25	2 ～ 20	2 ～ 20
揮発分　質量％	30 ～ 50	20 ～ 45	5 ～ 15
燃料比	1 以下	1.0 ～ 4.0	4.5 ～ 17
高発熱量　MJ/kg	20 ～ 29	25 ～ 35	27 ～ 35
酸素　質量％	15 ～ 30	5 ～ 15	1 ～ 5

$$※燃料比=\frac{固定炭素}{揮発分}$$

問の(4)の記述において，燃料比は，固定炭素を揮発分で除した値なので誤りである。

〔答〕　(4)

〔ポイント〕　石炭の種類と性状について理解すること「最短合格3.1.4」，「教本3.1.4」。

問 4　ボイラーにおける気体燃料の燃焼の特徴として，誤っているものは次のうちどれか。

(1)　燃焼させるときに，蒸発などのプロセスが不要である。
(2)　燃料の加熱又は霧化媒体の高圧空気が必要である。
(3)　安定した燃焼が得られ，点火及び消火が容易で，かつ，自動化しやすい。
(4)　空気との混合状態を比較的自由に設定でき，火炎の広がり，長さなどの調節が容易である。
(5)　ガス火炎は，油火炎に比べて，接触伝熱面での伝熱量が多い。

〔解説〕　気体燃料は文字どおり空気と同じ気体であること，燃焼させるうえで液体燃料のような微粒化，蒸発のプロセスが不要であるため，次のような特徴がある。

①　空気との混合状態を比較的自由に設定でき，火炎の広がり，長さなどの火炎の調節が容易である。
②　安定な燃焼が得られ，点火，消火が容易で自動化しやすい。
③　重油のような燃料加熱，霧化媒体の高圧空気あるいは蒸気が不要である。
④　ガス火炎は油火炎に比べて放射率が低く，ボイラーにおいては火炉での放射伝熱量は減るが，接触伝熱面での伝熱量が増す。

したがって，問の(2)の記述は誤りである。

〔答〕　(2)

〔ポイント〕　気体燃料の燃焼の特徴について理解すること「最短合格3.1.4」，「教本3.2.3 (2)」。

問5　次の文中の［　　］内に入れるA及びBの語句の組合せとして，正しいものは(1)～(5)のうちどれか。

「ガンタイプオイルバーナは，ファンと［ A ］式バーナとを組み合わせたもので，燃焼量の調節範囲が狭く，［ B ］動作によって自動制御を行っているものが多い。」

	A	B
(1)	圧力噴霧	比例
(2)	圧力噴霧	ハイ・ロー・オフ
(3)	圧力噴霧	オンオフ
(4)	蒸気噴霧	ハイ・ロー・オフ
(5)	空気噴霧	オンオフ

〔解説〕 ガンタイプバーナは，その形がピストルに似ているため，このように呼ばれている。図にガンタイプバーナの概要を示す。ファンと圧力噴霧式バーナとを組み合わせたものである。燃焼量の調節範囲が狭いので，オン（ON）オフ（OFF）動作によって自動制御を行っているものが多い。ガンタイプバーナは，暖房用ボイラー，その他小容量ボイラーに多く用いられている。

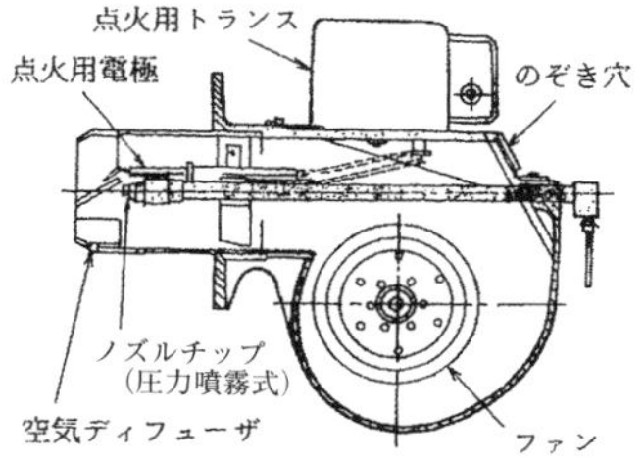

図　ガンタイプバーナの概要

したがって，正しい組合せは問の(3)である。
A：圧力噴霧
B：オンオフ

〔答〕 (3)

〔ポイント〕 油バーナの種類と特徴について理解すること「最短合格3.2.2 [5]」，「教本3.2.2 (4) (b) ii」。

問6　重油に含まれる水分及びスラッジによる障害について，誤っているものは次のうちどれか。

(1)　水分が多いと，熱損失が増加する。
(2)　水分が多いと，息づき燃焼を起こす。
(3)　水分が多いと，油管内に低温腐食を起こす。
(4)　スラッジは，弁，ろ過器，バーナチップなどを閉塞させる。
(5)　スラッジは，ポンプ，流量計，バーナチップなどを摩耗させる。

〔解説〕　重油に含まれる成分などにより，次のような障害が発生する。

(a)　水分が多いと次の障害を起こす。
　①　熱損失が増加する。
　②　息づき燃焼を起こす。
　③　貯蔵中にスラッジを形成する。
(b)　スラッジによる障害は，次のとおりである。
　①　弁，ろ過器，バーナチップなどを閉塞させる。
　②　ポンプ，流量計，バーナチップなどを摩耗させる。
(c)　灰分による障害
　①　ボイラーなどの伝熱面に付着し伝熱を阻害する。
(d)　残留炭素による障害
　①　ばいじん量が多く発生する。
(e)　硫黄分による障害
　①　ボイラー及び附属設備の低温伝熱面で低温腐食を起こす。

問の(1)，(2)，(4)，(5)の記述は正しい。
問の(3)の記述は誤りである。

〔答〕　(3)

〔ポイント〕　重油に含まれる成分などによる障害について理解すること「最短合格3.1.2 3，3.2.2 2，3」，「教本3.1.2 (2) b，3.2.2 (2) (3)」。

問7　次の文中の［　　］内に入れるAからCまでの語句の組合せとして，適切なものは(1)～(5)のうちどれか。

「［　A　］燃焼における一次空気は，燃焼装置にて燃料の周辺に供給され，［　B　］を安定させる。また，二次空気は，［　C　］によって燃料と空気の混合を良好に保ち，燃焼を完結させる。」

	A	B	C
(1)	油・ガスだき	初期燃焼	旋回又は交差流
(2)	油・ガスだき	旋回又は交差流	吹き上げ
(3)	流動層	初期燃焼	旋回又は交差流
(4)	流動層	旋回又は交差流	吹き上げ
(5)	火格子	初期燃焼	旋回又は交差流

〔解説〕　油・ガスだき燃焼における一次空気と二次空気は次の役割がある。

　一次空気は，噴射された燃料の周辺に供給され初期燃焼（着火，油の場合は気化を含む）を安定させる。

　二次空気は，旋回又は交差流によって燃料と空気の混合を良好に保ち，低空気比で燃焼を完結させる。

したがって，正しい組合せは問の(1)である。

A：油・ガスだき
B：初期燃焼
C：旋回又は交差流

〔答〕　(1)

〔ポイント〕　ガスだき燃焼における一次空気と二次空気について理解すること「最短合格3.3.1.4」，「教本3.3.1 (4)」。

問8　ボイラー用ガスバーナについて，誤っているものは次のうちどれか。

(1)　ボイラー用ガスバーナは，ほとんどが拡散燃焼方式を採用している。
(2)　センタータイプガスバーナは，空気流中に数本のガスノズルを有し，ガスノズルを分割することによりガスと空気の混合を促進する。
(3)　拡散燃焼方式ガスバーナは，空気の流速・旋回強さ，ガスの分散・噴射方法，保炎器の形状などにより，火炎の形状やガスと空気の混合速度を調節する。
(4)　リングタイプガスバーナは，リング状の管の内側に多数のガス噴射孔を有し，ガスを空気流の外側から内側に向けて噴射する。
(5)　ガンタイプガスバーナは，バーナ，ファン，点火装置，燃焼安全装置，負荷制御装置などを一体化したもので，中・小容量のボイラーに用いられる。

〔解説〕　ガスバーナには，拡散形と予混合形バーナがあるが，ボイラー用にはほとんど拡散形バーナが使用される。

①　予混合形バーナは，主にパイロットバーナとして使用され，パイロット火炎を保護するリテンション・リングが取り付けられているので，混合ガスの流速が極めて速くなってきても吹き消えず，火炎の安定範囲が広い。

②　拡散形バーナは，ガスと空気を別々に噴出し拡散混合しながら燃焼させるバーナで，燃焼量が調節できる範囲が広く逆火の危険性が少ないので，ボイラー用ガスバーナはほとんどが拡散燃焼方式を利用している。ガスバーナは空気の流速，旋回強さ，ガスの分散・噴射方式，スタビライザ（保炎器）の形状などで，火炎の形状，ガスと空気の混合速度を調節して，目的に合った火炎を形成している。一般的に，燃料ガスの噴出方法により，次のように分類されている（図）。

ⓐ　センタータイプ：１本のバーナ管の先端に複数個のガス噴射ノズルを設けたもの。
ⓑ　リングタイプ　：バーナタイル近傍にリング状のバーナ管を設けたもの。
ⓒ　マルチスパッド：バーナ管を複数設けたもの。
ⓓ　ガンタイプ　　：バーナ，ファン，点火装置，火炎検出器を含めた燃焼安全装置，制御装置などを一体としたもの。中・小容量ボイラー用バーナとして用いられる。

したがって，問の(2)の記述はマルチスパッドガスバーナについての説明であり，センタータイプガスバーナについての説明ではないので誤りである。

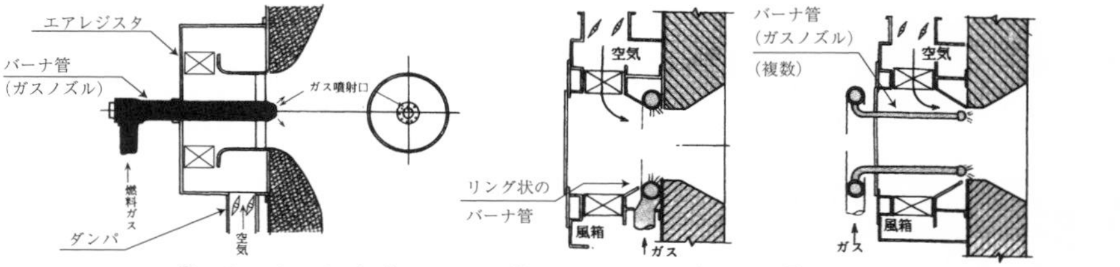

ⓐ　センタータイプ　　ⓑ　リングタイプ　　ⓒ　マルチスパッドタイプ

図　ガスバーナ

〔答〕　(2)

〔ポイント〕　ボイラー用ガスバーナについて理解すること「最短合格3.2.3 1，3」，「教本3.2.3 (1)，(3)」。

問９　ボイラーの燃料の燃焼により発生する大気汚染物質について，誤っているものは次のうちどれか。

(1)　排ガス中のSO_Xは，大部分がSO_2である。
(2)　排ガス中のNO_Xは，大部分がNOである。
(3)　燃料を燃焼させた際に発生する固体微粒子には，すすやダストがある。
(4)　すすは，燃料の燃焼により分解した炭素が遊離炭素として残存したものである。
(5)　フューエルNO_Xは，燃焼に使用された空気中の窒素が酸素と反応して生じる。

〔解説〕　大気汚染防止法においては硫黄酸化物（SO_X），窒素酸化物（NO_X），ばいじん等を包括して，ばい煙と称している。

(a)　硫黄酸化物（SO_X）

ボイラーの煙突から排出される硫黄の酸化物は二酸化硫黄（SO_2）が主で，数％の三酸化硫黄（SO_3）があり，このほかに硫黄の酸化物としては数種類のものが微量に含まれており，これらを総称して硫黄酸化物（SO_X）という。

SO_Xは，人の呼吸器の障害を起こすほか，酸性雨の原因となる。

(b)　窒素酸化物（NO_X）

一般に窒素化合物で大気汚染物質として問題視されるのは，一酸化窒素（NO）と二酸化窒素（NO_2）である。このほかに数種類の化合物があり，これらを総称して窒素酸化物（NO_X）という。

燃料を空気中で燃焼した場合は主としてNOが発生し，NO_2は少量発生するにすぎない。燃焼室で発生したNOの中には，煙突から排出されて，大気中に拡散する間に，酸化されてNO_2になるのもある。

燃焼により生じるNO_Xには，燃焼に使用された空気中の窒素が高温条件下で酸素と反応して生成するサーマルNO_Xと燃料中の窒素化合物から酸化して生じるフューエルNO_Xの二種類がある。

NO_Xは，酸性雨の原因となる。

(c)　ばいじん

ボイラーにおいて，燃料を燃焼させる際に発生する固体微粒子には，すすとダストがある。ダストは，灰分が主体で，これに若干の未燃分が含まれたものである。すすは，燃料の燃焼により分解した炭素が遊離炭素として残存したものである。すなわち，燃料中の炭化水素は燃焼により分解し，H（水素原子）はH_2O（水）に，C（炭素）はCO_2（二酸化炭素）になるが，その際，冷却などにより反応が中断されたり，酸素が十分に供給されなかったりすると分解した炭素がそのまま遊離炭素として残存する。

ばいじんは，人体の呼吸器の障害となる。

問の(1)，(2)，(3)，(4)の記述は正しい。

問の(5)の記述は誤りである。正しくは，フューエルNO_Xは燃料中の窒素化合物から酸化して生じる。

〔答〕　(5)

〔ポイント〕　大気汚染物質（SO_X, NO_X，ばいじん）の生成について理解すること「最短合格3.2.5」，「教本3.2.5」。

問10　油だきボイラーの燃焼室が具備すべき要件に関するAからDまでの記述で，正しいもののみを全て挙げた組合せは，次のうちどれか。

A　燃料と燃焼用空気との混合が有効に，かつ，急速に行われる構造であること。
B　燃焼室は，燃焼ガスの炉内滞留時間が燃焼完結時間より長くなる大きさであること。
C　バーナタイルを設けるなど，着火を容易にする構造であること。
D　バーナの火炎が伝熱面や炉壁を直射し，伝熱効果を高める構造であること。

(1)　A，B
(2)　A，B，C
(3)　A，C
(4)　A，C，D
(5)　C，D

〔解説〕　燃焼室の具備すべき一般的要件は，次のとおりである。

①　燃焼室の形状は，使用燃料の種類，燃焼装置の種類，燃焼方法などに適合するものであること。
②　燃焼室の大きさは，燃料，特に発生した可燃物の完全燃焼を完結させるのに必要なものであること。
　すなわち，燃焼ガスの炉内滞留時間を燃焼完結時間より長くすることが必要である。
③　着火を容易にするための構造を有すること。このため，必要に応じてバーナタイルあるいは着火アーチを設ける。
④　燃料と空気の混合が有効に，かつ急速に行われるような構造であること。
⑤　燃焼室に使用する耐火材は，燃焼温度に耐え長期の使用においても焼損，スラグの溶着などの障害を起こさないものであること。
⑥　炉壁は，放射熱損失の少ない構造のものであること。また，空気や燃焼ガスの漏入や漏出がないものでなければならない。
⑦　炉は，十分な強度を有しているものであること。
⑧　バーナの火炎が伝熱面あるいは炉壁を直射しない構造であること。

　したがって，問のDの記述は誤りであり，正しい組合せはA，B，Cなので問の(2)である。

〔答〕　(2)

〔ポイント〕　燃焼室が備えるべき要件について理解すること「最短合格3.3.1 1」，「教本3.3.1 (1)」。

■ 令和３年後期：燃料及び燃焼に関する知識 ■

問１　次の文中の[　　]内に入れるＡ及びＢの語句の組合せとして，適切なものは(1)～(5)のうちどれか。

「液体燃料を加熱すると，[Ａ]が発生し，これに小火炎を近づけると瞬間的に光を放って燃え始める。この光を放って燃える[Ｂ]の温度を引火点という。」

	Ａ	Ｂ
(1)	水素	最高
(2)	蒸気	最高
(3)	蒸気	最低
(4)	酸素	最低
(5)	酸素	最高

〔解説〕　燃焼とは，光と熱の発生を伴う急激な酸化反応である。ボイラーにおける燃焼は，燃料（可燃物）と空気（酸素）が燃焼室で反応するものであるが，燃料と空気を単に接触させただけでは燃焼は行われない。点火源並びに燃料及び燃焼室の温度が，燃料の着火温度以上に維持されていなければならない。

すなわち，燃焼には燃料，空気及び温度の三つの要素が必要とされる。

燃焼に大切なのは，着火性と燃焼速度である。着火性の良否は，燃料の性質，燃焼装置及び燃焼室の構造，空気導入部の配置などに大きく影響される。燃焼速度は，燃焼が進行する速さで，着火性がよく，燃焼速度が速いと一定量の燃料を完全燃焼させるのに狭い燃焼室で足りることになる。

引火点　：液体燃料が加熱されると蒸気を発生し，これに小火炎を近づけると瞬間的に光を放って燃え始める最低の温度。

着火温度：燃料を空気中で加熱すると温度が徐々に上昇し，他から点火しないで自然に燃え始める最低の温度。

したがって，正しい組合せは問の(3)である。

Ａ：蒸気

Ｂ：最低

〔答〕　(3)

〔ポイント〕　燃料概論「最短合格3.1.1 ③」，「教本3.1.1 (5)」と燃焼の要件「最短合格3.2.1 ①～③」，「教本3.2.1」について理解すること。

問2　ボイラーの油バーナについて，誤っているものは次のうちどれか。

(1)　圧力噴霧式バーナは，油に高圧力を加え，これをノズルチップから炉内に噴出させて微粒化するものである。
(2)　戻り油式圧力噴霧バーナは，単純な圧力噴霧式バーナに比べ，ターンダウン比が広い。
(3)　高圧蒸気噴霧式バーナは，比較的高圧の蒸気を霧化媒体として油を微粒化するもので，ターンダウン比が狭い。
(4)　回転式バーナは，回転軸に取り付けられたカップの内面で油膜を形成し，遠心力により油を微粒化するものである。
(5)　ガンタイプバーナは，ファンと圧力噴霧式バーナを組み合わせたもので，燃焼量の調節範囲が狭い。

〔解説〕
(1)　圧力噴霧式バーナは，油に高圧力を加えてノズルチップから激しい勢いで炉内に噴出させるものである。油量を減らすほど噴霧圧力は低くなり，微粒化が損なわれるので，ターンダウン比（バーナ負荷調整範囲）が狭い。
(2)　圧力噴霧式バーナは，ターンダウン比が狭いので，次の方法が併用される。
　ⓐ　バーナの数を加減する。
　ⓑ　ノズルチップを取り替える。
　ⓒ　戻り油式圧力噴霧バーナを用いる（油量調節を戻り油側で行う）。
　ⓓ　プランジャ式圧力噴霧バーナを用いる（プランジャを用いて油量調節を行う）。
(3)　蒸気（空気）噴霧式バーナは，圧力を有する蒸気又は空気（霧化媒体）をバーナ先端の混合室で油と混合して，油の霧化に利用するためターンダウン比が広い。
　したがって，問の(3)の記述は誤りである。
(4)　回転式バーナは，回転軸に取り付けられたカップの内面で油膜を形成し，遠心力により油を微粒化する。回転式バーナは，中・小容量ボイラーに用いられている。
(5)　ガンタイプバーナは，その形がピストルに似ているためこう呼ばれている。ファンと圧力噴霧式バーナとを組み合わせたもので，燃焼量の調節範囲が狭い。

〔答〕(3)

〔ポイント〕　油バーナの種類とその構造及び特徴について理解すること「最短合格3.2.2 5」，「教本3.2.2 (4) ii」。

問3　ボイラーにおける燃料の燃焼について，誤っているものは次のうちどれか。

(1)　燃焼には，燃料，空気及び温度の三つの要素が必要である。
(2)　燃料を完全燃焼させるときに，理論上必要な最小の空気量を理論空気量という。
(3)　着火性が良く燃焼速度が速い燃料は，完全燃焼させるときに，狭い燃焼室でも良い。
(4)　排ガス熱による熱損失を少なくするためには，空気比を大きくして完全燃焼させる。
(5)　燃焼温度は，燃料の種類，燃焼用空気の温度，燃焼効率，空気比などの条件によって変わる。

〔解説〕
(1)　ボイラーにおける燃焼は，燃料（可燃物）と空気（酸素）が燃焼室で反応するものであるが，燃料と空気を単に接触させただけでは燃焼は行われない。点火源，燃料及び燃焼室の温度が燃料の着火温度以上に維持されていなければならない。すなわち，燃焼には燃料，空気及び温度の三つの要素が必要とされる。
(2)　燃焼に必要な最少の空気量を理論空気量という。実際の燃焼に際して送入される空気量を実際空気量といい，一般の燃焼では理論空気量より大きい。理論空気量に対する実際空気量の比を空気比（m）という。

$$m = \frac{\text{実際空気量}\ (A)}{\text{理論空気量}\ (A_0)} \qquad A = mA_0$$

理論・実際空気量の単位は，液体及び固体燃料では（m^3_N/kg）で表し，気体燃料では（m^3_N/m^3_N）で表す。微粉炭燃焼の場合の空気比は，燃焼速度が他の燃料より遅いので空気比は大きい（表）。

表　燃料別空気比の概略値

燃料	空気比（m）
微粉炭	1.15 ～ 1.3
液体燃料	1.05 ～ 1.3
気体燃料	1.05 ～ 1.2

(3)　燃焼に大切なのは，着火性と燃焼速度である。着火性の良否は，燃料の性質，燃焼装置及び燃焼室の構造，空気導入部の配置などに大きく影響される。燃焼速度は，燃焼が進行する速さで，着火性がよく，燃焼速度が速いと一定量の燃料を完全燃焼させるのに狭い燃焼室で足りることになる。
(4)　最も大きな熱損失は，一般に排ガス熱によるものである。
熱損失を少なくするために次のようなことを行う。
①　空気比を小さくし，かつ，完全燃焼を行わせる。
②　ボイラー伝熱面の清掃などを行って熱吸収をよくする。
③　燃焼ガス熱をエコノマイザ及び空気予熱器などにより熱回収を図る。
したがって，問の(4)の記述は誤りである。
(5)　燃焼温度は，燃料を炉内で燃焼させるとき，どの程度の温度まで到達し得るかは次の条件によって大いに変わり，1800 ℃の高温に達することもある。
①　燃料の種類
②　空気比
③　燃焼効率
④　火炎からの放射
⑤　炉壁又は伝熱面への伝熱
⑥　燃焼用空気の温度

〔答〕　(4)
〔ポイント〕　燃焼の基礎知識「最短合格3.3.1 5」，「教本3.3.1 (5)」と燃焼の要件「最短合格3.2.1」，「教本3.2.1」について理解すること。

問４　重油の性質に関するＡからＤまでの記述で，正しいもののみを全て挙げた組合せは，次のうちどれか。

Ａ　重油の密度は，温度が上昇すると増加する。
Ｂ　流動点は，重油を冷却したときに流動状態を保つことのできる最低温度で，一般に温度は凝固点より2.5 ℃高い。
Ｃ　重油の実際の引火点は，一般に100 ℃前後である。
Ｄ　密度の小さい重油は，密度の大きい重油より単位質量当たりの発熱量が大きい。

(1)　Ａ，Ｂ，Ｃ　　(4)　Ｂ，Ｃ，Ｄ
(2)　Ａ，Ｄ　　(5)　Ｃ，Ｄ
(3)　Ｂ，Ｃ

〔解説〕　重油は，動粘度によりＡ重油，Ｂ重油及びＣ重油に分類される。
　その重油の燃焼性を表す粘度，引火点，炭素，硫黄分，残留炭素及び発熱量などは密度に関連する。通常，密度の大きいものほど難燃焼である。
Ａ　重油の密度は，温度により変化し，温度が上昇すると減少する（図）。
　重油の体膨張係数は約0.0007/℃なので，温度が１℃上昇するごとに約0.0007g/cm^3減少する。
　したがって，問のＡの記述は誤りである。
Ｂ　流動点とは，油を冷却したときに流動状態を保つことができる最低温度で，一般的に凝固点より2.5 ℃高い温度をいう。Ｃ重油の流動点は，規格に規定はなく，劣質のものでは18 ℃くらいのものもある。流動点の高い油は，予熱や配管などの加熱・保温を行い，流動点以上にして取り扱う必要がある。
　したがって，問のＢの記述は正しい。
Ｃ　重油の引火点は規格では，60ないし70 ℃以上となっており，平均では100 ℃前後である。一般に密度の小さい燃料油は引火点が低い。
　したがって，問のＣの記述は正しい。
Ｄ　密度が大きい重油は，密度の小さい重油より発熱量は小さい（表）。Ｃ重油はＡ重油に比べて密度は大きいが，単位質量当たりの発熱量は小さい。

	密度	低発熱量
Ａ重油	0.86 g/cm^3	42.7 MJ/kg
Ｃ重油	0.93 g/cm^3	40.9 MJ/kg

　したがって，問のＤの記述は正しい。

表　液体燃料の種類と燃焼性

	Ｃ重油	Ｂ重油	Ａ重油
イ）密度	大きい	⟶	小さい
ロ）低発熱量	小さい	⟶	大きい
ハ）引火点	高い	⟶	低い
ニ）粘度	高い	⟶	低い
ホ）凝固点	高い	⟶	低い
へ）流動点	高い	⟶	低い
ト）残留炭素	多い	⟶	少ない
チ）硫黄	多い	⟶	少ない

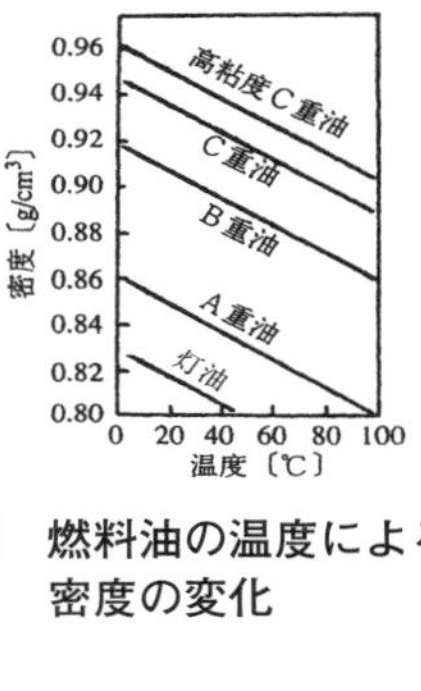

図　燃料油の温度による密度の変化

〔答〕　(4)
〔ポイント〕　重油の性質について理解すること「最短合格3.1.2」，「教本3.1.2」。

問 5　ボイラーにおける石炭燃焼と比較した重油燃焼の特徴として，誤っているものは次のうちどれか。

(1)　小さな量の過剰空気で，完全燃焼させることができる。
(2)　ボイラーの負荷変動に対して，応答性が優れている。
(3)　燃焼温度が低いため，ボイラーの局部過熱及び炉壁の損傷を起こしにくい。
(4)　急着火及び急停止の操作が容易である。
(5)　すすやダストの発生が少ない。

〔解説〕　石炭燃焼と比べた場合の重油燃焼の特徴に関する問題である。重油燃焼は石炭燃焼に比べ，次のような特徴がある。

長所

①　重油の発熱量は，石炭より高い。
　　重油の発熱量：40 ～ 45 MJ/kg
　　石炭の発熱量：20 ～ 35 MJ/kg
②　貯蔵中に発熱量の低下や自然発火のおそれがない。
③　運搬や貯蔵管理が容易である。
④　ボイラーの負荷変動に対応して，応答性が優れている。
⑤　燃焼操作が容易で，労力を要することが少ない。
⑥　重油は，バーナで霧化されているため，少ない過剰空気で燃焼させることができる。
⑦　重油は，灰分が少ないので，すす，ダスト，クリンカ（石炭灰が溶融して固まったもの）の発生が少なく，灰処理の必要がない。
⑧　急着火，急停止の操作が容易である。

短所

①　石炭と比べ重油の発熱量は大きいため燃焼温度が高くなるので，ボイラーの局部過熱及び炉壁の損傷を起こしやすい。
②　油の漏れ込み，点火操作などに注意しないと，炉内ガス爆発を起こすおそれがある。
③　油の成分によっては，ボイラーを腐食させ，又は大気を汚染する。
④　油の引火点が低いため，火災防止に注意を要する。
⑤　バーナの構造によっては，騒音を発生しやすい。

したがって，短所①により，問の(3)の記述は誤りである。

〔答〕　(3)

〔ポイント〕　石炭燃焼と比較した重油燃焼の特徴を理解すること「最短合格3.2.2 [1]」，「教本3.2.2 (2)」。

問 6　燃料の分析及び性質について，誤っているものは次のうちどれか。

(1)　組成を示す場合，通常，液体燃料には成分分析が，気体燃料には元素分析が用いられる。
(2)　工業分析は，固体燃料の成分を分析する一つの方法で，石炭の燃焼特性などを把握するのに有効である。
(3)　発熱量とは，燃料を完全燃焼させたときに発生する熱量である。
(4)　発熱量の単位は，固体及び液体燃料の場合，一般にMJ/kgが用いられる。
(5)　高発熱量と低発熱量の差は，燃料に含まれる水素及び水分の割合によって決まる。

〔解説〕

(1)，(2)　液体燃料及び固体燃料には元素分析が，気体燃料には成分分析が用いられる。

(a)　元素分析　―　液体，固体燃料の組成である炭素，水素，窒素及び硫黄を測定し，100からそれらの成分を差し引いた値を酸素として扱う分析で，質量（%）で表される。
(b)　成分分析　―　気体燃料のメタン，エタン等の含有成分を測定するもので，体積（%）で表される。
(c)　工業分析　―　固体燃料を気乾試料として，水分，灰分及び揮発分を測定し，残りを固定炭素として質量（%）で表す。

したがって，問の(1)の記述は誤りである。

(3)，(4)，(5)　発熱量については下記のとおりである。

①　発熱量は，燃料を完全燃焼をさせたときに発生する熱量をいう。
②　発熱量の単位は，液体燃料及び固体燃料は〔MJ/kg〕で，気体燃料は〔MJ/m^3_N〕で表す。
③　発熱量の表示は同一燃料につき二通りで表す。
　ⓐ　高発熱量：水蒸気の潜熱を含んだ発熱量で総発熱量ともいう。
　ⓑ　低発熱量：高発熱量から水蒸気の潜熱を差し引いた発熱量で真発熱量ともいう。
④　高発熱量と低発熱量との差は燃料に含まれる水素及び水分によって決まる。
⑤　ボイラー効率の算定にあたっては，一般的に低発熱量を用いる。

〔答〕 (1)

〔ポイント〕　燃料の分析，着火温度，引火点及び発熱量について理解すること「最短合格3.1.1 [1]，[2]，[3]，[4]」，「教本3.1.1 (4)，(5)」。

問 7　重油燃焼によるボイラー及び附属設備の低温腐食の抑制方法に関するAからDまでの記述で，正しいもののみを全て挙げた組合せは，次のうちどれか。

A　燃焼ガス中の酸素濃度を上げる。
B　燃焼ガス温度を，給水温度にかかわらず，燃焼ガスの露点以上に高くする。
C　燃焼室及び煙道への空気漏入を防止し，煙道ガスの温度の低下を防ぐ。
D　重油に添加剤を加え，燃焼ガスの露点を上げる。

(1)　A，B
(2)　A，B，D
(3)　B，C
(4)　C，D
(5)　C

〔解説〕　重油燃焼による低温腐食は，重油中の硫黄分の燃焼により生成された二酸化硫黄が過剰の酸素と反応し三酸化硫黄となり，それが燃焼ガス中の水蒸気と結びついて硫酸蒸気（H_2SO_4）を生成する。この硫酸蒸気が燃焼ガス流路の低温部に接触し，露点以下になると凝縮する。

$$S + O_2 \rightarrow SO_2$$
$$SO_2 + 1/2\ O_2 \rightarrow SO_3$$
$$SO_3 + H_2O \rightarrow H_2SO_4$$

したがって，低温腐食を抑制するには，次の処理を講ずることが必要である。

①　硫黄分の少ない重油を選択する。
②　排ガスのO_2%を下げ，二酸化硫黄（SO_2）から三酸化硫黄（SO_3）への転換を抑制して，燃焼ガスの露点を下げる。
③　給水温度を上昇させて，エコノマイザの伝熱面の温度を高く保つ。
④　蒸気式空気予熱器を用いて，ガス式空気予熱器の伝熱面の温度が低くなり過ぎないようにする。
⑤　低温伝熱面に耐食材料を使用する。
⑥　低温伝熱面の表面の保護被膜を用いる。
⑦　燃焼室及び煙道への空気漏入を防止し，煙道ガスの温度低下を防ぐ。
⑧　添加剤を使用し，燃焼ガスの露点を下げる。

したがって，問のCのみの記述が正しい。

〔答〕　(5)

〔ポイント〕　低温腐食について理解すること「最短合格3.2.2 [3]」，「教本3.2.2 (3)」。

問8　ボイラー用ガスバーナについて，誤っているものは次のうちどれか。

(1)　ボイラー用ガスバーナは，ほとんどが拡散燃焼方式を採用している。
(2)　拡散燃焼方式ガスバーナは，空気の流速・旋回強さ，ガスの分散・噴射方法，保炎器の形状などにより，火炎の形状やガスと空気の混合速度を調節する。
(3)　センタータイプガスバーナは，空気流の中心にガスノズルを有し，先端からガスを放射状に噴射する。
(4)　リングタイプガスバーナは，空気流中に数本のガスノズルを有し，ガスノズルを分割することによりガスと空気の混合を促進する。
(5)　ガンタイプガスバーナは，中・小容量のボイラーに用いられることが多い。

〔解説〕　ガスバーナには，拡散形と予混合形バーナがあるが，ボイラー用にはほとんど拡散形バーナが使用される。

①　予混合形バーナは，主にパイロットバーナとして使用され，パイロット火炎を保護するリテンション・リングが取り付けられているので，混合ガスの流速が極めて速くなってきても吹き消えず，火炎の安定範囲が広い。

②　拡散形バーナは，ガスと空気を別々に噴出し拡散混合しながら燃焼させるバーナで，燃焼量が調節できる範囲が広く逆火の危険性が少ないので，ボイラー用ガスバーナはほとんどが拡散燃焼方式を利用している。ガスバーナは空気の流速，旋回強さ，ガスの分散・噴射方式，スタビライザ（保炎器）の形状などで，火炎の形状，ガスと空気の混合速度を調節して，目的に合った火炎を形成している。一般的に，燃料ガスの噴出方法により，次のように分類されている（図）。

ⓐ　センタータイプ：1本のバーナ管の先端に複数個のガス噴射ノズルを設けたもの。
ⓑ　リングタイプ　：バーナタイル近傍にリング状のバーナ管を設けたもの。
ⓒ　マルチスパッド：バーナ管を複数設けたもの。
ⓓ　ガンタイプ　　：バーナ，ファン，点火装置，火炎検出器を含めた燃焼安全装置，制御装置などを一体としたもの。中・小容量ボイラー用バーナとして用いられる。

したがって，問の(4)の記述はマルチスパッドガスバーナについての説明であり，リングタイプガスバーナについての説明ではないので誤りである。

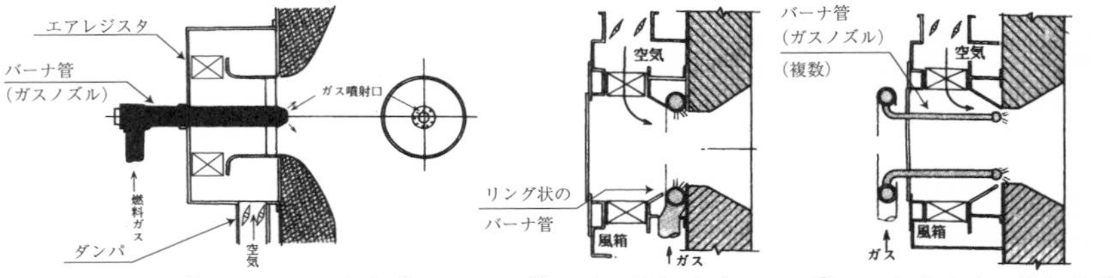

ⓐ　センタータイプ　　ⓑ　リングタイプ　　ⓒ　マルチスパッドタイプ

図　ガスバーナ

〔答〕　(4)

〔ポイント〕　ボイラー用ガスバーナについて理解すること「最短合格3.2.3 [1]，[3]」，「教本3.2.3 (1)，(3)」。

問９　ボイラーの燃焼における一次空気及び二次空気について，誤っているものは次のうちどれか。

(1)　油・ガスだき燃焼における一次空気は，噴射された燃料の周辺に供給され，初期燃焼を安定させる。
(2)　油・ガスだき燃焼における二次空気は，旋回又は交差流によって燃料と空気の混合を良好にして，燃焼を完結させる。
(3)　微粉炭バーナ燃焼では，一般に，一次空気と微粉炭は予混合されてバーナに供給され，二次空気はバーナの周囲から噴出される。
(4)　火格子燃焼における二次空気は，燃料層上の可燃性ガスの火炎中に送入される。
(5)　火格子燃焼における一次空気と二次空気の割合は，二次空気が大部分を占める。

〔解説〕

(1)，(2)　油・ガスだき燃焼における一次空気と二次空気（図１）。

一次空気は，噴射された燃料の周辺に供給され，初期燃焼（着火，油の場合は気化を含む）を安定させる。二次空気は，旋回又は交差流（軸流）によって燃料と空気の混合を良好に保ち，低空気比で燃焼を完結させる。

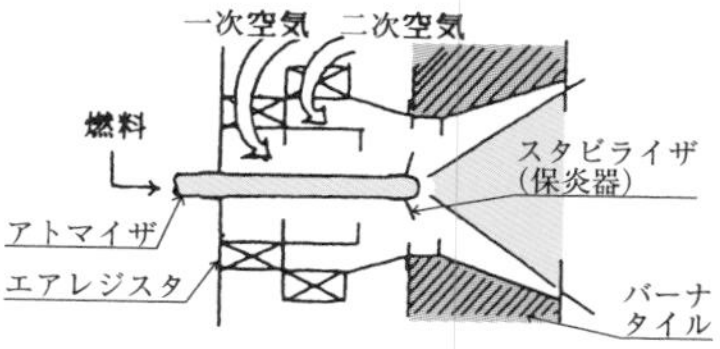

図１　油・ガスだきバーナ構造嶺

(3)　微粉炭バーナは，一般に微粉炭を一次空気と予混合してバーナに送り，二次空気はバーナの周囲から噴出する（図２）（「最短合格3.2.4 ③」，「教本3.2.4 (2) (b) ⅱ」）。

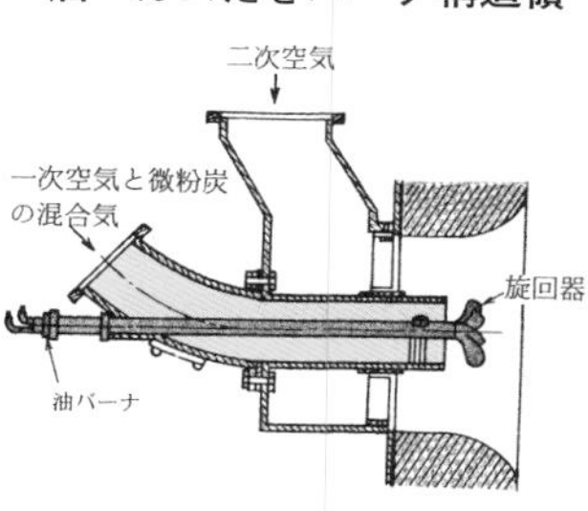

図２　微粉炭バーナ

(4)，(5)　火格子燃焼には，上込め燃焼と下込め燃焼がある。上込め燃焼とは，燃料を火層の上に補給し，一次空気は給炭方向と逆の方向（図３）である。下込め燃焼とは，燃料の供給方向と一次空気の供給方向が同一の方式のものである。上込め燃焼の一次空気は，火格子から燃料層を通して送入され，二次空気は，燃料層上の可燃ガスの火炎中に送入される。火格子燃焼における一次空気と二次空気の割合は，一次空気が大部分を占める。

したがって，問の(5)の記述は誤りである。

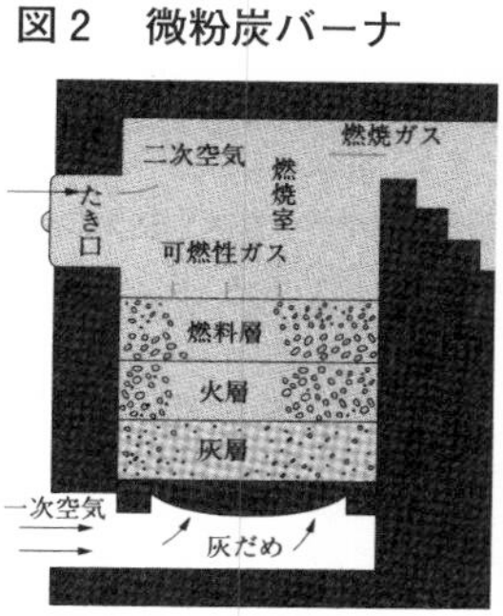

図３　火格子の層
（上込め燃焼）

〔答〕　(5)

〔ポイント〕　燃焼における一次空気と二次空気について理解すること「最短教本3.3.1 ④」，「教本3.3.1 (4)」

問10　ボイラーの通風に関して，誤っているものは次のうちどれか。

(1)　誘引通風は，燃焼ガスを煙道又は煙突入口に設けたファンによって吸い出すもので，燃焼ガスの外部への漏れ出しがほとんどない。
(2)　誘引通風は，必要とする動力が平衡通風より小さい。
(3)　押込通風は，一般に，常温の空気を取り扱い，所要動力が小さいので広く用いられている。
(4)　押込通風は，空気流と燃料噴霧流が有効に混合するため，燃焼効率が高まる。
(5)　平衡通風は，押込ファンと誘引ファンを併用したもので，通風抵抗の大きなボイラーでも強い通風力が得られる。

〔解説〕

①　通風は，炉及び煙道を通して起こる空気及び燃焼ガスの流れをいう。
②　この通風を起こさせる圧力差を通風力という。
③　通風には，煙突だけによる自然通風と機械的方法による人工通風がある。
④　自然通風の通風力は弱い。自然通風力は，外気の密度と煙突内ガスの密度との差に煙突の高さを乗じて求める。

通風力　$h=(\rho_a-\rho_g)gH$〔Pa〕

ρ_a：外気の密度〔kg/m^3〕
ρ_g：煙突内ガス密度〔kg/m^3〕
H：煙突の高さ〔m〕
g：重力加速度〔$9.8m/s^2$〕

ρ_g（煙突内ガス密度）は，ガス温度が高いほど小さくなるので，通風力は大きくなる。また，煙突の高さが高いほど，通風力は大きくなる。

⑤　人工通風は，ファンなどを使用するので，大容量から小容量ボイラーに至るまで広く用いられ，次の３種類がある。

(a)　押込通風：押込ファンを用いて，燃焼用空気を大気圧より高い圧力の炉内に押し込む（加圧燃焼）。空気流と燃料噴霧流との混合が有効に利用できるので，燃焼効率が高まる。炉内に漏れ込む空気がなく，ボイラー効率が向上するが，気密が不十分だと，燃焼ガスが外部に漏れる。所要動力が小さいので広く用いられている。
(b)　誘引通風：煙道又は煙突入口に設けたファンを用いて，燃焼ガス（高温のガス）を誘引するので，燃焼ガスの外部への漏れ出しがない。大型のファンを要し，所要動力が大きい。そのため，炉内圧は大気圧より低くなる。誘引通風は高温ガスを誘引するので，ガス中に腐食，摩耗性のものが含まれると損傷しやすい。
(c)　平衡通風：押込ファンと誘引ファンを併用したもので，炉内圧は大気圧よりわずかに低く調節するのが普通である。押込通風より大きな動力を必要とするが，誘引通風より動力は少ない。

各通風方式の動力の比較（同一の通風条件）：押込通風<平衡通風<誘引通風
したがって，問の(2)の記述は誤りである。

〔答〕(2)

〔ポイント〕　人工通風の種類と特徴及び自然通風の通風力について理解すること「最短合格3.3.2 [1]，[2]」，「教本3.3.2 (1)，(2)」

■ 令和３年前期：燃料及び燃焼に関する知識 ■

問１　ボイラーの液体燃料の供給装置について，適切でないものは次のうちどれか。

(1)　燃料油タンクは，用途により貯蔵タンクとサービスタンクに分類される。
(2)　貯蔵タンクには，自動油面調節装置を取り付ける。
(3)　サービスタンクの貯油量は，一般に最大燃焼量の２時間分程度とする。
(4)　油ストレーナは，油中の土砂，鉄さび，ごみなどの固形物を除去するものである。
(5)　油加熱器には，蒸気式と電気式がある。

〔解説〕　燃料油タンクは，貯蔵タンク（ストレージタンク）とサービスタンクに分類される。

(a)　貯蔵タンク（ストレージタンク）

地下に設置する場合と地上に設置する場合があり，通常１週間から１か月の使用量の燃料油を受け入れて貯蔵する例が多く，フロート式の液面計など装備してタンク内の残油量を管理する。

燃料受入れの油送入管はタンク上部に，油取出し管はタンク底部から20 ～ 30 cm上方に取付けている。

(b)　サービスタンク

ボイラーの燃焼設備に，燃料油を円滑に供給する油だめの役目をなすもので，サービスタンクの貯油量は燃焼設備の定格油量の２時間分程度の容量が一般的である。

サービスタンクには，フロート式の液面調節器（フロートスイッチ）を設けて液位の調節（自動油面調節装置）を行っている。

液面調節器には，移送用ポンプを発停するための上限・下限リミットスイッチのほかに，異常低位，異常高位の警報用接点が設けられる。

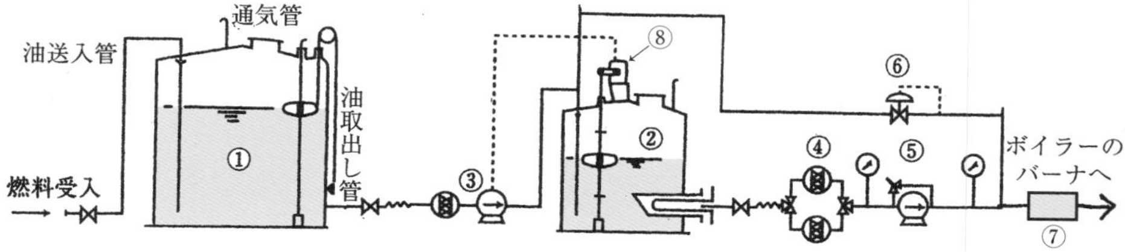

①貯蔵タンク（ストレージタンク）　②サービスタンク　③移送ポンプ　④吸込み側ストレーナ　⑤噴燃ポンプ　⑥油圧調節弁　⑦油加熱器　⑧自動油面調節装置

図　燃料油タンク廻りの系統

したがって，問の(2)の記述は適切でない。自動油面調節装置を取り付けるのは，サービスタンクであり，貯蔵タンク（ストレージタンク）ではない。

〔答〕　(2)

〔ポイント〕　ボイラーの液体燃料の油タンクと供給装置について理解すること「最短合格3.2.2 [4]」，「教本3.2.2 (4)」。

問2　重油に含まれる成分などによる障害について，誤っているものは次のうちどれか。

(1)　残留炭素分が多いほど，ばいじん量は増加する。
(2)　水分が多いと，熱損失が増加する。
(3)　硫黄分は，主にボイラーの伝熱面に高温腐食を起こす。
(4)　灰分は，ボイラーの伝熱面に付着し，伝熱を阻害する。
(5)　スラッジは，ポンプ，流量計，バーナチップなどを摩耗させる。

〔解説〕　重油に含まれる成分などにより，次のような障害が発生する。

(a)　水分が多いと次の障害を起こす。
　①　熱損失が増加する。
　②　息づき燃焼を起こす。
　③　貯蔵中にスラッジを形成する。

(b)　スラッジによる障害は，次のとおりである。
　①　弁，ろ過器，バーナチップなどを閉そくさせる。
　②　ポンプ，流量計，バーナチップなどを摩耗させる。

(c)　灰分による障害
　①　ボイラーなどの伝熱面に付着し伝熱を阻害する。

(d)　残留炭素による障害
　①　ばいじん量が多く発生する。

(e)　硫黄分による障害
　①　ボイラー及び附属設備の低温伝熱面で低温腐食を起こす。

問の(1)，(2)，(4)，(5)の記述は正しい。
問の(3)の記述は誤りである。正しくは，「低温腐食を起こす」である。

〔答〕　(3)

〔ポイント〕　重油に含まれる成分などによる障害について理解すること「最短合格3.1.2 [3]，3.2.2 [2]，[3]」，「教本3.1.2 (2) b，3.2.2 (2) (3)」。

問 3　石炭の工業分析において，分析値として表示されない成分は次のうちどれか。

(1)　水分
(2)　灰分
(3)　揮発分
(4)　固定炭素
(5)　水素

〔解説〕　液体燃料及び固体燃料には元素分析が，気体燃料には成分分析が用いられる。なお，石炭などの固体燃料の場合は，工業分析を行う。

(a)　元素分析 ― 液体，固体燃料の組成である炭素，水素，窒素及び硫黄を測定し，100からそれらの成分を差し引いた値を酸素として扱う分析で，質量（%）で表される。

(b)　成分分析 ― 気体燃料のメタン，エタン等の含有成分を測定するもので，体積（%）で表される。

(c)　工業分析 ― 固体燃料を気乾試料として，水分，灰分及び揮発分を測定し，残りを固定炭素として質量（%）で表す。

したがって，問の(5)水素は，固体燃料である石炭の工業分析において，分析値として表示されない成分である。

〔答〕　(5)

〔ポイント〕　液体燃料，固体燃料及び気体燃料の分析について理解すること「最短合格3.1.1 1」，「教本3.1.1 (4)」。

問４　ボイラーにおける気体燃料の燃焼方式について，誤っているものは次のうちどれか。

⑴　拡散燃焼方式は，ガスと空気を別々にバーナに供給し，燃焼させる方法である。
⑵　拡散燃焼方式を採用した基本的なボイラー用バーナとして，センタータイプバーナがある。
⑶　拡散燃焼方式は，火炎の広がり，長さなどの調節が容易である。
⑷　予混合燃焼方式は，安定した火炎を作りやすいので，大容量バーナに採用されやすい。
⑸　予混合燃焼方式は，気体燃料に特有な燃焼方式である。

〔解説〕　ガスバーナには，拡散形と予混合形バーナがあるが，ボイラー用にはほとんど拡散形バーナが使用される。

①　燃料ガスに空気を予め混合して燃焼させる予混合燃焼方式は，安定な火炎を作りやすいが逆火の危険性があるために大容量バーナには利用されにくい。ボイラー用としては，パイロットバーナに利用されることがある。

②　拡散形バーナは，ガスと空気を別々に噴出し拡散混合しながら燃焼させるバーナで，燃焼量が調節できる範囲が広く逆火の危険性が少ないので，ボイラー用ガスバーナはほとんどが拡散燃焼方式を利用している。ガスバーナは空気の流速，旋回強さ，ガスの分散・噴射方式，スタビライザ（保炎器）の形状などで，火炎の形状，ガスと空気の混合速度を調節して，目的に合った火炎を形成している。

一般的に，燃料ガスの噴出方法により，次のように分類されている（図）。

ⓐ　センタータイプ：１本のバーナ管の先端に複数個のガス噴射ノズルを設けたもの。
ⓑ　リングタイプ　：バーナタイル近傍にリング状のバーナ管を設けたもの。
ⓒ　マルチスパッド：バーナ管を複数設けたもの。
ⓓ　ガンタイプ　　：バーナ，ファン，点火装置，火炎検出器を含めた燃焼安全装置，制御装置などを一体としたもの。中・小容量ボイラー用バーナとして用いられる。

したがって，問の⑷の記述は誤りである。

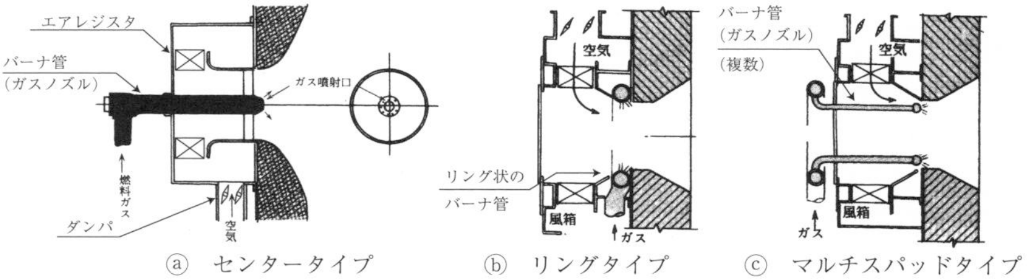

ⓐ　センタータイプ　　ⓑ　リングタイプ　　ⓒ　マルチスパッドタイプ

図　ガスバーナ

〔答〕　⑷

〔ポイント〕　ボイラー用ガスバーナについて理解すること「最短合格3.2.3 ①，③」，「教本3.2.3 ⑴，⑶」。

問 5　ボイラーの圧力噴霧式バーナの噴射油量を調節し，又はその調節範囲を大きくする方法として，最も適切でないものは次のうちどれか。

(1)　バーナの数を加減する。
(2)　バーナのノズルチップを取り替える。
(3)　油加熱器を用いる。
(4)　戻り油式圧力噴霧バーナを用いる。
(5)　プランジャ式圧力噴霧バーナを用いる。

〔解説〕　圧力噴霧式バーナは，油に高圧力を加えて，これをノズルチップから激しい勢いで炉内に噴出させるものである。

噴射油量を調節する方法として次のものがある。

①　圧力噴霧式バーナ〔図(a)〕
　バーナ前の油圧を調節弁で変えて油量を調節する。
②　バーナの数が２本以上の場合，バーナの本数を加減する。
③　バーナのノズルチップを小径のものに変える。
④　戻り油式圧力噴霧バーナ〔図(b)〕を用いる。
　バーナ本体に送った燃料油の一部を戻すもので，戻り油量を調節することでバーナ噴霧圧力がほぼ一定となるので，良好な噴霧状態が保たれる。
⑤　プランジャ式圧力噴霧バーナ〔図(c)〕を用いる。
　バーナ内部のプランジャを調節して，油の流路面積を変えて油量を調節するとバーナ噴射圧がほぼ一定となるため，少ない油量でも燃焼が可能となり，バーナの制御範囲が広がる。

したがって，問の(3)において，油加熱器を用いるとあるのは適切でない。

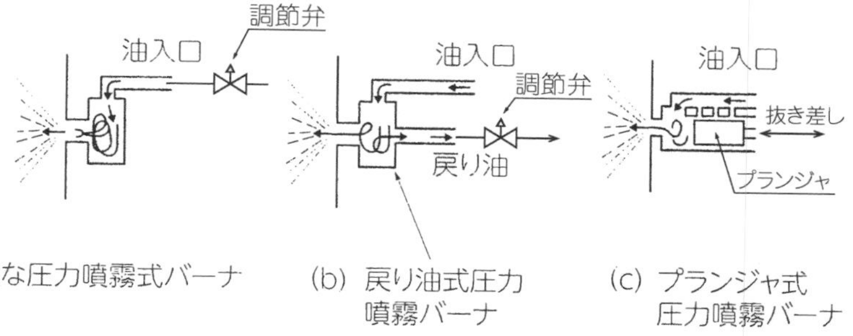

図　圧力噴霧式バーナ

〔答〕　(3)

〔ポイント〕　バーナの種類と特徴を理解すること「最短合格3.2.2 [5] B」，「教本3.2.2 (4) (b) ii」。

問6　ボイラーの燃料の燃焼により発生するNO_Xの抑制方法として，誤っているものは次のうちどれか。

(1)　高温燃焼域における燃焼ガスの滞留時間を長くする。
(2)　窒素化合物の少ない燃料を使用する。
(3)　燃焼域での酸素濃度を低くする。
(4)　濃淡燃焼法によって燃焼させる。
(5)　排ガス再循環法によって燃焼させる。

〔解説〕　窒素酸化物の発生抑制方法の基本は，次のとおりである。

①　炉内燃焼ガス中の酸素濃度を低くする。
②　燃焼温度を低くし，特に局所的高温域が生じないようにする。
　燃焼によって生じるNOxは，燃焼に使用された空気中の窒素が高温条件下で酸素と反応して生成するので，燃焼温度を低くすることでNOxの発生が抑制される。
③　高温燃焼域における燃焼ガスの滞留時間を短くする。
④　窒素化合物の少ない燃料を使用する。

以上を達成するためには，次の方法がある。

①　運転条件による方法
　ア　低空気比燃焼
　イ　燃焼室熱負荷の低減
　ウ　空気予熱温度の低下
②　燃焼方式改善による方法
　ア　二段燃焼
　イ　濃淡燃焼
　ウ　排ガスの再循環
　エ　低NOxバーナ使用等
③　燃焼ガス中からNOxを除去する方法
　排煙脱硝装置の設置

問の(2)，(3)，(4)，(5)の記述は正しい。

NO_Xの抑制方法として，高温燃焼域における燃焼ガスの滞留時間を短くすることが必要なので，問の(1)の記述は誤りである。

〔答〕　(1)

〔ポイント〕　大気汚染物質の窒素酸化物（NOx）発生の抑制について理解すること「最短合格3.2.5 [2]」，「教本3.2.5 (2)」。

問7　ボイラー用気体燃料について，誤っているものは次のうちどれか。

(1)　気体燃料は，石炭や液体燃料に比べて成分中の水素に対する炭素の比率が高い。

(2)　都市ガスは，液体燃料に比べてNO_XやCO_2の排出量が少なく，また，SO_Xはほとんど排出しない。

(3)　LPGは，都市ガスに比べて発熱量が大きく，密度が大きい。

(4)　液体燃料ボイラーのパイロットバーナの燃料には，LPGを使用することが多い。

(5)　特定のエリアや工場で使用される気体燃料には，石油化学工場で発生するオフガスがある。

〔解説〕

(1)，(2)　都市ガスのほとんどは，天然ガスを原料としている。

天然ガス（都市ガス）は，メタン（CH_4）などの炭化水素を主成分として，液体，固体燃料に比べると成分中の炭素（C）に対する水素の比率が高いので，同じ熱量の燃料を燃焼させた場合，CO_2の発生割合は，石炭の約60％，液体燃料の約75％で温室効果ガス削減に有効である。

また，燃料中に窒素，硫黄分が少ないため，窒素酸化物（NOx）の排出量が少なく，また硫黄酸化物（SOx）はほとんど排出しない。

都市ガスの発熱量（低）は，一般に40.6 MJ/m^3_Nである。

(3)　液化石油ガス（Liquefied Petroleum Gas）の中で燃料ガスとして一般的に使用されているのは，プロパン及びブタンである。これらは，常温常圧では気体であるが，通常は加圧液化して貯蔵する。

液化石油ガスの特徴としては，高発熱量はプロパンが99.1 MJ/m^3_N，ブタンが128 MJ/m^3_Nと高く，硫黄分がほとんどない，空気より重い，気化潜熱が大きい等がある。

LPGの比重（空気＝1）

プロパン：1.52

ブタン　：2.00

(4)　液体燃料の場合，点火の多くはパイロットバーナを使用した間接点火方式である。

パイロットバーナの燃料には，LPG（液化石油ガス）が使用される。

(5)　製鉄所では，いくつかの製鉄プロセスからは比較的発熱量の低い副生ガスが生成する。また，石油化学，精製工場ではやはり，発熱量の高い有用な副生ガス（オフガス）が発生する。

問の(1)の記述において，気体燃料は，石炭や液体燃料に比べて成分中の水素に対する炭素の比率が高いというのは誤りで，正しくは，気体燃料は，石炭や液体燃料に比べて成分中の炭素に対する水素の比率が高い。

〔答〕　(1)

〔ポイント〕　気体燃料の特徴と種類について理解すること「最短合格3.1.3 ①，②」，「教本3.1.3 (1)，(2)」。

問８　燃料の分析及び性質について，誤っているものは次のうちどれか。

(1)　組成を示す場合，通常，液体燃料及び固体燃料には元素分析が，気体燃料には成分分析が用いられる。
(2)　発熱量とは，燃料を完全燃焼させたときに発生する熱量である。
(3)　液体燃料及び固体燃料の発熱量の単位は，通常，MJ/kgで表す。
(4)　低発熱量は，高発熱量から水蒸気の潜熱を差し引いた発熱量で，真発熱量ともいう。
(5)　高発熱量と低発熱量の差は，燃料に含まれる水分及び炭素の割合によって決まる。

〔解説〕
(1)　液体燃料及び固体燃料には元素分析が，気体燃料には成分分析が用いられる。
(a)　元素分析 ― 液体，固体燃料の組成である炭素，水素，窒素及び硫黄を測定し，100からそれらの成分を差し引いた値を酸素として扱う分析で，質量（％）で表される。
(b)　成分分析 ― 気体燃料のメタン，エタン等の含有成分を測定するもので，体積（％）で表される。
(c)　工業分析 ― 固体燃料を気乾試料として，水分，灰分及び揮発分を測定し，残りを固定炭素として質量（％）で表す。
(2), (3), (4), (5)　発熱量については下記のとおりである。
①　発熱量は，燃料を完全燃焼させたときに発生する熱量をいう。
②　発熱量の単位は，液体燃料及び固体燃料は〔MJ/kg〕で，気体燃料は〔MJ/m^3_N〕で表す。
③　発熱量の表示は同一燃料につき二通りで表す。
ⓐ　高発熱量：水蒸気の潜熱を含んだ発熱量で総発熱量ともいう。
ⓑ　低発熱量：高発熱量から水蒸気の潜熱を差し引いた発熱量で真発熱量ともいう。
④　高発熱量と低発熱量との差は燃料に含まれる水素及び水分によって決まる。
⑤　ボイラー効率の算定にあたっては，一般的に低発熱量を用いる。

したがって，問の(5)の記述は誤りである。正しくは，高発熱量と低発熱量の差は，燃料に含まれる水分及び水素の割合によって決まる。

〔答〕 (5)

〔ポイント〕 燃料の分析及び性質について理解すること「最短合格3.1.1」，「教本3.1.1」。

問9　ボイラーの燃焼における一次空気及び二次空気について，誤っているものは次のうちどれか。

(1)　油・ガスだき燃焼における一次空気は，噴射された燃料の周辺に供給され，初期燃焼を安定させる。
(2)　油・ガスだき燃焼における二次空気は，旋回又は交差流によって燃料と空気の混合を良好にして，燃焼を完結させる。
(3)　微粉炭バーナ燃焼における二次空気は，微粉炭と予混合してバーナに送入される。
(4)　火格子燃焼における一次空気は，一般の上向き通風の場合，火格子下から送入される。
(5)　火格子燃焼における二次空気は，燃料層上の可燃性ガスの火炎中に送入される。

〔解説〕

(1)，(2)　油・ガスだき燃焼における一次空気と二次空気（図1）。

一次空気は，噴射された燃料の周辺に供給され，初期燃焼（着火，油の場合は気化を含む）を安定させる。

二次空気は，旋回又は交差流（軸流）によって燃料と空気の混合を良好に保ち，低空気比で燃焼を完結させる。

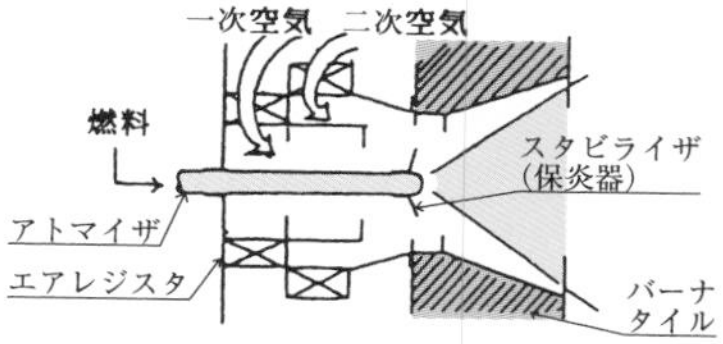

図1　油・ガスだきバーナ構造嶺

(3)　微粉炭バーナは，一般に微粉炭を一次空気と予混合してバーナに送り，二次空気はバーナの周囲から噴出する（図2）（「最短合格3.2.4 [3]」，「教本3.2.4 (2) (b) ii」）。

したがって，問の(3)の記述は誤りである。

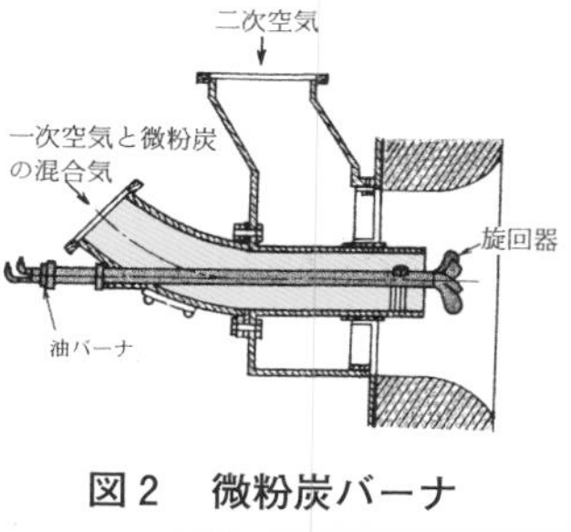

図2　微粉炭バーナ

(4)，(5)　火格子燃焼には，上込め燃焼と下込め燃焼がある。上込め燃焼とは，燃料を火層の上に補給し，一次空気は給炭方向と逆の方式（図3）である。下込め燃焼とは，燃料の供給方向と一次空気の供給方向が同一の方式のものである。

上込め燃焼の一次空気は，火格子から燃料層を通して送入され，二次空気は，燃料層上の可燃ガスの火炎中に送入される。

火格子燃焼における一次空気と二次空気の割合は，一次空気が大部分を占める。

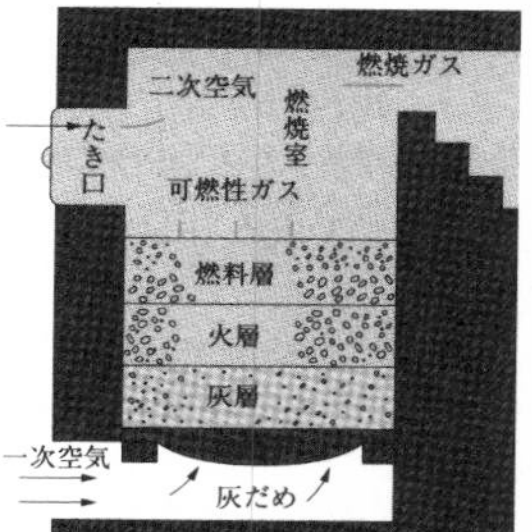

図3　火格子の層
（上込め燃焼）

〔答〕　(3)

〔ポイント〕　燃焼における一次空気と二次空気について理解すること「最短教本3.3.1 [4]」，「教本3.3.1 (4)」。

問10　ボイラーの通風に関して，適切でないものは次のうちどれか。

(1)　炉及び煙道を通して起こる空気及び燃焼ガスの流れを，通風という。
(2)　煙突によって生じる自然通風力は，煙突内のガス温度が高いほど強くなる。
(3)　押込通風は，燃焼用空気をファンを用いて大気圧より高い圧力の炉内に押し込むものである。
(4)　誘引通風は，燃焼ガス中に，すす，ダスト及び腐食性物質を含むことが多く，かつ，燃焼ガスが高温のためファンの腐食や摩耗が起こりやすい。
(5)　平衡通風は，押込ファンと誘引ファンを併用したもので，炉内圧を大気圧よりわずかに高く調節する。

〔解説〕

①　通風は，炉及び煙道を通して起こる空気及び燃焼ガスの流れをいう。
②　この通風を起こさせる圧力差を通風力という。
③　通風には，煙突だけによる自然通風と機械的方法による人工通風がある。
④　自然通風の通風力は弱い。自然通風力は，外気の密度と煙突内ガスの密度との差に煙突の高さを乗じて求める。

通風力　$h=(\rho_a-\rho_g)gH$〔Pa〕

ρ_a：外気の密度〔kg/m^3〕
ρ_g：煙突内ガス密度〔kg/m^3〕
H：煙突の高さ〔m〕
g：重力加速度〔9.8 m/s^2〕

ρ_g（煙突内ガス密度）は，ガス温度が高いほど小さくなるので，通風力は大きくなる。また，煙突の高さが高いほど，通風力は大きくなる。

⑤　人工通風は，ファンなどを使用するので，大容量から小容量ボイラーに至るまで広く用いられ，次の３種類がある。

(a)　押込通風：押込ファンを用いて，燃焼用空気を大気圧より高い圧力の炉内に押し込む（加圧燃焼）。空気流と燃料噴霧流との混合が有効に利用できるので，燃焼効率が高まる。炉内に漏れ込む空気がなく，ボイラー効率が向上するが，気密が不十分だと，燃焼ガスが外部に漏れる。

(b)　誘引通風：煙道又は煙突入口に設けたファンを用いて，燃焼ガス（高温のガス）を誘引するので，大型ファンを要し，所要動力が大きい。そのため，炉内圧は大気圧より低くなる。誘引通風は高温ガスを誘引するので，ガス中に腐食，摩耗性のものが含まれると損傷しやすい。

(c)　平衡通風：押込ファンと誘引ファンと併用したもので，炉内圧は大気圧よりわずかに低く調節するのが普通である。その結果，燃焼ガスが外部に漏れることはない。押込通風より大きな動力を必要とするが，誘引通風より動力は少ない。

問の(1)，(2)，(3)，(4)の記述は正しい。
問の(5)の記述は誤りである。正しくは，炉内圧は大気圧よりわずかに低く調節するのが普通である。

〔答〕　(5)

〔ポイント〕　人工通風の種類と特徴及び自然通風の通風力について理解すること「最短合格3.3.2 1，2」，「教本3.3.2 (1)，(2)」。

■ 令和２年後期：燃料及び燃焼に関する知識 ■

問１　次の文中の［　　］内に入れるＡ及びＢの語句の組合せとして，正しいものは(1)～(5)のうちどれか。

「液体燃料を加熱すると［　Ａ　］が発生し，これに小火炎を近づけると瞬間的に光を放って燃え始める。この光を放って燃える最低の温度を［　Ｂ　］という。」

	Ａ	Ｂ
(1)	酸素	引火点
(2)	酸素	着火温度
(3)	蒸気	着火温度
(4)	蒸気	引火点
(5)	水素	着火温度

〔解説〕　燃焼とは，光と熱の発生を伴う急激な酸化反応である。

ボイラーにおける燃焼は，燃料（可燃物）と空気（酸素）が燃焼室で反応するものであるが，燃料と空気を単に接触させただけでは燃焼は行われない。点火源並びに燃料及び燃焼室の温度が，燃料の着火温度以上に維持されていなければならない。

すなわち，燃焼には燃料，空気及び温度の三つの要素が必要とされる。

燃焼に大切なのは，着火性と燃焼速度である。着火性の良否は，燃料の性質，燃焼装置及び燃焼室の構造，空気導入部の配置などに大きく影響される。燃焼速度は，燃焼が進行する速さで，着火性がよく，燃焼速度が速いと一定量の燃料を完全燃焼させるのに狭い燃焼室で足りることになる。

引火点　：液体燃料が加熱されると蒸気を発生し，これに小火炎を近づけると瞬間的に光を放って燃え始める最低の温度。

着火温度：燃料を空気中で加熱すると温度が徐々に上昇し，他から点火しないで自然に燃え始める最低の温度。

したがって，正しい組合せは問の(4)である。

Ａ：蒸気

Ｂ：引火点

〔答〕　(4)

〔ポイント〕　燃料概論「最短合格3.1.1 ［3］」，「教本3.1.1 (5)」と燃焼の要件「最短合格3.2.1 ［1］～［3］」，「教本3.2.1」について理解すること。

問2　ボイラーの油バーナについて，適切でないものは次のうちどれか。

(1)　圧力噴霧式バーナは，油に高圧力を加え，これをノズルチップから炉内に噴出させて微粒化するものである。
(2)　戻り油式圧力噴霧バーナは，単純な圧力噴霧式バーナに比べ，ターンダウン比が広い。
(3)　高圧蒸気噴霧式バーナは，比較的高圧の蒸気を霧化媒体として油を微粒化するもので，ターンダウン比が広い。
(4)　回転式バーナは，回転軸に取り付けられたカップの内面で油膜を形成し，遠心力により油を微粒化するものである。
(5)　ガンタイプバーナは，ファンと空気噴霧式バーナを組み合わせたもので，燃焼量の調節範囲が広い。

〔解説〕
(1)　圧力噴霧式バーナは，油に高圧力を加えてノズルチップから激しい勢いで炉内に噴出させるものである。油量を減らすほど噴霧圧力は低くなり微粒化が損なわれるので，ターンダウン比（バーナ負荷調整範囲）が狭い。
(2)　戻り油式圧力噴霧バーナは，油量の調節を戻り側で行うことにより，供給油圧を負荷に関係なくほぼ一定とすることができる。これより広い調整範囲（ターンダウン）が得られるようにしている。
(3)　蒸気（空気）噴霧式バーナは，圧力を有する蒸気又は空気（霧化媒体）をバーナ先端の混合室で油と混合して，油の霧化に利用するためターンダウン比が広い。
(4)　回転式バーナは，回転軸に取り付けられたカップの内面で油膜を形成し，遠心力により油を微粒化する。回転式バーナは，中・小容量ボイラーに用いられている。
(5)　ガンタイプバーナは，その形がピストルに似ているためにこう呼ばれている。ファンと圧力噴霧式バーナとを組み合わせたもので，燃焼量の調節範囲が狭い。したがって，問の(5)の記述は適切でない。

〔答〕 (5)

〔ポイント〕　油バーナの種類とその構造及び特徴について理解すること「最短合格3.2.2 5」，「教本3.2.2 (4) ii」。

問3　ボイラーにおける燃料の燃焼について，誤っているものは次のうちどれか。

(1)　燃焼には，燃料，空気及び温度の三つの要素が必要である。
(2)　燃料を完全燃焼させるときに，理論上必要な最小の空気量を理論空気量という。
(3)　理論空気量をA_0，実際空気量をA，空気比をmとすると，$A=mA_0$という関係が成り立つ。
(4)　一定量の燃料を完全燃焼させるときに，燃焼速度が遅いと狭い燃焼室でも良い。
(5)　排ガス熱による熱損失を少なくするためには，空気比を小さくし，かつ，完全燃焼させる。

〔解説〕

(1)　ボイラーにおける燃焼は，燃料(可燃物)と空気(酸素)が燃焼室で反応するものであるが，燃料と空気を単に接触させただけでは燃焼は行われない。点火源，燃料及び燃焼室の温度が燃料の着火温度以上に維持されていなければならない。
　すなわち，燃焼には燃料，空気及び温度の三つの要素が必要とされる。

(2)，(3)　燃焼に必要な最少の空気量を理論空気量という。実際の燃焼に際して送入される空気量を実際空気量といい，一般の燃焼では理論空気量より大きい。理論空気量に対する実際空気量の比を空気比（m）という。

$$m=\frac{\text{実際空気量}\ (A)}{\text{理論空気量}\ (A_0)}\qquad A=mA_0$$

　理論・実際空気量の単位は，液体及び固体燃料では（m^3_N/kg）で表し，気体燃料では（m^3_N/m^3_N）で表す。
　微粉炭燃焼の場合の空気比は，燃焼速度が他の燃料より遅いので空気比は大きい（表）。

表　燃料別空気比の概略値

燃料	空気比（m）
微粉炭	1.15 ～ 1.3
液体燃料	1.05 ～ 1.3
気体燃料	1.05 ～ 1.2

(4)　燃焼に大切なのは，着火性と燃焼速度である。着火性の良否は，燃料の性質，燃焼装置及び燃焼室の構造，空気導入部の配置などに大きく影響される。燃焼速度は，燃焼が進行する速さで，着火性がよく，燃焼速度が速いと一定量の燃料を完全燃焼させるのに狭い燃焼室で足りることになる。
　したがって，問の(4)の記述は誤りである。

(5)　最も大きな熱損失は，一般に排ガス熱によるものである。
　熱損失を少なくするために次のようなことを行う。
①　空気比を小さくし，かつ，完全燃焼を行わせる。
②　ボイラー伝熱面の清掃などを行って熱吸収をよくする。
③　燃焼ガス熱をエコノマイザ及び空気予熱器などにより熱回収を図る。

〔答〕　(4)

〔ポイント〕　燃焼の基礎知識「最短合格3.3.1 5」，「教本3.3.1 (5)」と燃焼の要件「最短合格3.2.1」，「教本3.2.1」について理解すること。

問4　重油の性質について，誤っているものは次のうちどれか。

(1)　重油の密度は，温度が上昇すると増加する。
(2)　密度の小さい重油は，密度の大きい重油より一般に引火点が低い。
(3)　重油の比熱は，温度及び密度によって変わる。
(4)　重油の粘度は，温度が上昇すると低くなる。
(5)　密度の小さい重油は，密度の大きい重油より単位質量当たりの発熱量が大きい。

〔解説〕　重油は，動粘度によりA重油，B重油及びC重油に分類される。

その重油の燃焼性を表す粘度，引火点，炭素，硫黄分，残留炭素及び発熱量などは密度に関連する。通常，密度の大きいものほど難燃焼である。

表　液体燃料の種類と燃焼性

	C重油	B重油	A重油
イ）密度	大きい	⟶	小さい
ロ）低発熱量	小さい	⟶	大きい
ハ）引火点	高い	⟶	低い
ニ）粘度	高い	⟶	低い
ホ）凝固点	高い	⟶	低い
ヘ）流動点	高い	⟶	低い
ト）残留炭素	多い	⟶	少ない
チ）硫黄	多い	⟶	少ない

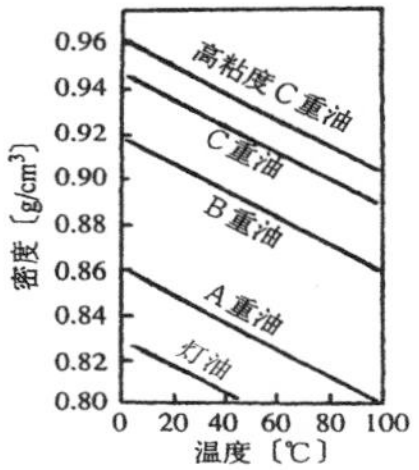

図　燃料油の温度による密度の変化

(1)　重油の密度は，温度により変化し，温度が上昇すると減少する（図）。
重油の体膨張係数は約0.0007/℃なので，温度が1℃上昇するごとに約0.0007g/cm^{3}減少する。
したがって，問の(1)の記述は誤りである。

(2)　密度の小さい重油は，密度の大きい油より引火点が低い（表）。
A重油　密度　0.86 g/cm^3（15 ℃）　引火点　60 ℃以上
C重油　密度　0.93 g/cm^3（15 ℃）　引火点　70 ℃以上

(3)　重油の比熱は，温度及び密度によって変わるが，50 ～ 200℃における平均比熱は約2.3 kJ/（kg・K）である。

(4)　重油の粘度は，温度が高くなると低くなる。
そのため粘度の高い重油は，B重油50 ～ 60℃，C重油80 ～ 105℃に加熱することで，粘度が下がり霧化が良好になる。

(5)　密度が大きい重油は，密度の小さい重油より発熱量は小さい（表）。
C重油はA重油に比べて密度は大きいが，単位質量当たりの発熱量は小さい。

	密度	低発熱量
A重油	0.86 g/cm^3	42.7 MJ/kg
C重油	0.93 g/cm^3	40.9 MJ/kg

〔答〕　(1)
〔ポイント〕　重油の性質について理解すること「最短合格3.1.2」，「教本3.1.2」。

問 5　ボイラーにおける石炭燃焼と比べた重油燃焼の特徴に関するＡからＤまでの記述で，正しいもののみを全て挙げた組合せは，次のうちどれか。

Ａ　完全燃焼させるときに，より多くの過剰空気量を必要とする。
Ｂ　ボイラーの負荷変動に対して，応答性が優れている。
Ｃ　燃焼温度が高いため，ボイラーの局部過熱及び炉壁の損傷を起こしやすい。
Ｄ　クリンカの発生が少ない。

(1)　Ａ，Ｂ
(2)　Ａ，Ｃ，Ｄ
(3)　Ｂ，Ｃ
(4)　Ｂ，Ｃ，Ｄ
(5)　Ｂ，Ｄ

〔解説〕　石炭燃焼と比べた場合の重油燃焼の特徴に関する問題である。重油燃焼は石炭燃焼に比べ，次のような特徴がある。

長所

①　重油の発熱量は，石炭より高い。
　　重油の発熱量：40 ～ 45 MJ/kg
　　石炭の発熱量：20 ～ 35 MJ/kg
②　貯蔵中に発熱量の低下や自然発火のおそれがない。
③　運搬や貯蔵管理が容易である。
④　ボイラーの負荷変動に対応して，応答性が優れている。
⑤　燃焼操作が容易で，労力を要することが少ない。
⑥　重油は，バーナで霧化されているため，少ない過剰空気で燃焼させることができる。
⑦　重油は，灰分が少ないので，すす，ダスト，クリンカ（石炭灰が溶融して固まったもの）の発生が少なく，灰処理の必要がない。
⑧　急着火，急停止の操作が容易である。

短所

①　石炭と比べ重油の発熱量は大きいため燃焼温度が高くなるので，ボイラーの局部過熱及び炉壁の損傷を起こしやすい。
②　油の漏れ込み，点火操作などに注意しないと，炉内ガス爆発を起こすおそれがある。
③　油の成分によっては，ボイラーを腐食させ，又は大気を汚染する。
④　油の引火点が低いため，火災防止に注意を要する。
⑤　バーナの構造によっては，騒音を発生しやすい。

したがって，問の(4)が正しい。

〔答〕　(4)

〔ポイント〕　石炭燃焼と比較した重油燃焼の特徴を理解すること「最短合格3.2.2 [1]」，「教本3.2.2 (2)」。

問 6　燃料の分析及び性質について，誤っているものは次のうちどれか。

(1)　組成を示す場合，通常，液体燃料及び固体燃料には元素分析が，気体燃料には成分分析が用いられる。
(2)　燃料を空気中で加熱し，他から点火しないで自然に燃え始める最低の温度を，発火温度という。
(3)　発熱量とは，燃料を完全燃焼させたときに発生する熱量である。
(4)　高発熱量は，水蒸気の顕熱を含んだ発熱量で，真発熱量ともいう。
(5)　高発熱量と低発熱量の差は，燃料に含まれる水素及び水分の割合によって決まる。

〔解説〕

(1)　液体燃料及び固体燃料には元素分析が，気体燃料には成分分析が用いられる。

(a)　元素分析 ― 液体，固体燃料の組成である炭素，水素，窒素及び硫黄を測定し，100からそれらの成分を差し引いた値を酸素として扱う分析で，質量（%）で表される。

(b)　成分分析 ― 気体燃料のメタン，エタン等の含有成分を測定するもので，体積（%）で表される。

(c)　工業分析 ― 固体燃料を気乾試料として，水分，灰分及び揮発分を測定し，残りを固定炭素として質量（%）で表す。

(2)　燃料を空気中で加熱し，他から点火しないで自然に燃え始める最低の温度を着火温度又は発火温度という。

液体燃料は温度が上昇すると蒸気を発生し，これに小火炎を近づけると瞬間的に光を放って燃え始める。この燃え始めるのに十分な濃度の蒸気を生じる最低の温度を引火点という。

(3)，(4)，(5)　発熱量については下記のとおりである。

①　発熱量は，燃料を完全燃焼をさせたときに発生する熱量をいう。
②　発熱量の単位は，液体燃料及び固体燃料は〔MJ/kg〕で，気体燃料は〔MJ/m^3_N〕で表す。
③　発熱量の表示は同一燃料につき二通りで表す。
　ⓐ　高発熱量：水蒸気の潜熱を含んだ発熱量で総発熱量ともいう。
　ⓑ　低発熱量：高発熱量から水蒸気の潜熱を差し引いた発熱量で真発熱量ともいう。
④　高発熱量と低発熱量との差は燃料に含まれる水素及び水分によって決まる。
⑤　ボイラー効率の算定にあたっては，一般的に低発熱量を用いる。

したがって，問の(4)の記述は誤りである。正しくは，高発熱量は水蒸気の潜熱を含んだもので，総発熱量ともいう。

〔答〕 (4)

〔ポイント〕　燃料の分析，着火温度，引火点及び発熱量について理解すること「最短合格3.1.1 [1]，[2]，[3]，[4]」，「教本3.1.1 (4)，(5)」。

問７　重油燃焼によるボイラー及び附属設備の低温腐食の抑制方法に関するＡからＤまでの記述で，誤っているもののみを全て挙げた組合せは，次のうちどれか。

Ａ　高空気比で燃焼させ，燃焼ガス中のSO_2からSO_3への転換率を下げる。
Ｂ　重油に添加剤を加え，燃焼ガスの露点を上げる。
Ｃ　給水温度を上昇させて，エコノマイザの伝熱面の温度を高く保つ。
Ｄ　蒸気式空気予熱器を用いて，ガス式空気予熱器の伝熱面の温度が低くなり過ぎないようにする。

(1)　Ａ，Ｂ
(2)　Ａ，Ｂ，Ｃ
(3)　Ａ，Ｂ，Ｄ
(4)　Ａ，Ｄ
(5)　Ｃ，Ｄ

〔解説〕　重油燃焼による低温腐食は，重油中の硫黄分の燃焼により生成された二酸化硫黄が過剰の酸素と反応し三酸化硫黄となり，それが燃焼ガス中の水蒸気と結びついて硫酸蒸気（H_2SO_4）を生成する。この硫酸蒸気が燃焼ガス流路の低温部に接触し，露点以下になると凝縮する。

$$S + O_2 \rightarrow SO_2$$
$$SO_2 + 1/2\ O_2 \rightarrow SO_3$$
$$SO_3 + H_2O \rightarrow H_2SO_4$$

したがって，低温腐食を抑制するには，次の処理を講ずることが必要である。

①　硫黄分の少ない重油を選択する。
②　排ガスのO_2％を下げ，二酸化硫黄（SO_2）から三酸化硫黄（SO_3）への転換を抑制して，燃焼ガスの露点を下げる。
③　給水温度を上昇させて，エコノマイザの伝熱面の温度を高く保つ。
④　蒸気式空気予熱器を用いて，ガス式空気予熱器の伝熱面の温度が低くなり過ぎないようにする。
⑤　低温伝熱面に耐食材料を使用する。
⑥　低温伝熱面の表面の保護被膜を用いる。
⑦　燃焼室及び煙道への空気漏入を防止し，煙道ガスの温度低下を防ぐ。
⑧　添加剤を使用し，燃焼ガスの露点を下げる。

したがって，問の(1)が誤りを全て挙げた組合せである。

〔答〕　(1)

〔ポイント〕　低温腐食について理解すること「最短合格3.2.2 3」，「教本3.2.2 (3)」。

問8　ボイラー用ガスバーナについて，誤っているものは次のうちどれか。

(1)　ボイラー用ガスバーナは，ほとんどが拡散燃焼方式を採用している。
(2)　拡散燃焼方式ガスバーナは，空気の流速・旋回強さ，ガスの分散・噴射方法，保炎器の形状などにより，火炎の形状やガスと空気の混合速度を調節する。
(3)　マルチスパッドガスバーナは，リング状の管の内側に多数のガス噴射孔を有し，空気流の外側からガスを内側に向かって噴射する。
(4)　センタータイプガスバーナは，空気流の中心にガスノズルを有し，先端からガスを放射状に噴射する。
(5)　ガンタイプガスバーナは，バーナ，ファン，点火装置，燃焼安全装置，負荷制御装置などを一体化したもので，中・小容量のボイラーに用いられる。

〔解説〕ガスバーナには，拡散形と予混合形バーナがあるが，ボイラー用にはほとんど拡散形バーナが使用される。

①　予混合形バーナは，主にパイロットバーナとして使用され，パイロット火炎を保護するリテンション・リングが取り付けられているので，混合ガスの流速が極めて速くなってきても吹き消えず，火炎の安定範囲が広い。

②　拡散形バーナは，ガスと空気を別々に噴出し拡散混合しながら燃焼させるバーナで，燃焼量が調節できる範囲が広く逆火の危険性が少ないので，ボイラー用ガスバーナはほとんどが拡散燃焼方式を利用している。ガスバーナは空気の流速，旋回強さ，ガスの分散・噴射方式，スタビライザ（保炎器）の形状などで，火炎の形状，ガスと空気の混合速度を調節して，目的に合った火炎を形成している。

一般的に，燃料ガスの噴出方法により，次のように分類されている（図）。

ⓐ　センタータイプ：１本のバーナ管の先端に複数個のガス噴射ノズルを設けたもの。
ⓑ　リングタイプ　：バーナタイル近傍にリング状のバーナ管を設けたもの。
ⓒ　マルチスパッド：バーナ管を複数設けたもの。
ⓓ　ガンタイプ　　：バーナ，ファン，点火装置，火炎検出器を含めた燃焼安全装置，制御装置などを一体としたもの。中・小容量ボイラー用バーナとして用いられる。

したがって，問の(3)の記述はリングタイプガスバーナについての説明であり，マルチスパッドガスバーナについての説明ではないので誤りである。

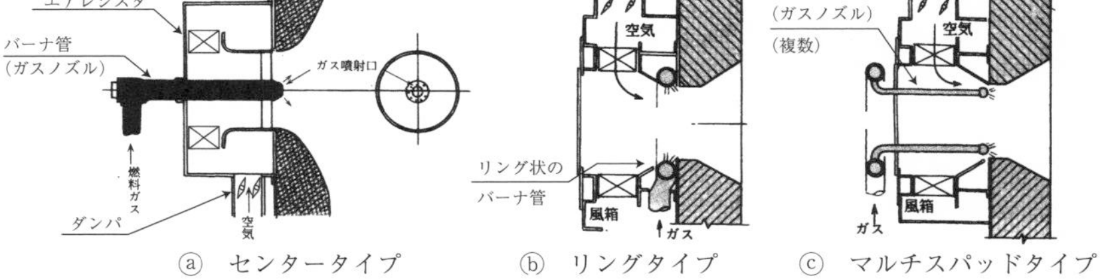

ⓐ　センタータイプ　　ⓑ　リングタイプ　　ⓒ　マルチスパッドタイプ

図　ガスバーナ

〔答〕(3)

〔ポイント〕ボイラー用ガスバーナについて理解すること「最短合格3.2.3 [1]，[3]」，「教本3.2.3 (1)，(3)」。

問9　ボイラーの燃焼における一次空気及び二次空気について，誤っているものは次のうちどれか。

(1)　油・ガスだき燃焼における一次空気は，噴射された燃料の周辺に供給され，初期燃焼を安定させる。
(2)　微粉炭バーナ燃焼における二次空気は，微粉炭と予混合してバーナに送入される。
(3)　火格子燃焼における一次空気は，一般の上向き通風の場合，火格子下から送入される。
(4)　火格子燃焼における二次空気は，燃料層上の可燃性ガスの火炎中に送入される。
(5)　火格子燃焼における一次空気と二次空気の割合は，一次空気が大部分を占める。

〔解説〕

(1)　油・ガスだき燃焼における一次空気と二次空気（図1）。

一次空気は，噴射された燃料の周辺に供給され，初期燃焼（着火，油の場合は気化を含む）を安定させる。

二次空気は，旋回又は交差流（軸流）によって燃料と空気の混合を良好に保ち，低空気比で燃焼を完結させる。

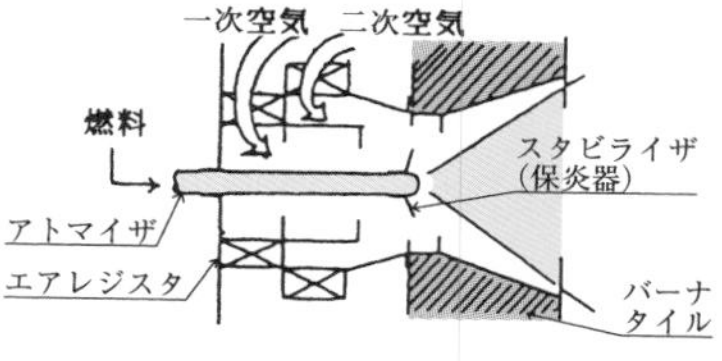

図1　油・ガスだきバーナ構造嶺

(2)　微粉炭バーナは，一般に微粉炭を一次空気と予混合してバーナに送り，二次空気はバーナの周囲から噴出する（図2）（「最短合格3.2.4 [3]」，「教本3.2.4 (2)(b) ii」）。

したがって，問の(2)の記述は誤りである。

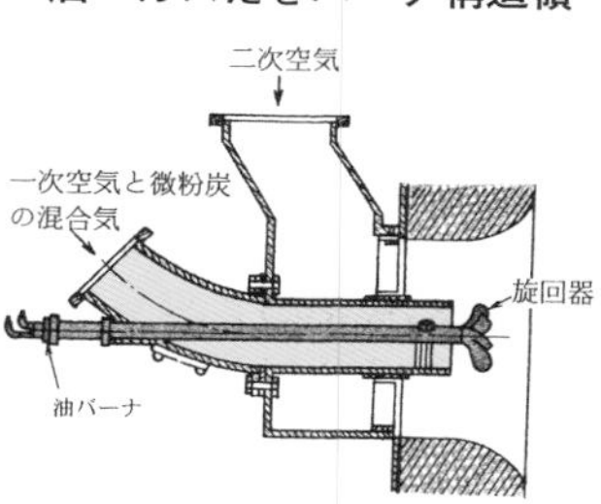

図2　微粉炭バーナ

(3)，(4)，(5)　火格子燃焼には，上込め燃焼と下込め燃焼がある。上込め燃焼とは，燃料を火層の上に補給し，一次空気は給炭方向と逆の方向（図3）である。下込め燃焼とは，燃料の供給方向と一次空気の供給方向が同一の方式のものである。

上込め燃焼の一次空気は，火格子から燃料層を通して送入され，二次空気は，燃料層上の可燃ガスの火炎中に送入される。

火格子燃焼における一次空気と二次空気の割合は，一次空気が大部分を占める。

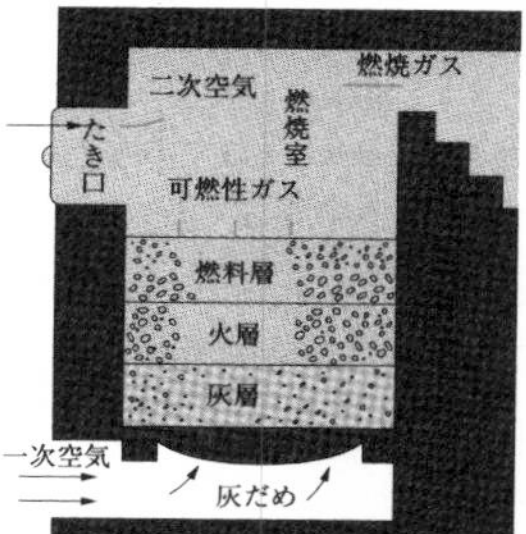

図3　火格子の層
（上込め燃焼）

〔答〕　(2)

〔ポイント〕　燃焼における一次空気と二次空気について理解すること「最短教本3.3.1 [4]」，「教本3.3.1 (4)」。

問10　ボイラーの通風に関して，誤っているものは次のうちどれか。

(1)　押込通風は，燃焼用空気をファンを用いて大気圧より高い圧力の炉内に押し込むものである。
(2)　押込通風は，空気流と燃料噴霧流が有効に混合するため，燃焼効率が高まる。
(3)　誘引通風は，燃焼ガスを煙道又は煙突入口に設けたファンによって吸い出すもので，燃焼ガスの外部への漏れ出しがほとんどない。
(4)　平衡通風は，押込ファンと誘引ファンを併用したもので，炉内圧を大気圧よりわずかに低く調節する。
(5)　平衡通風は，燃焼ガスの外部への漏れ出しがないが，誘引通風より大きな動力を必要とする。

〔解説〕

①　通風は，炉及び煙道を通して起こる空気及び燃焼ガスの流れをいう。
②　この通風を起こさせる圧力差を通風力という。
③　通風には，煙突だけによる自然通風と機械的方法による人工通風がある。
④　自然通風の通風力は弱い。自然通風力は，外気の密度と煙突内ガスの密度との差に煙突の高さを乗じて求める。

通風力　$h=(\rho_a-\rho_g)gH$〔Pa〕

ρ_a：外気の密度〔kg/m^3〕
ρ_g：煙突内ガス密度〔kg/m^3〕
H：煙突の高さ〔m〕
g：重力加速度〔$9.8m/s^2$〕

ρ_g（煙突内ガス密度）は，ガス温度が高いほど小さくなるので，通風力は大きくなる。また，煙突の高さが高いほど，通風力は大きくなる。

⑤　人工通風は，ファンなどを使用するので，大容量から小容量ボイラーに至るまで広く用いられ，次の３種類がある。

(a)　押込通風：押込ファンを用いて，燃焼用空気を大気圧より高い圧力の炉内に押し込む（加圧燃焼）。空気流と燃料噴霧流との混合が有効に利用できるので，燃焼効率が高まる。炉内に漏れ込む空気がなく，ボイラー効率が向上するが，気密が不十分だと，燃焼ガスが外部に漏れる。
(b)　誘引通風：煙道又は煙突入口に設けたファンを用いて，燃焼ガス（高温のガス）を誘引するので，大型のファンを要し，所要動力が大きい。そのため，炉内圧は大気圧より低くなる。誘引通風は高温ガスを誘引するので，ガス中に腐食，摩耗性のものが含まれると損傷しやすい。
(c)　平衡通風：押込ファンと誘引ファンと併用したもので，炉内圧は大気圧よりわずかに低く調節するのが普通である。押込通風より大きな動力を必要とするが，誘引通風より動力は少ない。

問の(1)，(2)，(3)，(4)の記述は正しい。

問の(5)の記述は誤りである。正しくは，平衡通風のファン動力は押込通風より大きくなるが，誘引通風より小さくなる。

各通風方式の動力の比較（同一の通風条件）：押込通風<平衡通風<誘引通風

〔答〕　(5)

〔ポイント〕　人工通風の種類と特徴及び自然通風の通風力について理解すること「最短合格3.3.2 [1]，[2]」，「教本3.3.2 (1)，(2)」。

■ 令和５年前期：関係法令 ■

問１　使用を廃止したボイラー（移動式ボイラー及び小型ボイラーを除く。）を再び設置する場合の手続きの順序として，法令の内容と一致するものは次のうちどれか。

ただし，計画届の免除認定を受けていない場合とする。

(1)　設置届　→ 使用検査 → 落成検査
(2)　設置届　→ 使用検査 → 性能検査
(3)　使用検査 → 構造検査 → 設置届
(4)　使用検査 → 設置届　→ 落成検査
(5)　溶接検査 → 構造検査 → 落成検査

〔解説〕　本問に関わる各種検査等は（ボ則）に規定されている。これらの各検査や設置届の規定からその順序を確定する。

使用を廃止したボイラーを再び設置するためには，ボイラーを製造した者が受ける構造検査の要件を具備する12条（使用検査）を受けることが規定され，これに合格すると，ボイラー設置申請に添付するボイラー明細書が交付される。

このボイラー明細書を添えて10条（設置届）を行い，14条（落成検査）を受検する。　　　注）以下，（法）とは，「労働安全衛生法」のことである。

<u>（使用検査）12条</u>

1　次の者は，（法）38条により，登録製造時等検査機関の検査を受けなければならない。

③　使用を廃止したボイラーを再び設置し，又は使用しようとする者

5　登録製造等検査機関は，使用検査に合格したボイラーに刻印を押し，そのボイラー明細書を申請者に交付する。

<u>（設置届）10条</u>

1　ボイラーを設置しようとするときは，（法）88条の規定により，ボイラー設置届にボイラー明細書（中略）を添えて所轄労働基準監督署長に提出しなければならない。

<u>（落成検査）14条</u>

1　ボイラーを設置した者は，（法）38条により，当該ボイラーとこれに係る次の事項について，所轄労働基準監督署長の検査を受けなければならない。

2　この落成検査は，構造検査又は使用検査に合格した後でなければ，受けることができない。

以上から，使用検査済みのボイラー明細書を添え，設置届を行い，落成検査を受ける。この組合せは，(4)　である。

〔答〕　(4)

〔ポイント〕　廃止ボイラーの再使用には使用検査を受検する。使用検査は機造検査に代わるものと考えよう「わかりやすい2.2.1 2.2.3 2.2.5」「最短合格4.2.1 [4] 4.4.2 [1][3]」。

問2　ボイラー（移動式ボイラー，屋外式ボイラー及び小型ボイラーを除く。）を設置するボイラー室について，その内容が法令に定められていないものは次のうちどれか。

(1)　伝熱面積が3 m^2を超える蒸気ボイラーは，ボイラー室に設置しなければならない。
(2)　ボイラーの最上部から天井，配管その他のボイラーの上部にある構造物までの距離は，原則として，1.2 m以上としなければならない。
(3)　ボイラーの外側から0.15 m以内にある可燃性の物は，金属製の材料で被覆しなければならない。
(4)　立てボイラーは，ボイラーの外壁から壁，配管その他のボイラーの側部にある構造物（検査及びそうじに支障のない物を除く。）までの距離を，原則として，0.45 m以上としなければならない。
(5)　ボイラー室に固体燃料を貯蔵するときは，原則として，これをボイラーの外側から1.2 m以上離しておかなければならない。

〔解説〕　ボイラーを設置するボイラー室に関しては（ボ則）の18条～22条や29条に規定されている。設問に該当する条項を略記してあげ，照合して判断する。

<u>（ボイラーの設置場所）18条</u>

　ボイラーは専用の建物又は建物の中の障壁で区画された場所（ボイラー室という。）に設置しなければならない。ただし，伝熱面積が3 m^2以下のボイラーについては，この限りではない。

<u>（ボイラーの据付位置）20条</u>

1　ボイラーの最上部から天井，配管その他のボイラーの上部にある構造物までの距離を，1.2 m以上としなければならない。（以下，略。）
2　本体を被覆していないボイラー又は立てボイラーについては，前項の規定によるほか，ボイラーの外壁から壁，配管その他のボイラーの側部にある構造物（検査及びそうじに支障のない物を除く。）までの距離を0.45 m以上としなければならない。

<u>（ボイラーと可燃物の距離）21条</u>

1　ボイラーの外側から0.15 m以内にある可燃物の物については，金属以外の不燃性の材料で被覆しなければならない。（ただし書き：略。）
2　ボイラー室，その他のボイラー設置場所に燃料を貯蔵するときは，これをボイラーの外側から2 m（固体燃料にあっては1.2 m）以上離しておかなければならない。

　以上から，設問各項をみてみると，
(1)　は，18条　に，定められている。
(2)　は，20条1項　に，定められている。
(3)　は，21条1項　に，可燃性の物の被覆は金属以外の材料とあり，金属製の材料とは，定められていない。
(4)　は，20条2項　に，定められている。
(5)　は，21条2項　に，固体燃料は1.2 mと，定められている。

〔答〕　(3)

〔ポイント〕　ボイラー室周りについての各規定の数値，文言を把握しよう「わかりやすい2.6.1 2.6.3 2.6.4」「最短合格4.3 ① ③ ④」。

問3　ボイラー取扱作業主任者の職務に関するAからDまでの記述で，その内容が法令に定められているもののみを全て挙げた組合せは，次のうちどれか。

A　1日に1回以上安全弁の機能を点検すること。
B　最高使用圧力をこえて圧力を上昇させないこと。
C　低水位燃焼しゃ断装置，火炎検出装置その他の自動制御装置を点検し，及び調整すること。
D　圧力，水位及び燃焼状態を監視すること。

(1)　A，B
(2)　A，B，C
(3)　A，C
(4)　B，C，D
(5)　C，D

〔解説〕　ボイラー取扱作業主任者の職務は，（ボ則）25条1項に次の10項目が規定されている。これに設問各項を照合する。

<u>（ボイラー取扱作業主任者の職務）25条</u>

1　事業者は，ボイラー取扱作業主任者に次の事項を行わせなければならない。
①　圧力，水位及び燃焼状態を監視すること。
②　急激な負荷の変動を与えないように努めること。
③　最高使用圧力をこえて圧力を上昇させないこと。
④　安全弁の機能の保持に努めること。
⑤　1日1回以上水面測定装置の機能を点検すること。
⑥　適宜，吹出しを行い，ボイラー水の濃縮を防ぐこと。
⑦　給水装置の機能の保持に努めること。
⑧　低水位燃焼しゃ断装置，火炎検出装置その他の自動制御装置を点検し，及び調整すること。
⑨　ボイラーについて異状を認めたときは，直ちに必要な措置を講じること。
⑩　排出されるばい煙の測定濃度及びボイラー取扱い中における異常の有無を記録すること。

2　（略）

以上から，
A　は，1項④号　に，1日に1回以上機能の点検とは，定められていない。
B　は，1項③号　に，定められている。
C　は，1項⑧号　に，定められている。
D　は，1項①号　に，定められている。
以上から，定められているB，C，Dの組合わせは，(4)　である。

〔答〕 (4)

〔ポイント〕　本条は項目を変えて出題されることが多いので，10項目を把握すること「わかりやすい2.7.2 (3)」「最短合格4.4.3」。

問 4　次の文中の［　　］内に入れるＡ及びＢの語句の組合せとして，該当する法令の内容と一致するものは(1)～(5)のうちどれか。

「蒸気ボイラー（小型ボイラーを除く。）の［ Ａ ］は，ガラス水面計又はこれに接近した位置に，［ Ｂ ］と比較することができるように表示しなければならない。」

	Ａ	Ｂ
(1)	最高水位	現在水位
(2)	最低水位	現在水位
(3)	標準水位	最低水位
(4)	常用水位	現在水位
(5)	現在水位	標準水位

〔解説〕　本問は，設問文中の「ガラス水面計」や「表示」と，Ａ項，Ｂ項の各種の水位の語句から，附属品である水面計に関する問題と判断できる。これは，（ボ則）28条（附属品の管理）１項の８項目の中に規定されている。

（附属品の管理）28条

１　事業者は，ボイラーの安全弁その他の附属品の管理について，次の事項を行わなければならない。

⑥　蒸気ボイラーの常用水位は，ガラス水面計又はこれに接近した位置に，現在水位と比較することができるように表示すること。

設問は，この規定であるから，

Ａ　には常用水位，

Ｂ　には現在水位　が該当し，

この組合わせは（4）である。

ボイラー監視中，現在水位の適否は普段の水位（常用水位）と比較できれば判断がしやすい。

〔答〕（4）

〔ポイント〕　附属品の管理８項目は出題頻度が高い。８項目を把握すること「わかりやすい2.7.5」「最短合格4.4.4」。

問5　ボイラー（移動式ボイラー及び小型ボイラーを除く。）について，次の文中の［　　］内に入れるA及びBの語句の組合せとして，該当する法令の内容と一致するものは(1)～(5)のうちどれか。

「［ A ］並びにボイラー取扱作業主任者の［ B ］及び氏名をボイラー室その他のボイラー設置場所の見やすい箇所に掲示しなければならない。」

	A	B
(1)	ボイラー明細書	資格
(2)	ボイラー明細書	所属
(3)	ボイラー検査証	所属
(4)	ボイラー検査証	資格
(5)	最高使用圧力及び伝熱面積	所属

〔解説〕　本問は，設問の後半の文章「…氏名をボイラー室その他のボイラー設置場所の見やすい箇所に掲示…」から，ボイラー室への掲示の問題であることが判る。

これは（ボ則）に（ボイラー室の管理）の１つとして定められている。

（ボイラー室の管理等）29条

1　事業者は，ボイラー室の管理等について，次の事項を行わなければならない。

④　ボイラー検査証並びにボイラー取扱作業主任者の資格及び氏名をボイラー室その他のボイラー設置場所の見やすい箇所に掲示すること。

これにより，本問の

A　には，ボイラー検査証

B　には，資格

が入り，この組合せは，(4)　である。

〔答〕　(4)

〔ポイント〕　29条の①号～⑥号は把握しておくこと「わかりやすい2.7.6」「最短合格4.3 [5]」。

問6　法令上，ボイラー（移動式ボイラー及び小型ボイラーを除く。）を設置している者が，ボイラー検査証の再交付を所轄労働基準監督署長から受けなければならない場合は，次のうちどれか。

(1)　ボイラーを設置する事業者に変更があったとき。
(2)　ボイラーを移設して設置場所を変更したとき。
(3)　ボイラーの最高使用圧力を変更したとき。
(4)　ボイラーの伝熱面積を変更したとき。
(5)　ボイラー検査証を損傷したとき。

〔解説〕　ボイラー検査証に関しては（ボ則）15条に規定がある。

（ボイラー検査証）15条

1　所轄労働基準監督署長は，落成検査に合格したボイラー（中略）について，ボイラー検査証を交付する。

2　ボイラーを設置している者は，ボイラー検査証を滅失し，又は損傷したときは，ボイラー検査証再交付申請書に次の書面を添えて所轄労働基準監督署長に提出し，その再交付を受けなければならない。

①　検査証を滅失したときは，その旨を明らかにする書面

②　検査証を損傷したときは，当該ボイラー検査証

3　（略）

以上の規定から，検査証の再交付は，検査証を滅失又は損傷した時であり，本問では (5) が該当する。

〔答〕　(5)

〔ポイント〕　ボイラー検査証の再交付は，検査証の滅失，又は損傷したときである「わかりやすい2.2.4 (4)」「最短合格4.2.2. 4」。

問7　ボイラー（移動式ボイラー及び小型ボイラーを除く。）に関する次の文中の□内に入れるAからCまでの語句の組合せとして，該当する法令の内容と一致するものは(1)～(5)のうちどれか。

なお，ボイラーはボイラー室に設置する必要のあるものとする。

「ボイラーを設置した者は，所轄労働基準監督署長が検査の必要がないと認めたものを除き，①ボイラー，②ボイラー室，③ボイラー及びその［A］の配置状況，④ボイラーの据付基礎並びに［B］及び煙道の構造について，［C］検査を受けなければならない。」

	A	B	C
(1)	自動制御装置	通風装置	落成
(2)	自動制御装置	燃焼室	使用
(3)	配管	燃焼室	落成
(4)	配管	燃焼室	性能
(5)	配管	通風装置	使用

〔解説〕　設問の「ボイラーを設置した者は…」の文章から，設置してすぐの検査である落成検査についての問いであることが判る。落成検査について規定した（ボ則）14条を略記すると，次のとおりである。

（落成検査）14条

1　ボイラーを設置した者は，（法）第38条により，当該ボイラーとこれに係る次の事項について所轄労働基準監督署長の検査を受けなければならない。

①　第18条（ボイラーの設置場所）のボイラー室

②　ボイラー及びその配管の配置状況

③　ボイラーの据付基礎並びに燃焼室及び煙道の構造

2　前項の規定による検査（以下，この章において「落成検査」という。）は，構造検査又は使用検査に合格した後でなければ，受けることはできない。

これにより，本問の

A　には，1項②号から，配管，

B　には，1項③号から，燃焼室，

C　には，2項から，落成，

が入り，その組合せは，(3)　である。

〔答〕　(3)

〔ポイント〕　ボイラーを設置した者がまず受けなければならないのは落成検査である。落成検査では当該ボイラーと①号から③号の事項について受検する「わかりやすい2.2.3」「最短合格4.2.2 ③」。

問8　次の文中の［　　　］内に入れるAの数値及びBの語句の組合せとして，該当する法令の内容と一致するものは(1)～(5)のうちどれか。

「水の温度が［　A　］℃を超える鋼製温水ボイラー（小型ボイラーを除く。）には，内部の圧力を最高使用圧力以下に保持することができる［　B　］を備えなければならない。」

	A	B
(1)	100	逃がし管
(2)	100	逃がし弁
(3)	120	安全弁
(4)	120	逃がし弁
(5)	130	安全弁

〔解説〕　本問は，設問文の「鋼製温水ボイラー」や「内部の圧力を最高使用圧力以下に保持する」などの文言から，温水ボイラーの安全装置に関する出題であることが判る。これは（ボ構規）65条に規定がある。

（ボ構規）（温水ボイラーの逃がし弁又は安全弁）65条

2　水の温度が120 ℃を超える温水ボイラーには，内部の圧力を最高使用圧力以下に保持することができる安全弁を備えなければならない。

この規定から，

A　には，120　が，

B　には，安全弁　が　入り，

この組合せは，(3)　である。

〔答〕　(3)

〔ポイント〕　温水ボイラーの使用条件による安全弁，逃し弁，逃し管の規定を把握しよう「わかりやすい12.1.2」「最短合格4.5.1 [3]」。

令和４年前期と同様の問題です。(P.216参照)

問９　給水が水道その他圧力を有する水源から供給される場合に，法令上，当該水源に係る管を返り管に取り付けなければならないボイラー（小型ボイラーを除く。）は，次のうちどれか。

(1)　立てボイラー
(2)　鋳鉄製ボイラー
(3)　炉筒煙管ボイラー
(4)　水管ボイラー
(5)　貫流ボイラー

〔解説〕（ボ構規）第２編 鋳鉄製ボイラー　に，設問の規定がある。

<u>(圧力を有する水源からの給水）100条</u>

給水が水道その他の圧力を有する水源から供給される場合には，当該水源に係る管を返り管に取り付けなければならない。

とあり，これにより (2) 鋳鉄製ボイラー　が該当する。

〔答〕 (2)

〔ポイント〕　条文のみでは何ボイラーかが不明であるが，規定されているのが，第２編鋳鉄製ボイラー　であることから判る「わかりやすい12.2.6」「最短合格4.5.7 ③E」。

問10　法令上，起動時にボイラー水が不足している場合及び運転時にボイラー水が不足した場合に，自動的に燃料の供給を遮断する装置又はこれに代わる安全装置を設けなければならないボイラー（小型ボイラーを除く。）は，次のうちどれか。

(1)　鋳鉄製温水ボイラー
(2)　自然循環式水管ボイラー
(3)　炉筒煙管ボイラー
(4)　強制循環式水管ボイラー
(5)　貫流ボイラー

〔解説〕　本問は，設問中の「自動的に燃料の供給を遮断する」という文言から，（ボ構規）第７節「自動制御装置」からの設問と判断できる。この第７節に「自動給水調節装置等」(84条）が規定され，その第３項に次の規定がある。

３　貫流ボイラーには，当該ボイラーごとに，起動時にボイラー水が不足している場合及び運転時にボイラー水が不足した場合に，自動的に燃料の供給を遮断する装置又はこれに代わる安全装置を設けなければならない。

これにより (5) 貫流ボイラー　が該当する。

〔答〕 (5)

〔ポイント〕　事故防止を図る自動制御装置を把握しよう「わかりやすい12.1.8 (3)」「最短合格4.5.6 [1]」。

■ 令和４年後期：関係法令 ■

問１　ボイラー（移動式ボイラー，屋外式ボイラー及び小型ボイラーを除く。）を設置するボイラー室について，法令上，誤っているものは次のうちどれか。

(1)　伝熱面積が３ m^2 を超える蒸気ボイラーは，ボイラー室に設置しなければならない。
(2)　ボイラーの最上部から天井，配管その他のボイラーの上部にある構造物までの距離は，原則として，1.2 m以上としなければならない。
(3)　ボイラー室には，必要がある場合のほか，引火しやすいものを持ち込ませてはならない。
(4)　ボイラーを取り扱う労働者が緊急の場合に避難するために支障がないボイラー室を除き，ボイラー室には，２以上の出入口を設けなければならない。
(5)　ボイラー室に燃料の重油を貯蔵するときは，原則として，これをボイラーの外側から1.2 m以上離しておかなければならない。

〔**解説**〕　ボイラーを設置するボイラー室に関する問題である。ボイラー室の要件は（ボ則）に規定されている。設問項目を（ボ則）条項と照合し，正誤を判断する。

(1)　は，18条に，「ボイラーは専用の建物又は建物の中の障壁で区画された場所（ボイラー室という。）に設置しなければならない。ただし，伝熱面積が３ m^2 以下のボイラーについては，この限りではない。」とあり，伝熱面積３ m^2 を超える蒸気ボイラーはただし書きを適用できないので，ボイラー室に設置する。正しい。
(2)　は，20条１項に，「ボイラーの最上部から天井，配管その他のボイラーの上部にある構造物までの距離を，1.2 m以上とすること。（以下，略）」とあり，原則として1.2 m以上とする必要があるので，正しい。
(3)　は，29条１項２号に，「ボイラー室には，必要がある場合のほか，引火しやすい物を持ち込ませないこと。」とあり，正しい。
(4)　は，19条に，「ボイラー室には，２以上の出入口を設けなければならない。ただし，ボイラーを取り扱う労働者が緊急の場合に避難するのに支障がないボイラー室については，この限りでない。」とあり，正しい。
(5)　は，21条２項に，「ボイラー室，その他のボイラー設置場所に燃料を貯蔵するときは，これをボイラーの外側から２m（固体燃料は1.2 m）以上離しておかなければならない。」とあり，液体燃料である重油は２m以上とする必要があるので，誤りである。

〔**答**〕　(5)

〔**ポイント**〕　数値を規定した項目は出題頻度が高いので，規定内容と数値を把握しておく「わかりやすい2.6.1 ～ 2.6.4 2.7.6 ②」「最短合格4.3 [1]～[5]」。

問２　ボイラー（小型ボイラーを除く。）の定期自主検査における項目と点検事項との組合せとして，法令に定められていないものは次のうちどれか。

	項目	点検事項
(1)	圧力調節装置……………………………	機能の異常の有無
(2)	ストレーナ……………………………	つまり又は損傷の有無
(3)	油加熱器及び燃料送給装置………	保温の状態及び損傷の有無
(4)	バーナ………………………………	汚れ又は損傷の有無
(5)	煙道…………………………………	漏れその他の損傷の有無及び通風圧の異常の有無

〔解説〕　ボイラーの定期自主検査における項目と点検事項についての規定は，（ボ則）32条１項の表に示されている。

（定期自主検査）32条

1　ボイラーについて，その使用を開始した後，１月以内ごとに１回，定期に次の表の上欄の項目について下欄の点検事項について自主検査を行なうこと。

（以下，略）

項　　目		点　検　事　項
ボイラー本体		損傷の有無
燃焼装置	油加熱器及び燃料送給装置	損傷の有無
	バーナ	汚れ又は損傷の有無
	ストレーナ	つまり又は損傷の有無
	バーナタイル及び炉壁	汚れ又は損傷の有無
	ストーカ及び火格子	損傷の有無
	煙道	漏れその他の損傷の有無及び通風圧の異常の有無
自動制御装置	起動及び停止の装置，火炎検出装置，燃料しゃ断装置，水位調節装置並びに圧力調節装置	機能の異常の有無
	電気配線	端子の異常の有無
附属装置及び附属品	給水装置	損傷の有無及び作動の状態
	蒸気管及びこれに附属する弁	損傷の有無及び保温の状態
	空気予熱器	損傷の有無
	水処理装置	機能の異常の有無

設問の各項目と点検事項をこの表で照合すると，(3)以外は表のとおりだが，(3)の「油加熱器及び燃料送給装置」は，「損傷の有無」のみであり，「保温の状態」は，定められていない。

〔答〕　(3)

〔ポイント〕　点検項目表の点検部位に発生しやすい損傷から点検事項を把握しよう「わかりやすい2.7.9 (2)」「最短合格4.4.5Ｂ」。

問 3　法令上，ボイラーの伝熱面積に算入しない部分は，次のうちどれか。

(1)　節炭器管
(2)　煙管
(3)　水管
(4)　炉筒
(5)　管寄せ

〔解説〕　火気，燃焼ガスその他の高温ガスの熱をボイラー水や熱媒などに伝える部分を伝熱面というが，その面積算出の対象となる伝熱面は（ボ則）２条に規定されている。

２条のなかで本問に関する条項をあげると，

<u>(伝熱面積）２条</u>

1　伝熱面積の算定方法は，次の各号に掲げるボイラーについて，当該各号に定める面積をもって算定するものとする。

①　水管ボイラー及び電気ボイラー以外のボイラー（注：炉筒煙管ボイラーなどの丸ボイラーや鋳鉄製ボイラーなどが該当）：

火気，燃焼ガスその他の高温ガス（以下「燃焼ガス等」という。）に触れる本体の面で，その裏側が水又は熱媒に触れるものの面積（カッコ内，略）

②　水管ボイラー（貫流ボイラー以外の）：

水管及び管寄せの次の面積を合計した面積

イ　水管（カッコ内，略）又は管寄せでその全部又は一部が燃焼ガス等に触れる面の面積

（ロ～チ，略）

設問の各項を見てみると，

(1)　の節炭器管は，①，②号　に規定されていないので，算入しない。
(2)　の煙管は，①号　に該当し，算入する。
(3)　の水管は，②号　に規定され，算入する。
(4)　の炉筒は，①号　に該当し，算入する。
(5)　の管寄せは，②号　に規定され，算入する。

〔答〕　(1)

〔ポイント〕　伝熱面積に算入しないものには，二胴水管ボイラーの蒸気ドラム，水ドラムや過熱器などもあるので注意すること「わかりやすい1.3」「最短合格4.1.3 [1]」。

問 4　鋳鉄製ボイラー（小型ボイラーを除く。）の附属品について，次の文中の［　　　］内に入れるAからCまでの語句の組合せとして，法令に定められているものは(1)～(5)のうちどれか。

「［　A　］ボイラーには，ボイラーの［　B　］付近における［　A　］の［　C　］を表示する［　C　］計を取り付けなければならない。」

	A	B	C
(1)	蒸気	入口	温度
(2)	蒸気	出口	流量
(3)	温水	出口	流量
(4)	温水	入口	温度
(5)	温水	出口	温度

〔**解説**〕　鋳鉄製ボイラーの附属品に関しては（ボ構規）に規定があるが，設問中のC欄の語群の温度計，流量計のうち流量計に関する規定はない。温度計については，（ボ構規）96条（圧力計，水高計及び温度計）の３項に

３　第66条（第５号を除く。）の規定は蒸気ボイラーの圧力計について，第67条の規定は温水ボイラーの水高計について，第68条第２項の規定は温水ボイラーの温度計について準用する。

と規定され，準用される68条２項は，

２　温水ボイラーには，ボイラーの出口付近における温水の温度を表示する温度計を取り付けなければならない。

である。

この68条２項により，

A　には，温水
B　には，出口
C　には，温度

が入り，その組み合わせは，(5)　である。

〔**答**〕　(5)

〔**ポイント**〕　鋳鉄製温水ボイラーの温度計の規定など，鋼製ボイラーの規定を準用することもあるので留意すること「わかりやすい12.1.3 (3)② 12.2.3 (3)」「最短合格4.5.2 [3]」。

問５　ボイラー（移動式ボイラー及び小型ボイラーを除く。）に関する次の文中の［　　］内に入れるＡからＣまでの語句の組合せとして，法令上，適切なものは(1)〜(5)のうちどれか。

なお，ボイラーはボイラー室に設置する必要のあるものとする。

「ボイラーを設置した者は，所轄労働基準監督署長が検査の必要がないと認めたものを除き，①ボイラー，②ボイラー室，③ボイラー及びその［　Ａ　］の配置状況，④ボイラーの［　Ｂ　］並びに燃焼室及び煙道の構造について，［　Ｃ　］検査を受けなければならない。」

	Ａ	Ｂ	Ｃ
(1)	自動制御装置	通風装置	落成
(2)	自動制御装置	据付基礎	使用
(3)	配管	据付基礎	落成
(4)	配管	附属設備	落成
(5)	配管	据付基礎	使用

〔**解説**〕　設問の「ボイラーを設置した者は…」の文章から，設置してすぐの検査である落成検査についての問いであることが判る。落成検査について規定した（ボ則）14条を略記すると，次のとおりである。

（落成検査）14条

１　ボイラーを設置した者は，（法）第38条により，当該ボイラーとこれに係る次の事項について所轄労働基準監督署長の検査を受けなければならない。

①　第18条（ボイラーの設置場所）のボイラー室

②　ボイラー及びその配管の配置状況

③　ボイラーの据付基礎並びに燃焼室及び煙道の構造

２　前項の規定による検査（以下，この章において「落成検査」という。）は，構造検査又は使用検査に合格した後でなければ，受けることはできない。

（注：１項の（法）とは，労働安全衛生法のことである。）

これにより，本問の

Ａ　には，１項②号から，配管，

Ｂ　には，１項③号から，据付基礎，

Ｃ　には，２項から，落成，

が入り，その組合せは，(3)　である。

〔**答**〕　(3)

〔**ポイント**〕　ボイラーを設置した者がまず受けなければならないのは落成検査である。落成検査では当該ボイラーと①号から③号の事項について受検する「わかりやすい2.2.3」「最短合格4.2.2 ３」。

問６　ボイラー（小型ボイラーを除く。）の附属品の管理のため行わなければならない事項として，法令に定められていないものは次のうちどれか。

(1)　圧力計の目もりには，ボイラーの最高使用圧力を示す位置に，見やすい表示をすること。
(2)　蒸気ボイラーの最高水位は，ガラス水面計又はこれに接近した位置に，現在水位と比較することができるように表示すること。
(3)　圧力計は，使用中その機能を害するような振動を受けることがないようにし，かつ，その内部が凍結し，又は80 ℃以上の温度にならない措置を講ずること。
(4)　燃焼ガスに触れる給水管，吹出管及び水面測定装置の連絡管は，耐熱材料で防護すること。
(5)　温水ボイラーの返り管については，凍結しないように保温その他の措置を講ずること。

〔解説〕　ボイラー附属品の管理については，（ボ則）28条に８項目が規定されている。本問の５つの記述について関連する項目をあげる。

（附属品の管理）28条１項

④　圧力計又は水高計は，使用中その機能を害するような振動を受けることがないようにし，かつ，その内部が凍結し，又は80 ℃以上の温度にならない措置を講ずること。

⑤　圧力計又は水高計の目もりには，当該ボイラーの最高使用圧力を示す位置に，見やすい表示をすること。

⑥　蒸気ボイラーの常用水位は，ガラス水面計又はこれに接近した位置に，現在水位と比較することができるように表示すること。

⑦　燃焼ガスに触れる給水管，吹出管及び水面測定装置の連絡管は，耐熱材料で防護すること。

⑧　温水ボイラーの返り管については，凍結しないように保温その他の措置を講ずること。

以上の規定から，

(1)　は，⑤号　のとおり，定められている。
(2)　は，⑥号　に，現在水位と比較できるように表示するのは常用水位とあり，最高水位とは，定められていない。
(3)　は，④号　のとおり，定められている。
(4)　は，⑦号　のとおり，定められている。
(5)　は，⑧号　のとおり，定められている。

〔答〕　(2)

〔ポイント〕　附属品の管理は出題頻度が高いので，全項目を正しく把握しよう「わかりやすい2.7.5」「最短合格4.4.4」。

問 7　ボイラーの取扱いの作業について，法令上，ボイラー取扱作業主任者として二級ボイラー技士を選任できるボイラーは，次のうちどれか。
　ただし，他にボイラーはないものとする。

(1)　最大電力設備容量が450 kWの電気ボイラー
(2)　伝熱面積が30 m^2の鋳鉄製蒸気ボイラー
(3)　伝熱面積が40 m^2の炉筒煙管ボイラー
(4)　伝熱面積が30 m^2の煙管ボイラー
(5)　伝熱面積が30 m^2の鋳鉄製温水ボイラー

〔解説〕　ボイラー取扱作業主任者の選任は，取り扱うボイラーの合計した伝熱面積により，要求される資格が異なる。（ボ則）24条の1項では，伝熱面積による必要資格を規定している。この規定を略文化して掲げ，照合し，二級ボイラー技士を選任できるボイラーを選定する。
　また，電気ボイラーの伝熱面積の算出は，（ボ則） 2条の規定で算出する。

<u>（ボイラー取扱作業主任者の選任）24条</u>

1　ボイラーの取り扱い作業の区分に応じて，各号に掲げる者のうちからボイラー取扱作業主任者を選任しなければならない。

①　伝熱面積 500 m^2以上　は，特級ボイラー技士
②　伝熱面積 25 m^2以上～ 500 m^2未満　は，特級，一級ボイラー技士
③　伝熱面積 25 m^2未満　は，特級，一級，二級ボイラー技士

<u>（伝熱面積） 2条 1項④号</u>

④　電気ボイラー：電力設備容量20 kWを 1 m^2として最大電力設備容量を換算した面積

　設問の，二級ボイラー技士は，24条 1項③号　により，伝熱面積25 m^2未満のものについては選任ができる。設問の各項をみてみると，

(1)　の電気ボイラーは， 2条④号で，最大電力設備容量20 kWを 1 m^2とする規定により換算すると，450÷20＝22.5 m^2となり，25 m^2未満なので，選任できる。なお，令和 5 年12月18日付で20 kWから60 kWに改正された。

(2)(3)(4)(5)　は，いずれも25 m^2以上なので，選任できない。

〔答〕 (1)

〔ポイント〕　資格による選任可能な伝熱面積を覚えよう。また，本問では触れられていないが，主任者選任時の伝熱面積は，取り扱うボイラーの伝熱面積の，貫流ボイラーでは 1 /10，廃熱ボイラーは 1 / 2 とし，小規模ボイラーは算入しないことに留意しよう「わかりやすい1.3.4 2.7.2」「最短合格4.1.3 [1] 4.4.1 4.4.2」。

問8　ボイラー（小型ボイラーを除く。）の次の部分又は設備を変更しようとするとき，法令上，ボイラー変更届を所轄労働基準監督署長に提出する必要のないものはどれか。
　ただし，計画届の免除認定を受けていない場合とする。

(1)　給水ポンプ
(2)　節炭器
(3)　過熱器
(4)　燃焼装置
(5)　据付基礎

〔解説〕　ボイラーの変更検査の対象となる部分又は設備については，（ボ則）41条（変更届）に規定されている。同条を略文化して掲げる。

（変更届）41条
　事業者は，ボイラーについて，次の各号のいずれかに掲げる部分又は設備を変更しようとするときは，ボイラー変更届にボイラー検査証及び変更の内容を示す書面を添えて，所轄労働基準監督署長に提出しなければならない。
①　胴，ドーム，炉筒，火室，鏡板，天井板，管板，管寄せ又はステー
②　附属設備　（注：（ボ則）７条により，過熱器，節炭器が該当する。）
③　燃焼装置
④　据付基礎

　以上より，設問各項目について変更届提出の要否をみてみると，
(1)　の給水ポンプは，規定の対象ではなく，変更届の提出は不要である。
(2)　の節炭器は，②号の附属設備であり，提出が必要である。
(3)　の過熱器も，②号の附属設備であり，提出が必要である。
(4)　の燃焼装置は，③号に規定され，提出が必要である。
(5)　の据付基礎は，④号に規定され，提出が必要である。

これにより，変更届提出の必要のないものは，(1)　の給水ポンプ である。

〔答〕　(1)

〔ポイント〕　変更届の対象となる部分，設備について把握すること「わかりやすい2.4.1 (1)」「最短合格4.2.4 1」。

問９　鋼製ボイラー（小型ボイラーを除く。）の安全弁について，法令に定められていない内容のものは次のうちどれか。

(1)　伝熱面積が50 m^2を超える蒸気ボイラーには，安全弁を２個以上備えなければならない。
(2)　貫流ボイラー以外の蒸気ボイラーの安全弁は，ボイラー本体の容易に検査できる位置に直接取り付け，かつ，弁軸を鉛直にしなければならない。
(3)　貫流ボイラーに備える安全弁については，ボイラー本体の安全弁より先に吹き出すように調整するため，当該ボイラーの最大蒸発量以上の吹出し量のものを，過熱器の入口付近に取り付けることができる。
(4)　過熱器には，過熱器の出口付近に過熱器の温度を設計温度以下に保持することができる安全弁を備えなければならない。
(5)　水の温度が120 ℃を超える温水ボイラーには，安全弁を備えなければならない。

〔解説〕　本問は，安全弁に関し（ボ構規）から（(3)は（ボ則）28条１項②号から）の出題である。設問各項に関係する条項を略記してあげ，判断する。

（ボ構規）（安全弁）62条

１　蒸気ボイラーには，内圧を最高使用圧力以下に保持することができる安全弁を２個以上備えなければならない。ただし，伝熱面積50 m^2以下の蒸気ボイラーにあっては安全弁を１個とすることができる。

２　安全弁は，ボイラー本体の容易に検査できる位置に直接取り付け，かつ，弁軸を鉛直にしなければならない。

（ボ構規）（過熱器の安全弁）63条

１　過熱器には，過熱器の出口付近に過熱器の温度を設計温度以下に保持することができる安全弁を備えなければならない。

２　貫流ボイラーにあっては，62条２項の規定にかかわらず，当該ボイラーの最大蒸発量以上の吹出し量の安全弁を過熱器の出口付近に取り付けることができる。

（ボ構規）（温水ボイラーの逃がし弁又は安全弁）65条

２　水の温度が120 ℃を超える温水ボイラーには，内部の圧力を最高使用圧力以下に保持することができる安全弁を備えなければならない。

（ボ則）（附属品の管理）28条１項②号

②　過熱器用安全弁は，胴の安全弁より先に作動するよう調整すること。

以上の規定から，設問の各記述をみてみる。

(1)　は，62条１項に，(2)　は，62条２項　に，定められている。
(3)　は設問の，貫流ボイラー本体の安全弁以外の安全弁を想定した文章は疑問だが，（ボ則）28条１項②号により，過熱器の安全弁は本体より先に作動するように調整するが，63条２項　には，安全弁の取り付けは過熱器の出口付近と規定し，入口付近に取り付けることができるとは，定められていない。
(4)　は，63条１項　に，定められている。
(5)　は，65条２項　に，定められている。

〔答〕　(3)

〔ポイント〕　安全弁の必要個数，取付位置，所要能力などを把握しよう「わかりやすい2.7.5 ② 12.1.1 (1)～(3)(5) 12.1.2 (1)②」「最短合格4.4.4 4.5.1」。

問10　法令上，起動時にボイラー水が不足している場合及び運転時にボイラー水が不足した場合に，自動的に燃料の供給を遮断する装置又はこれに代わる安全装置を設けなければならないボイラー（小型ボイラーを除く。）は，次のうちどれか。

(1)　鋳鉄製蒸気ボイラー
(2)　炉筒煙管ボイラー
(3)　自然循環式水管ボイラー
(4)　貫流ボイラー
(5)　強制循環式水管ボイラー

〔解説〕　本問は，設問中の「自動的に燃料の供給を遮断する」という文言から，（ボ構規）第７節「自動制御装置」からの設問と判断できる。この第７節に「自動給水調節装置等」(84条）が規定され，その第３項に次の規定がある。

3　貫流ボイラーには，当該ボイラーごとに，起動時にボイラー水が不足している場合及び運転時にボイラー水が不足した場合に，自動的に燃料の供給を遮断する装置又はこれに代わる安全装置を設けなければならない。

これにより　(4)貫流ボイラー　が該当する。

〔答〕　(4)

〔ポイント〕　事故防止を図る自動制御装置を把握しよう「わかりやすい12.1.8 (3)」「最短合格4.5.6 [1]」。

問１　鋼製蒸気ボイラー（小型ボイラーを除く。）の蒸気部に取り付ける圧力計について講ずる措置として，法令に定められていないものは次のうちどれか。

(1)　蒸気が直接圧力計に入らないようにすること。
(2)　コック又は弁の開閉状況を容易に知ることができること。
(3)　圧力計への連絡管は，容易に閉そくしない構造であること。
(4)　圧力計の目盛盤の最大指度は，最高使用圧力の1.5倍以上２倍以下の圧力を示す指度とすること。
(5)　圧力計の目盛盤の径は，目盛りを確実に確認できるものであること。

〔解説〕　圧力計やその取り付け方法などについては，（ボ構規）第１編 鋼製ボイラー 第４章 附属品　第２節 圧力計，水高計及び温度計　に規定されている。

<u>（圧力計）66条</u>

1　蒸気ボイラーの蒸気部，水柱管又は水柱管に至る蒸気側連絡管には，次の各号に定めるところにより，圧力計を取り付けなければならない。
①　蒸気が直接圧力計に入らないようにすること。
②　コック又は弁の開閉状況を容易に知ることができること。
③　圧力計への連絡管は，容易に閉そくしない構造であること。
④　圧力計の目盛盤の最大指度は，最高使用圧力の1.5倍以上３倍以下の圧力を示す指度とすること。
⑤　圧力計の目盛盤の径は，目盛りを確実に確認できるものであること。

本問の各記述を（ボ構規）66条と照合する。
(1)　は，①号　に，
(2)　は，②号　に，
(3)　は，③号　に定められている。
(4)　は，④号　に規定があるが，目盛盤の最大指度は，最高使用圧力の1.5倍以上３倍以下とあり，1.5倍以上２倍以下とは，定められていない。
(5)　は，⑤号　に定められている。

〔答〕　(4)

〔ポイント〕　本問は66条１項の④号からの出題であるが他の各号も大事なので把握すること「わかりやすい12.1.3 (1)」「最短合格4.5.2 [1]」。

問２　次の文中の［　　　］内に入れるＡ及びＢの語句の組合せとして，法令に定められているものは(1)～(5)のうちどれか。

「蒸気ボイラー（小型ボイラーを除く。）の［　Ａ　］は，ガラス水面計又はこれに接近した位置に，［　Ｂ　］と比較することができるように表示しなければならない。」

	Ａ	Ｂ
(1)	最低水位	常用水位
(2)	最低水位	現在水位
(3)	常用水位	現在水位
(4)	常用水位	最低水位
(5)	現在水位	常用水位

〔解説〕　Ａ及びＢの各種の水位の語句と，附属品のガラス水面計という語句から，水面計に関する設問と判断できる。これは，（ボ則）28条（附属品の管理）の８項目の中に規定されている。該当項目をあげ検討する。

<u>（附属品の管理）28条</u>

1　事業者は，ボイラーの安全弁その他の附属品の管理について，次の事項を行わなければならない。

⑥　蒸気ボイラーの常用水位は，ガラス水面計又はこれに接近した位置に，現在水位と比較することができるように表示すること。

設問は，この規定であるから，

Ａ　には常用水位

Ｂ　には現在水位

が入り，この組合わせは (3) である。

〔答〕 (3)

〔ポイント〕　附属品の管理８項目は出題頻度が高い。８項目を把握すること「わかりやすい2.7.5⑥」「最短合格4.4.4」。

問3　ボイラー（小型ボイラーを除く。）の定期自主検査について，法令に定められていないものは次のうちどれか。

(1)　定期自主検査は，1か月をこえる期間使用しない場合を除き，1か月以内ごとに1回，定期に，行わなければならない。
(2)　定期自主検査は，大きく分けて，「ボイラー本体」，「通風装置」，「自動制御装置」及び「附属装置及び附属品」の4項目について行わなければならない。
(3)　「自動制御装置」の電気配線については，端子の異常の有無について点検しなければならない。
(4)　「附属装置及び附属品」の給水装置については，損傷の有無及び作動の状態について点検しなければならない。
(5)　定期自主検査を行ったときは，その結果を記録し，これを3年間保存しなければならない。

〔解説〕　ボイラーの定期自主検査については，（ボ則）32条に規定されている。

（定期自主検査）32条

1　ボイラーについて，その使用を開始した後，1月以内ごとに1回，定期に次の表の上欄の項目について下欄の点検事項について自主検査を行なうこと。ただし，1月をこえる期間使用しない場合，その期間については，この限りではない。

3　前2項の自主検査を行ったときは，その結果を記録し，これを3年間保存しなければならない。

項目		点検事項
ボイラー本体		損傷の有無
燃焼装置	油加熱器及び燃料送給装置	損傷の有無
	バーナ	汚れ又は損傷の有無
	ストレーナ	つまり又は損傷の有無
	バーナタイル及び炉壁	汚れ又は損傷の有無
	ストーカ及び火格子	損傷の有無
	煙道	漏れその他の損傷の有無及び通風圧の異常の有無
自動制御装置	起動及び停止の装置，火炎検出装置，燃料しゃ断装置，水位調節装置並びに圧力調節装置	機能の異常の有無
	電気配線	端子の異常の有無
附属装置及び附属品	給水装置	損傷の有無及び作動の状態
	蒸気管及びこれに附属する弁	損傷の有無及び保温の状態
	空気予熱器	損傷の有無
	水処理装置	機能の異常の有無

設問の各項目をこの規定に照合すると，(1)は，1項のとおり。(2)は，表の大項目のうち「通風装置」は，定められていない。(3)、(4)の点検事項は表のとおりである。(5)の記録の保存は3年間と3項に定められている。

〔答〕　(2)

〔ポイント〕　点検項目表の4つの大項目，点検部位の発生しやすい損傷から点検事項を把握し，点検記録保存3年を記憶すること「わかりやすい2.7.9」「最短合格4.4.5」。

問4　法令上，ボイラーの伝熱面積に算入しない部分は，次のうちどれか。

(1)　管寄せ
(2)　煙管
(3)　水管
(4)　蒸気ドラム
(5)　炉筒

〔解説〕　火気，燃焼ガスその他の高温ガスの熱をボイラー水や熱媒などに伝える部分を伝熱面というが，その面積算出の対象となる伝熱面は（ボ則）２条に規定されている。

２条のなかで本問に関する条項をあげると，

(伝熱面積）２条

1　伝熱面積の算定方法は，次の各号に掲げるボイラーについて，当該各号に定める面積をもつて算定するものとする。

①　水管ボイラー及び電気ボイラー以外のボイラー（注：炉筒煙管ボイラーなどの丸ボイラーや鋳鉄製ボイラーなどが該当)：

火気，燃焼ガスその他の高温ガス（以下「燃焼ガス等」という。）に触れる本体の面で，その裏側が水又は熱媒に触れるものの面積（カッコ内，略）

②　水管ボイラー（貫流ボイラー以外の)：

水管及び管寄せの次の面積を合計した面積

イ　水管（カッコ内，略）又は管寄せでその全部又は一部が燃焼ガス等に触れる面の面積

(ロ～チ，略)

設問の各記述を見てみると，

(1)　の管寄せは，②号　に規定され，算入する。
(2)　の煙管は，①号　に該当し，算入する。
(3)　の水管は，②号　に規定され，算入する。
(4)　の蒸気ドラムは，規定がなく，算入しない。
(5)　の炉筒は，①号　に該当し，算入する。

〔答〕(4)

〔ポイント〕　伝熱面積に算入しないものには，水管ボイラーの水ドラム，過熱器やエコノマイザーなどもあるので注意すること「わかりやすい1.3」「最短合格4.1.3 [1]」。

問 5　法令上，原則としてボイラー技士でなければ取り扱うことができないボイラーは，次のうちどれか。

(1)　伝熱面積が10 m^2の温水ボイラー
(2)　伝熱面積が 4 m^2の蒸気ボイラーで，胴の内径が850 mm，かつ，その長さが1500 mmのもの
(3)　伝熱面積が30 m^2の気水分離器を有しない貫流ボイラー
(4)　内径が400 mmで，かつ，その内容積が0.2 m^3の気水分離器を有する伝熱面積が25 m^2の貫流ボイラー
(5)　最大電力設備容量が60 kWの電気ボイラー

〔解説〕　ボイラーについての就業制限は，（ボ則）の23条の 1 項及び 2 項に，

1　事業者は，令第20第 3 号の業務（ボイラー（小型ボイラーを除く。）の取扱いの業務）については，特級，一級又は二級ボイラー技士免許を受けた者(以下「ボイラー技士」という。）でなければ，当該業務につかせてはならない。
2　事業者は，前項本文の規定にかかわらず，令第20条第 5 号イからニまでに掲げるボイラーの取扱いの業務については，ボイラー取扱技能講習を修了した者（以下，講習修了者という。）を当該業務につかせることができる。

とあり，令第20条第 5 号イからニは，

イ　胴の内径が750 mm以下で，かつ，その長さが1,300 mm以下の蒸気ボイラー
ロ　伝熱面積が 3 m^2以下の蒸気ボイラー
ハ　伝熱面積が14 m^2以下の温水ボイラー
ニ　伝熱面積が30 m^2以下の貫流ボイラー（気水分離器を有するものにあっては，当該気水分離器の内径が400 mm以下で，かつ，その内容積が0.4 m^3以下のものに限る。）

と，規定されている（「令」とは，労働安全衛生法施行令のことである。）。
　ここで，設問の各記述をみて判断すると，

(1)　は，ハ　に該当，ボイラー技士でなくても講習修了者が取り扱える。
(2)　は，ロ　の伝熱面積，及び，イの内径，長さが規定値をともに超えるのでボイラー技士でなければ取り扱うことができない。
(3)　は，ニ　に該当，講習修了者が取り扱える。
(4)　は，ニ　に該当，伝熱面積も気水分離器の内径，内容積とも規定値以下で，講習修了者が取り扱える。
(5)　の電気ボイラーは，（ボ則） 2 条 1 項④号の規定から20 kWを 1 m^2の伝熱面積とみなす規定て換算すると 3 m^2となり，これが蒸気用であっても ロ に該当し，講習修了者でも取り扱うことができる。なお，令和 5 年12月18日付で20 kWから60 kWに改正された。

〔答〕　(2)

〔ポイント〕　（ボ則）に関連する（令）第20条第 5 号イ～ニは通称「小規模ボイラー」と呼び規制が緩和されている「わかりやすい1.1.3 (3) 1.3.4」「最短合格4.4.1」。

問6　ボイラー取扱作業主任者の職務として，法令に定められていないものは次のうちどれか。

(1)　圧力，水位及び燃焼状態を監視すること。
(2)　急激な負荷の変動を与えないように努めること。
(3)　ボイラーについて異状を認めたときは，直ちに必要な措置を講ずること。
(4)　排出されるばい煙の測定濃度及びボイラー取扱い中における異常の有無を記録すること。
(5)　1日に1回以上水処理装置の機能を点検すること。

〔解説〕　ボイラー取扱作業主任者の職務は，（ボ則）25条1項に次の10項目が規定されている。これに設問各項を照合する。

(ボイラー取扱作業主任者の職務）25条

1　事業者は，ボイラー取扱作業主任者に次の事項を行わせなければならない。
　①　圧力，水位及び燃焼状態を監視すること。
　②　急激な負荷の変動を与えないように努めること。
　③　最高使用圧力をこえて圧力を上昇させないこと。
　④　安全弁の機能の保持に努めること。
　⑤　1日1回以上水面測定装置の機能を点検すること。
　⑥　適宜，吹出しを行い，ボイラー水の濃縮を防ぐこと。
　⑦　給水装置の機能の保持に努めること。
　⑧　低水位燃焼しゃ断装置，火炎検出装置その他の自動制御装置を点検し，及び調整すること。
　⑨　ボイラーについて異状を認めたときは，直ちに必要な措置を講じること。
　⑩　排出されるばい煙の測定濃度及びボイラー取扱い中における異常の有無を記録すること。
2　（略）

以上から，
(1)　は，1項①号　のとおり，定められている。
(2)　は，1項②号　のとおり，定められている。
(3)　は，1項⑨号　のとおり，定められている。
(4)　は，1項⑩号　のとおり，定められている。
(5)　の，水処理装置の点検については，定められていない。
「1日に1回以上」の規定は，1項⑤号　の水面測定装置である。

〔答〕　(5)

〔ポイント〕　本条は項目を変えて出題されることが多いので，10項目を把握すること「わかりやすい2.7.2 (3)」「最短合格4.4.3」。

問7　次の文中の[　　]内に入れるAからCまでの語句及び数値の組合せとして，法令上，正しいものは(1)～(5)のうちどれか。

「設置されたボイラー（小型ボイラーを除く。）に関し，事業者に変更があったときは，変更後の事業者は，その変更後[A]日以内に，ボイラー検査証[B]申請書にボイラー検査証を添えて，所轄労働基準監督署長に提出し，その[C]を受けなければならない。」

	A	B	C
(1)	10	再交付	再交付
(2)	10	書替	書替え
(3)	14	書替	書替え
(4)	30	書替	再交付
(5)	30	再交付	再交付

〔解説〕　事業者に変更があったときの届け出については，（ボ則）44条に規定されている。

(事業者等の変更）44条

1　設置されたボイラーに関し，事業者に変更があったときは，変更後の事業者は，その変更後10日以内に，ボイラー検査証書替申請書にボイラー検査証を添えて所轄労働基準監督署長に提出し，その書替えを受けなければならない。

この規定により，本問の
A　には，10
B　には，書替
C　には，書替え
が入り，この組合せは，(2)　である。

〔答〕　(2)

〔ポイント〕　各種届け出については，その期限（日数），提出書類及び提出先についても把握すること「わかりやすい2.4.2」「最短合格4.2.4 [2]」。

問8　ボイラー室に設置されている胴の内径が600 mmで，その長さが1000 mmの立てボイラー（小型ボイラーを除く。）の場合，その外壁から壁，配管その他のボイラーの側部にある構造物（検査及びそうじに支障のない物を除く。）までの距離として，法令上，許容される最小の数値は次のうちどれか。

(1)　0.15 m
(2)　0.30 m
(3)　0.45 m
(4)　1.20 m
(5)　2.00 m

〔解説〕　ボイラーを設置するボイラー室に関しては，（ボ則）第２章の第３節ボイラー室に定められ，本問については20条２項に規定されている。

（ボイラーの据付位置）20条

2　本体を被覆していないボイラー又は立てボイラーについては，（中略）ボイラーの外壁から壁，配管その他の側部にある構造物（検査及びそうじに支障のないものを除く。）までの距離を0.45 m以上としなければならない。ただし，胴の内径が500 mm以下で，かつ，その長さが1000 mm以下のボイラーについては，この距離は，0.3 m以上とする。

本問で，設置されている立てボイラーは内径が600 mmとあるので，本規定のただし書き（内径が500 mm以下かつ長さ1000 mm以下）は適用できず，ボイラーと構造物の距離は0.45 mが必要であり，答えは (3) となる。

〔答〕 (3)

〔ポイント〕　（ボ則）18条～ 21条に規定の各数値を覚えること「わかりやすい2.6.3 (2)」「最短合格4.3 ③」。

問９　ボイラー（小型ボイラーを除く。）の検査及び検査証について，法令上，誤っているものは次のうちどれか。

(1)　ボイラー（移動式ボイラーを除く。）を設置した者は，所轄労働基準監督署長が検査の必要がないと認めたボイラーを除き，落成検査を受けなければならない。
(2)　ボイラー検査証の有効期間の更新を受けようとする者は，性能検査を受けなければならない。
(3)　ボイラーを輸入した者は，原則として使用検査を受けなければならない。
(4)　ボイラーの給水装置に変更を加えた者は，変更検査を受けなければならない。
(5)　使用を廃止したボイラーを再び設置しようとする者は，使用検査を受けなければならない。

〔解説〕　設問は，ボイラーの落成検査，変更検査，使用検査と検査証に関するものである。これらは（ボ則）にそれぞれ規定されている。設問各項に該当する規定をあげて判断する。なお，条文中に「法」とあるのは「労働安全衛生法」のことである。

(1)　の落成検査は，14条１項に，
「ボイラーを設置した者は，法の規定により，（中略）所轄労働基準監督署長（以下，「所轄労基署長」と略す。）の検査を受けなければならない。ただし，所轄労基署長が当該検査の必要がないと認めたボイラーについては，この限りでない。」との規定があり，正しい。

(2)　の検査証の有効期間の更新については，38条１項に，
「ボイラー検査証の有効期間の更新を受けようとする者は，（中略）法第41条第２項の性能検査を受けなければならない。」との規定があり，正しい。

(3)　のボイラーを輸入した者については，12条１項に，
「使用検査を受けなければならない者」の①号にあげられており，正しい。

(4)　の変更検査については，41条１項に，
「事業者は，ボイラーについて，次の各号のいずれかに掲げる部分又は設備を変更しようとするときは，法の規定により，ボイラー変更届（中略）を所轄労基署長に提出しなければならない。」との規定があるが，対象設備を指定する１項に「給水装置」は規定されていないので，誤りである。

(5)　廃止ボイラーの再設置への使用検査については，12条１項に，
「使用検査を受けなければならない者」の③号にあげられており，正しい。

〔答〕（４）

〔ポイント〕　各種検査の対象となる行為，設備，また，事前の措置などを把握すること「わかりやすい2.2.3 2.2.5 2.3.1 2.4.1 (1)」「最短合格4.2.1 [4] 4.2.2 [3] 4.2.3 4.2.4 [1]」。

問10　給水が水道その他圧力を有する水源から供給される場合に，法令上，当該水源に係る管を返り管に取り付けなければならないボイラー（小型ボイラーを除く。）は，次のうちどれか。

(1)　立てボイラー
(2)　鋳鉄製ボイラー
(3)　炉筒煙管ボイラー
(4)　水管ボイラー
(5)　貫流ボイラー

〔解説〕（ボ構規）第２編 鋳鉄製ボイラー に，設問の規定がある。

<u>（圧力を有する水源からの給水）100条</u>

1　給水が水道その他の圧力を有する水源から供給される場合には，当該水源に係る管を返り管に取り付けなければならない。

とあり，これにより (2) 鋳鉄製ボイラーが該当する。

〔答〕(2)

〔ポイント〕　条文のみでは何ボイラーかが不明であるが，規定されているのが，第２編鋳鉄製ボイラーであることから判る「わかりやすい12.2.6」「最短合格4.5.7 [3] E」。

■ 令和３年後期：関係法令 ■

問１　ボイラー（移動式ボイラー及び小型ボイラーを除く。）に関する次の中の［　　］内に入れるＡからＣまでの語句の組合せとして，法令に定められているものは(1)～(5)のうちどれか。

「ボイラーを設置した者は，所轄労働基準監督署長が検査の必要がないと認めたものを除き，①ボイラー，②ボイラー室，③ボイラー及びその［　Ａ　］の配置状況，④ボイラーの［　Ｂ　］並びに燃焼室及び煙道の構造について，［　Ｃ　］検査を受けなければならない。」

	A	B	C
(1)	自動制御装置	通風装置	落成
(2)	自動制御装置	据付基礎	使用
(3)	配管	据付基礎	落成
(4)	配管	附属設備	落成
(5)	配管	据付基礎	使用

〔解説〕　設問の「ボイラーを設置した者は…」の文章から，設置してすぐの検査である落成検査についての問いであることが判る。落成検査について規定した（ボ則）14条を略記すると，次のとおりである。

（落成検査）14条

1　ボイラーを設置した者は，法第38条により，当該ボイラーとこれに係る次の事項について，所轄労働基準監督署長の検査を受けなければならない。（以下，略。）
①　第18条（ボイラーの設置場所）のボイラー室
②　ボイラー及びその配管の配置状況
③　ボイラーの据付基礎並びに燃焼室及び煙道の構造

2　前項の規定による検査（以下，この章において「落成検査」という。）は，構造検査又は使用検査に合格した後でなければ，受けることはできない。
（注：１項の法とは，労働安全衛生法のことである。）

これにより，本問の
Ａ　には，１項②号　から，配管
Ｂ　には，１項③号　から，据付基礎
Ｃ　には，２項　から，落成
が入り，その組合せは，(3)　である。

〔答〕　(3)

〔ポイント〕　ボイラーを設置した者がまず受けなければならないのは落成検査である。落成検査では当該ボイラーと①号から③号の事項について受検する「わかりやすい2.2.3」「最短合格4.2.2 ③」。

問 2　次の文中の[　　]内に入れるA及びBの数値の組合せとして，法令に定められているものは(1)～(5)のうちどれか。

「鋳鉄製温水ボイラー（小型ボイラーを除く。）で圧力が[A]MPaを超えるものには，温水温度が[B]℃を超えないように温水温度自動制御装置を設けなければならない。」

	A	B
(1)	0.1	100
(2)	0.1	120
(3)	0.3	120
(4)	0.5	130
(5)	0.5	150

〔解説〕　設問文章から，鋳鉄製ボイラーの温水温度自動制御装置に関する問題であることが判る。

これは，（ボ構規）第 2 編 鋳鉄製ボイラー の第98条（温水温度自動制御装置）に規定されている。

（温水温度自動制御装置）98条

温水ボイラーで圧力が0.3 MPaを超えるものには，温水温度が120 ℃を超えないように温水温度自動制御装置を設けなければならない。

これにより，本問の
A　には，0.3
B　には，120
が入り，この組合わせは，(3)　である。

〔答〕　(3)

〔ポイント〕　温水ボイラーで圧力が0.3 MPaを超えるものには，温水が120 ℃を超えないように温水温度自動制御装置を設けなければならない「わかりやすい12.2.4 (3)」「最短合格4.5.7 [3]」

問3　ボイラー（移動式ボイラー，屋外式ボイラー及び小型ボイラーを除く。）を設置するボイラー室について，法令に定められていない内容のものは次のうちどれか。

(1)　伝熱面積が4 m^2の蒸気ボイラーは，ボイラー室に設置しなければならない。
(2)　ボイラーの最上部から天井，配管その他のボイラーの上部にある構造物までの距離は，原則として，2 m以上としなければならない。
(3)　ボイラー室には，必要がある場合のほか，引火しやすいものを持ち込ませてはならない。
(4)　立てボイラーは，ボイラーの外壁から壁，配管その他のボイラーの側部にある構造物（検査及びそうじに支障のない物を除く。）までの距離を，原則として，0.45 m以上としなければならない。
(5)　ボイラー室に燃料の石炭を貯蔵するときは，原則として，これをボイラーの外側から1.2 m以上離しておかなければならない。

〔**解説**〕　ボイラーを設置するボイラー室に関しては（ボ則）の18条～22条や29条に規定されている。設問に該当する条項をあげ，照合して判断する。

（ボイラーの設置場所）18条

　ボイラーは専用の建物又は建物の中の障壁で区画された場所（ボイラー室という。）に設置しなければならない。ただし，伝熱面積が3 m^2以下のボイラーについては，この限りではない。

（ボイラーの据付位置）20条

1　ボイラーの最上部から天井，配管その他のボイラーの上部にある構造物までの距離を，1.2 m以上としなければならない。（以下，略。）

2　本体を被覆していないボイラー又は立てボイラーについては，前項の規定によるほか，ボイラーの外壁から壁，配管その他のボイラーの側部にある構造物（検査及びそうじに支障のない物を除く。）までの距離を0.45 m以上としなければならない。

（ボイラーと可燃物の距離）21条

2　ボイラー室，その他のボイラー設置場所に燃料を貯蔵するときは，これをボイラーの外側から2 m（固体燃料にあっては1.2 m）以上離しておかなければならない。

（ボイラー室の管理）29条

　②ボイラー室には必要がある場合の他，引火しやすい物を持ち込ませないこと。

　以上から，設問各項をみてみると，

(1)　は，18条　に，定められている。
(2)　は，20条1項　に，ボイラー最上部からその上部にある構造物までの距離を1.2 m以上と規定し，2 m以上とは，定められていない。
(3)　は，29条②号　に，定められている。
(4)　は，20条2項　に，定められている。
(5)　は，21条2項　に，固体燃料（石炭）は1.2 mと，定められている。

〔**答**〕　(2)

〔**ポイント**〕　ボイラー室周りについての各規定の数値を把握すること「わかりやすい2.6.1 2.6.3 2.6.4 (2) 2.7.6 ②」「最短合格4.3 1 3 4 5」。

問4　ボイラーの伝熱面積の算定方法に関するＡからＤまでの記述で，法令上，正しいもののみを全て挙げた組合せは，次のうちどれか。

Ａ　水管ボイラーの耐火れんがでおおわれた水管の面積は，伝熱面積に算入しない。
Ｂ　貫流ボイラーの過熱管は，伝熱面積に算入しない。
Ｃ　立てボイラー（横管式）の横管の伝熱面積は，横管の外径側で算定する。
Ｄ　炉筒煙管ボイラーの煙管の伝熱面積は，煙管の内径側で算定する。

(1)　Ａ，Ｂ
(2)　Ａ，Ｂ，Ｃ
(3)　Ａ，Ｄ
(4)　Ｂ，Ｃ，Ｄ
(5)　Ｃ，Ｄ

〔解説〕　ボイラーの伝熱面積の算定方法については，（ボ則）２条に規定されている。本問に関する条項をあげ各記述の正誤を確認する。

（伝熱面積）２条

厚生労働省令で定める伝熱面積の算定方法は，次の各号に掲げるボイラーについて，当該各号に定める面積をもって算定するものとする。

①　水管ボイラー及び電気ボイラー以外のボイラー（注：炉筒煙管ボイラーなどの丸ボイラーや鋳鉄製ボイラーなどが該当）：
　火気，燃焼ガスその他の高温ガス（以下「燃焼ガス等」という。）に触れる本体の面で，その裏側が水又は熱媒に触れるものの面積（カッコ内，略）

②　水管ボイラー（貫流ボイラー以外の）：
　水管及び管寄せの次の面積を合計した面積
　ホ　耐火れんがによっておおわれた水管にあっては，管の外側の壁面に対する投影面積

③　貫流ボイラー：
　燃焼室入口から過熱器入口までの水管の燃焼ガス等に触れる面の面積

以上から各記述の正誤をみてみる。

Ａ　は，②号ホ　に該当し，耐火れんがにおおわれた水管も伝熱面積を算入する。誤りである。
Ｂ　は，③号　の規定のとおりで過熱器管は算入しない。正しい。
Ｃ　は，①号　に該当し，立てボイラーの横管は管外が燃焼ガス等であり，横管は外径側で算定する。正しい。
Ｄ　は，①号　に該当し，炉筒煙管ボイラーの煙管は管内が燃焼ガス等であり，煙管の内径側で算定する。正しい。

したがって，正しい記述Ｂ，Ｃ，Ｄの組合わせは　(4)　である。

〔答〕　(4)

〔ポイント〕　伝熱面積は電気ボイラーを除き，水や熱媒などを加熱する燃焼ガス等の面で算定する「わかりやすい1.3」「最短合格4.1.3」。

問５　次のボイラーを取り扱う場合，法令上，算定される伝熱面積が最も大きいものはどれか。
ただし，他にボイラーはないものとする。

(1)　伝熱面積が15 m^2の鋳鉄製温水ボイラー
(2)　伝熱面積が20 m^2の炉筒煙管ボイラー
(3)　最大電力設備容量が450 kWの電気ボイラー
(4)　伝熱面積が240 m^2の貫流ボイラー
(5)　伝熱面積が50 m^2の廃熱ボイラー

〔解説〕　ボイラーを取り扱う場合の伝熱面積の算定は，（ボ則）２条の規定で算出された面積（出題されている面積）に24条２項の算定法を適用して算出する。

（ボイラー取扱作業主任者の選任）24条

１（省略）

２　前項第１号から第３号までの伝熱面積の合計は，次の定めにより算定する。
①　貫流ボイラーについては，その伝熱面積の合計に１/10を乗じて得た値を当該貫流ボイラーの伝熱面積とすること。
②　火気以外の高温ガスを加熱に利用するボイラーについては，その伝熱面積に１/２を乗じて得た値を当該ボイラーの伝熱面積とすること。

以上の規定から各記述の法令上算定される伝熱面積は，
(1)　鋳鉄製ボイラーには換算規定はなく，算定面積は，15 m^2
(2)　炉筒煙管ボイラーにも換算規定はなく算定面積は，20 m^2
(3)　電気ボイラーについては（ボ則）２条④号の規定，「電気設備容量20 kWを１ m^2とみなしてその最大電力設備容量を換算した面積」から，450÷20 ＝22.5となり，算定面積は，22.5 m^2（注）令和５年12月18日付で20 kWから60 kWに改正された。
(4)　貫流ボイラーは，24条２項①号で，240×１/10＝24となり，算定面積は24 m^2
(5)　廃熱ボイラーは，24条２項②号で，50×１/２＝25となり，算定面積は，25 m^2

したがって，(1)～(5)で最も大きいものは (5) である。

〔答〕(5)

〔ポイント〕　主任者選任時の伝熱面積は，取り扱うボイラー伝熱面積の，貫流ボイラーでは１/10，廃熱ボイラーは１/２とし，算定することに留意すること「わかりやすい1.3.4 2.7.2」「最短合格4.1.3 [1] 4.4.1 4.4.2」。

問6　鋳鉄製ボイラー（小型ボイラーを除く。）の附属品について，次の文中の［　　］内に入れるAからCまでの語句の組合せとして，法令に定められているものは(1)～(5)のうちどれか。

「［ A ］ボイラーには，ボイラーの［ B ］付近における［ A ］の［ C ］を表示する［ C ］計を取り付けなければならない。」

	A	B	C
(1)	蒸気	入口	温度
(2)	蒸気	出口	流量
(3)	温水	入口	温度
(4)	温水	出口	温度
(5)	温水	出口	流量

〔解説〕　鋳鉄製ボイラーの附属品に関しては（ボ構規）に規定があるが，設問中のC欄の語群の温度計，流量計のうち流量計に関する規定はない。温度計については，

(圧力計，水高計及び温度計）96条の3項に

3　第66条（第5号を除く。）の規定は蒸気ボイラーの圧力計について，第67条の規定は温水ボイラーの水高計について，第68条第2項の規定は温水ボイラーの温度計について準用する。

と，規定され，準用する68条2項は，

(温度計）68条2項

2　温水ボイラーには，ボイラーの出口付近における温水の温度を表示する温度計を取り付けなければならない。

である。

この68条2項　により，本問の

A　には，温水

B　には，出口

C　には，温度

が入り，その組合わせは，(4)　である。

〔答〕 (4)

〔ポイント〕　鋳鉄製ボイラーは温度計の規定など，鋼製ボイラーの規定を準用することもあるので留意すること「わかりやすい12.1.3 12.2.3 (3)」「最短合格4.5.2 ③」。

問７　ボイラー（小型ボイラーを除く。）の次の部分又は設備を変更しようとするとき，法令上，ボイラー変更届を所轄労働基準監督署長に提出する必要のないものはどれか。
ただし，計画届の免除認定を受けていない場合とする。

(1)　管板
(2)　ステー
(3)　水管
(4)　燃焼装置
(5)　据付基礎

〔解説〕　ボイラーの変更検査の対象となる部分又は設備については，（ボ則）41条（変更届）に規定されている。同条を略文化して掲げる。

（変更届）41条

1　事業者は，ボイラーについて，次の各号のいずれかに掲げる部分又は設備を変更しようとするときは，ボイラー変更届にボイラー検査証及び変更の内容を示す書面を添えて，所轄労働基準監督署長に提出しなければならない。
①　胴，ドーム，炉筒，火室，鏡板，天井板，管板、管寄せ又はステー
②　附属設備（注：（ボ則）７条により，過熱器，節炭器が該当する。）
③　燃焼装置
④　据付基礎

以上から，設問各項目について変更届提出の要否をみてみると，
(1)，(2)　の管板，ステーは，41条１項①号　に規定され，変更届の提出が必要である。
(3)　の水管は，41条　に規定がなく，変更届の必要がない。
(4)，(5)　の燃焼装置，据付基礎は，41条１項の③号と④号　にそれぞれ規定されているので，変更届の提出が，必要である。

これにより，変更届の提出の必要のないものは，(3)　の水管である。

〔答〕　(3)

〔ポイント〕　変更届の対象となる部分，設備について把握すること「わかりやすい2.4.1 (1)」「最短合格4.2.4 [1]」。

問8　鋼製ボイラー（小型ボイラーを除く。）の安全弁について，法令に定められていない内容のものは次のうちどれか。

(1)　伝熱面積が50 m^2を超える蒸気ボイラーには，安全弁を2個以上備えなければならない。
(2)　貫流ボイラー以外の蒸気ボイラーの安全弁は，ボイラー本体の容易に検査できる位置に直接取り付け，かつ，弁軸を鉛直にしなければならない。
(3)　過熱器には，過熱器の出口付近に過熱器の温度を設計温度以下に保持することができる安全弁を備えなければならない。
(4)　貫流ボイラーに備える安全弁については，ボイラー本体の安全弁より先に吹き出すように調整するため，当該ボイラーの最大蒸発量以上の吹出し量のものを，過熱器の入口付近に取り付けることができる。
(5)　水の温度が120 ℃を超える温水ボイラーには，安全弁を備えなければならない。

〔解説〕　本問は，安全弁に関し（ボ構規）から（(4)は（ボ則）28条1項②号から）の出題である。設問各項に関係する条項を略記してあげ，判断する。

（ボ構規）（安全弁）62条

1　蒸気ボイラーには，内圧を最高使用圧力以下に保持することができる安全弁を2個以上備えなければならない。ただし，（以下，略）

2　安全弁は，ボイラー本体の容易に検査できる位置に直接取り付け，かつ，弁軸を鉛直にしなければならない。

（ボ構規）（過熱器の安全弁）63条

1　過熱器には，過熱器の出口付近に過熱器の温度を設計温度以下に保持することができる安全弁を備えなければならない。

2　貫流ボイラーにあっては，62条2項の規定にかかわらず，当該ボイラーの最大蒸発量以上の吹出し量の安全弁を過熱器の出口付近に取り付けることができる。

（ボ構規）（温水ボイラーの逃がし弁又は安全弁）65条

2　水の温度が120 ℃を超える温水ボイラーには，内部の圧力を最高使用圧力以下に保持することができる安全弁を備えなければならない。

（ボ則）（附属品の管理）28条1項②号

②　過熱器用安全弁は，胴の安全弁より先に作動するよう調整すること。

以上の規定から，設問の各記述をみてみる。

(1)　は，62条1項　に，(2)　は，62条2項　に，(3)　は，63条1項　に定められている。

(4)　は，（ボ則）28条1項②号　により，過熱器の安全弁は本体より先に作動するように調整するが，63条2項　には，安全弁の取り付けは過熱器の出口付近とし，入口付近に取り付けることができるとは，定められていない。

(5)　は，65条2項　に，定められている。

〔答〕　(4)

〔ポイント〕　安全弁の必要個数，取付位置，所要能力などを把握すること「わかりやすい2.7.5 ② 12.1.1 (1)～(3) (5) 12.1.2 (1) ②」「最短合格4.4.4 4.5.1」。

問9　ボイラー（移動式ボイラー及び小型ボイラーを除く。）について，次の文中の［　　］内に入れるＡ及びＢの語句の組合せとして，法令上，正しいものは(1)～(5)のうちどれか。

「［　Ａ　］並びにボイラー取扱作業主任者の［　Ｂ　］及び氏名をボイラー室その他のボイラー設置場所の見やすい箇所に掲示しなければならない。」

	A	B
(1)	最高使用圧力	資格
(2)	最大蒸発量	資格
(3)	最大蒸発量	所属
(4)	ボイラー検査証	所属
(5)	ボイラー検査証	資格

〔解説〕　本問は，設問の後半の文章「…氏名をボイラー室その他のボイラー設置場所の見やすい箇所に掲示…」から，ボイラー室への掲示の問題であることが判る。これは（ボ則）に（ボイラー室の管理等）として定められている。

（ボイラー室の管理等）29条

1　事業者は，ボイラー室の管理等について，次の事項を行わなければならない。

④　ボイラー検査証並びにボイラー取扱作業主任者の資格及び氏名をボイラー室その他のボイラー設置場所の見やすい箇所に掲示すること。

これにより，本問の

Ａ　には，ボイラー検査証

Ｂ　には，資格

が入り，この組合せは，(5)　である。

〔答〕　(5)

〔ポイント〕　29条の①号～⑥号を把握すること「わかりやすい2.7.6」「最短合格4.3 5」。

問10　ボイラー（小型ボイラーを除く。）の附属品の管理のため行わなければならない事項に関するＡからＤまでの記述で，法令に定められているもののみを全て挙げた組合せは，次のうちどれか。

Ａ　圧力計の目もりには，ボイラーの最高使用圧力を示す位置に，見やすい表示をすること。
Ｂ　蒸気ボイラーの水高計の目もりには，常用水位を示す位置に，見やすい表示をすること。
Ｃ　燃焼ガスに触れる給水管，吹出管及び水面測定装置の連絡管は，不燃性材料により保温その他の措置を講ずること。
Ｄ　圧力計は，使用中その機能を害するような振動を受けることがないようにし，かつ，その内部が凍結し，又は80 ℃以上の温度にならない措置を講ずること。

⑴　Ａ，Ｂ，Ｄ
⑵　Ａ，Ｃ，Ｄ
⑶　Ａ，Ｄ
⑷　Ｂ，Ｃ
⑸　Ｃ，Ｄ

〔解説〕　ボイラー附属品の管理については，（ボ則）28条に８項目が規定されている。本問のＡ～Ｄに関連する規定をあげ，Ａ～Ｄの法定の有無を判断する。

（附属品の管理）28条１項

④　圧力計又は水高計は，使用中その機能を害するような振動を受けることがないようにし，かつ，その内部が凍結し，又は80 ℃以上の温度にならない措置を講ずること。
⑤　圧力計又は水高計の目もりには，当該ボイラーの最高使用圧力を示す位置に，見やすい表示をすること。
⑥　蒸気ボイラーの常用水位は，ガラス水面計又はこれに接近した位置に，現在水位と比較することができるように表示すること。
⑦　燃焼ガスに触れる給水管，吹出管及び水面測定装置の連絡管は，耐熱材料で防護すること。

以上の規定からＡ～Ｄの規定の有無を判断すると，

Ａ　は，⑤号　に定められている。
Ｂ　は，⑤号　により，見やすい表示をするのは最高使用圧力を示す位置であり，常用水位とは，定められていない。常用水位の表示は⑥号を参照。
Ｃ　は，⑦号　に燃焼ガスからの防護は耐熱材料であり，不燃性材料とは，定められていない。
Ｄ　は，④号　の規定のとおりであり，定められている。

となり，定められている記述Ａ，Ｄの組合せは　⑶　である。

〔答〕　⑶

〔ポイント〕　水高計は圧力計の一種，水面計ではない「わかりやすい2.7.5」「最短合格4.4.4」。

■ 令和3年前期：関係法令 ■

問1　次の文中の[　　　]内に入れるA及びBの語句の組合せとして，法令上，正しいものは(1)～(5)のうちどれか。

「溶接によるボイラー（小型ボイラーを除く。）については，[　A　]検査に合格した後でなければ，[　B　]検査を受けることができない。」

	A	B
(1)	溶接	使用
(2)	溶接	構造
(3)	使用	構造
(4)	使用	溶接
(5)	構造	溶接

〔解説〕　設問の文章とA, Bの語群から，（ボ則）の溶接検査（7条），使用検査（12条），構造検査（5条）に関わる設問であることが判る。この3つの検査の規定をみてみると，構造検査の5条2項（略記する）に，

「溶接によるボイラーについては，第7条第1項（注：溶接検査）の規定による検査に合格した後でなければ，構造検査を受けることができない。」とある。

これにより，本問の
A　には，溶接
B　には，構造
が入り，この組合せは　(2)　である。

〔答〕　(2)

〔ポイント〕　溶接を用いたボイラーは構造検査の前に溶接検査を受けることを覚えること「わかりやすい 2.1.2 (1)」「最短合格 4.2.1 [3]」。

問2　鋼製ボイラー（小型ボイラーを除く。）の安全弁について，法令に定められていないものは次のうちどれか。

(1)　貫流ボイラーに備える安全弁については，当該ボイラーの最大蒸発量以上の吹出し量のものを過熱器の出口付近に取り付けることができる。
(2)　貫流ボイラー以外の蒸気ボイラーの安全弁は，ボイラー本体の容易に検査できる位置に直接取り付け，かつ，弁軸を鉛直にしなければならない。
(3)　水の温度が120 ℃を超える温水ボイラーには，逃がし弁を備えなければならない。
(4)　過熱器には，過熱器の出口付近に過熱器の温度を設計温度以下に保持することができる安全弁を備えなければならない。
(5)　伝熱面積が50 m^2を超える蒸気ボイラーには，安全弁を２個以上備えなければならない。

〔解説〕　本問は，安全弁に関し（ボ構規）からの出題である。設問各項に関係する条項をあげ，判断する。

<u>（安全弁）62条</u>
1　蒸気ボイラーには，内圧を最高使用圧力以下に保持することができる安全弁を２個以上備えなければならない。ただし，伝熱面積50 m^2以下の蒸気ボイラーにあっては，安全弁を１個とすることができる。
2　安全弁は，ボイラー本体の容易に検査できる位置に直接取り付け，かつ，弁軸を鉛直にしなければならない。

<u>（過熱器の安全弁）63条</u>
1　過熱器には，過熱器の出口付近に過熱器の温度を設計温度以下に保持することができる安全弁を備えなければならない。
2　貫流ボイラーにあっては，前条第２項の規定にかかわらず，当該ボイラーの最大蒸発量以上の吹出し量の安全弁を過熱器の出口付近に取り付けることができる。

<u>（温水ボイラーの逃がし弁又は安全弁）65条２項</u>
2　水の温度が120 ℃を超える温水ボイラーには，内部の圧力を最高使用圧力以下に保持することができる安全弁を備えなければならない。

以上の規定から，設問の各記述をみてみる。
(1)　は，63条２項　に定められている。
(2)　は，62条２項　に定められている。
(3)　は，65条２項　に，120 ℃を超える温水ボイラーには，安全弁と定め，逃がし弁とは定められていない。
(4)　は，63条１項　に定められている。
(5)　は，62条１項　に定められている。

〔答〕　(3)

〔ポイント〕　温水ボイラーは，120 ℃を超えると逃し弁ではなく安全弁である「わかりやすい12.1.1 (1)~(3) (5) 12.1.2 (1) ②」「最短合格 4.5.1」。

問３　ボイラー（小型ボイラーを除く。）の検査及び検査証について，法令上，誤っているものは次のうちどれか。

(1)　ボイラー（移動式ボイラーを除く。）を設置した者は，所轄労働基準監督署長が検査の必要がないと認めたボイラーを除き，落成検査を受けなければならない。

(2)　ボイラー検査証の有効期間の更新を受けようとする者は，性能検査を受けなければならない。

(3)　ボイラー検査証の有効期間は，原則として２年である。

(4)　ボイラーの燃焼装置に変更を加えた者は，所轄労働基準監督署長が検査の必要がないと認めたボイラーを除き，変更検査を受けなければならない。

(5)　使用を廃止したボイラーを再び設置しようとする者は，使用検査を受けなければならない。

〔解説〕　設問は，ボイラーの落成検査，変更検査，使用検査と検査証に関するものである。これらは（ボ則）にそれぞれ規定されている。設問各項に該当する規定をあげて判断する。なお，条文中に「法」とあるのは「労働安全衛生法」のことである。

(1)　の落成検査は，14条１項に，
「ボイラーを設置したものは，法第38条第３項の規定により，（中略）所轄労働基準監督署長の検査を受けなければならない。ただし，所轄労働基準監督署長が当該検査の必要がないと認めたボイラーについては，この限りでない。」との規定があり，正しい。

(2)　の検査証の有効期間の更新については，38条１項に，
「ボイラー検査証の有効期間の更新を受けようとする者は，（中略）法第41条第２項の性能検査を受けなければならない。」との規定があり，正しい。

(3)　の検査証の有効期間については，37条１項に，
「ボイラー検査証の有効期間は，１年とする。」と規定され，２年ではないので，誤りである。

(4)　の変更検査については，41条１項に，
「事業者は，ボイラーについて，次の各号のいずれかに掲げる部分又は設備を変更しようとするときは，法第88条第１項の規定により，ボイラー変更届にボイラー検査証及びその変更の内容を示す書面を添えて，所轄労働基準監督署長に提出しなければならない。」と規定し，対象となる設備として③号に「燃焼装置」があげられているので，正しい。

(5)　の使用検査については，12条１項に，
「次の者は，法第38条第１項の規定により，登録製造時等検査機関の検査を受けなければならない。」と規定し，次の者として，③号に「使用を廃止したボイラーを再び設置し，又は使用しようとする者」とあるので，正しい。

〔答〕　(3)

〔ポイント〕　各種検査の対象となる行為，設備，また，事前の措置などを把握すること。検査証については有効期間やその更新について記憶すること「わかりやすい 2.2.3 2.2.4(2) 2.2.5 (1) 2.3.1 2.4.1 (1) ①」「最短合格4.2.1 [4] 4.2.2 [3] 4.2.3 4.2.4 [1]」。

問4　次の文中の[　　　]内に入れるA及びBの数値の組合せとして，法令に定められているものは(1)～(5)のうちどれか。

「鋳鉄製温水ボイラー（小型ボイラーを除く。）で圧力が[　A　]MPaを超えるものには，温水温度が[　B　]℃を超えないように温水温度自動制御装置を設けなければならない。」

	A	B
(1)	0.1	100
(2)	0.1	120
(3)	0.3	100
(4)	0.3	120
(5)	1.6	130

〔解説〕　設問文章から，鋳鉄製ボイラーの温水温度自動制御装置に関する問題であることが判る。

これは，（ボ構規）第2編 鋳鉄製ボイラーの第98条（温水温度自動制御装置）に規定されている。

(温水温度自動制御装置) 98条

温水ボイラーで圧力が0.3 MPaを超えるものには，温水温度が120 ℃を超えないように温水温度自動制御装置を設けなければならない。

これにより，本問の
A　には，0.3
B　には，120
が入り，この組合わせは，(4)　である。

〔答〕　(4)

〔ポイント〕　鋳鉄製（温水・蒸気）ボイラーの各種規定数値を把握すること「わかりやすい12.2.4 (3)」「最短合格4.5.7 [3]」。

問５　ボイラー（小型ボイラーを除く。）の附属品の管理のため行わなければならない事項として，法令に定められていないものは次のうちどれか。

(1)　圧力計の目もりには，ボイラーの常用圧力を示す位置に，見やすい表示をすること。
(2)　蒸気ボイラーの常用水位は，ガラス水面計又はこれに接近した位置に，現在水位と比較することができるように表示すること。
(3)　圧力計は，使用中その機能を害するような振動を受けることがないようにし，かつ，その内部が凍結し，又は80 ℃以上の温度にならない措置を講ずること。
(4)　燃焼ガスに触れる給水管，吹出管及び水面測定装置の連絡管は，耐熱材料で防護すること。
(5)　温水ボイラーの返り管については，凍結しないように保温その他の措置を講ずること。

〔解説〕　ボイラー附属品の管理については，（ボ則）28条に８項目が規定されている。本問の５つの記述について関連する項目をあげる。

（附属品の管理）28条１項

④　圧力計又は水高計は，使用中その機能を害するような振動を受けることがないようにし，かつ，その内部が凍結し，又は80 ℃以上の温度にならない措置を講ずること。

⑤　圧力計又は水高計の目もりには，当該ボイラーの最高使用圧力を示す位置に，見やすい表示をすること。

⑥　蒸気ボイラーの常用水位は，ガラス水面計又はこれに接近した位置に，現在水位と比較することができるように表示すること。

⑦　燃焼ガスに触れる給水管，吹出管及び水面測定装置の連絡管は，耐熱材料で防護すること。

⑧　温水ボイラーの返り管については，凍結しないように保温その他の措置を講ずること。

以上の規定から，

(1)　は，⑤号　の規定で「圧力計（水高計）の目もりには，最高使用圧力を示す位置に，見やすい表示をすること」とあり，「常用圧力を示す位置」とは，定められていない。
(2)　は，⑥号　のとおり，定められている。
(3)　は，④号　のとおり，定められている。
(4)　は，⑦号　のとおり，定められている。
(5)　は，⑧号　のとおり，定められている。

〔答〕　(1)

〔ポイント〕　附属品の管理は出題頻度が高いので，全項目を正しく把握すること「わかりやすい 2.7.5」「最短合格 4.4.4」。

問 6　鋼製ボイラー（小型ボイラーを除く。）の水面測定装置について，次の文中の□内に入れるAからCまでの語句の組合せとして，法令に定められているものは(1)～(5)のうちどれか。

「[A]側連絡管は，管の途中に中高又は中低のない構造とし，かつ，これを水柱管又はボイラーに取り付ける口は，水面計で見ることができる[B]水位より[C]であってはならない。」

	A	B	C
(1)	水	最高	下
(2)	水	最低	上
(3)	水	最低	下
(4)	蒸気	最高	上
(5)	蒸気	最低	上

〔解説〕　鋼製ボイラーの水面測定装置は，（ボ構規）第１編の第３節に規定され，本問についてはその71条２項の規定である。

<u>（水柱管との連絡管）71条２項</u>

２　水側連絡管は，管の途中に中高又は中低のない構造とし，かつ，これを水柱管又はボイラーに取り付ける口は，水面計で見ることができる最低水位より上であってはならない。

したがって，本問の
A　には，水
B　には，最低
C　には，上
が入り，その組合せは，(2)　である。

〔答〕　(2)

〔ポイント〕　本問は水側連絡管であるが，蒸気側連絡管はどうであろうか，水側は空気だまり，蒸気側はドレンだまりができない構造を考えよう「わかりやすい 12.1.4 (3)」「最短合格 4.5.3 [2]」。

問7　ボイラー取扱作業主任者の職務として，法令に定められていないものは次のうちどれか。

(1)　圧力，水位及び燃焼状態を監視すること。
(2)　低水位燃焼しゃ断装置，火炎検出装置その他の自動制御装置を点検し，及び調整すること。
(3)　１日に１回以上水処理装置の機能を点検すること。
(4)　適宜，吹出しを行い，ボイラー水の濃縮を防ぐこと。
(5)　ボイラーについて異状を認めたときは，直ちに必要な措置を講ずること。

〔解説〕　ボイラー取扱作業主任者の職務は，（ボ則）25条１項に次の10項目が規定されている。これに設問各項を照合する。

(ボイラー取扱作業主任者の職務）25条

1　事業者は，ボイラー取扱作業主任者に次の事項を行わせなければならない。

①　圧力，水位及び燃焼状態を監視すること。
②　急激な負荷の変動を与えないように努めること。
③　最高使用圧力をこえて圧力を上昇させないこと。
④　安全弁の機能の保持に努めること。
⑤　１日１回以上水面測定装置の機能を点検すること。
⑥　適宜，吹出しを行い，ボイラー水の濃縮を防ぐこと。
⑦　給水装置の機能の保持に努めること。
⑧　低水位燃焼しゃ断装置，火炎検出装置その他の自動制御装置を点検し，及び調整すること。
⑨　ボイラーについて異状を認めたときは，直ちに必要な措置を講じること。
⑩　排出されるばい煙の測定濃度及びボイラー取扱い中における異常の有無を記録すること。

2　（略）

以上から，

(1)　は，１項①号　のとおり，定められている。
(2)　は，１項⑧号　のとおり，定められている。
(3)　の，水処理装置の点検については，定められていない。
「１日に１回以上」の規定は，１項⑤号　の水面測定装置である。
(4)　は，１項⑥号　のとおり，定められている。
(5)　は，１項⑨号　のとおり，定められている。

〔答〕　(3)

〔ポイント〕　本条は項目を変えて出題されることが多いので，10項目を把握すること「わかりやすい 2.7.2 (3)」「最短合格 4.4.3」。

問8　法令上，原則としてボイラー技士でなければ取り扱うことができないボイラーは，次のうちどれか。

(1)　伝熱面積が14 m^{2}の温水ボイラー
(2)　伝熱面積が4 m^{2}の蒸気ボイラーで，胴の内径が800 mm，かつ，その長さが1500 mmのもの
(3)　伝熱面積が30 m^{2}の気水分離器を有しない貫流ボイラー
(4)　伝熱面積が3 m^{2}の蒸気ボイラー
(5)　最大電力設備容量が60 kWの電気ボイラー

〔解説〕

ボイラーについての就業制限は，（ボ則）の23条の1項及び2項に，

1　事業者は，令第20第3号の業務（ボイラー（小型ボイラーを除く。）の取扱いの業務）については，特級，一級又は二級ボイラー技士免許を受けた者(以下「ボイラー技士」という。）でなければ，当該業務につかせてはならない。

2　事業者は，前項本文の規定にかかわらず，令第20条第5号イからニまでに掲げるボイラーの取扱いの業務については，ボイラー取扱技能講習を修了した者を当該業務につかせることができる。

とあり，令第20条第5号イからニは，

イ　胴の内径が750 mm以下で，かつ，その長さが1,300 mm以下の蒸気ボイラー
ロ　伝熱面積が3 m^{2}以下の蒸気ボイラー
ハ　伝熱面積が14 m^{2}以下の温水ボイラー
ニ　伝熱面積が30 m^{2}以下の貫流ボイラー（気水分離器を有するものにあっては，当該気水分離器の内径が400 mm以下で，かつ，その内容積が0.4 m^{3}以下のものに限る。)

と，規定されている(「令」とは，労働安全衛生法施行令のことである。)。

ここで，設問の各記述をみてみると，

(1)　は，ハ　に該当，ボイラー技士でなくてもボイラー取扱技能修了者が取り扱える。
(2)　は，ロ　の3 m^2，イ　の内径，長さをともに超えるのでボイラー技士でなければ取り扱うことができない。
(3)　は，ニ　に該当，ボイラー取扱技能講習修了者が取り扱える。
(4)　は，ロ　に該当，ボイラー取扱技能講習修了者が取り扱える。
(5)　の電気ボイラーは，（ボ則）2条の規定から20 kWを1 m^{2}の伝熱面積とみなして換算すると3 m^{2}となり，ボイラー取扱技能講習修了者でも取り扱うことができる。なお令和5年12月18日付で20 kWから60 kWに改正された。

〔答〕 (2)

〔ポイント〕　（ボ則）に関連する（令）第20条第5号イ～ニは通称「小規模ボイラー」と呼び規制が緩和されている「わかりやすい1.1.3 (3) 1.3.4」「最短合格4.4.1」。

問9　ボイラー（小型ボイラーを除く。）の定期自主検査における項目と点検事項との組合せとして，法令に定められていないものは次のうちどれか。

	項目	点検事項
(1)	バーナ…………………	汚れ又は損傷の有無
(2)	燃料しゃ断装置………	機能の異常の有無
(3)	給水装置………………	損傷の有無及び作動の状態
(4)	水処理装置……………	機能の異常の有無
(5)	ボイラー本体…………	水圧試験による漏れの有無

ボイラーの定期自主検査は、（ボ則）の32条に下の表が規定されている。

項目		点検事項
ボイラー本体		損傷の有無
燃焼装置	油加熱器及び燃料送給装置	損傷の有無
	バーナ	汚れ又は損傷の有無
	ストレーナ	つまり又は損傷の有無
	バーナタイル及び炉壁	汚れ又は損傷の有無
	ストーカ及び火格子	損傷の有無
	煙道	漏れその他の損傷の有無及び通風圧の異常の有無
自動制御装置	起動及び停止の装置，火炎検出装置，燃料しゃ断装置，水位調節装置並びに圧力調整装置	機能の異常の有無
	電気配線	端子の異常の有無
附属装置及び附属品	給水装置	損傷の有無及び作動の状態
	蒸気管及びこれに附属する弁	損傷の有無及び保温の状態
	空気予熱器	損傷の有無
	水処理装置	機能の異常の有無

設問の各項目をこの表に照合すると，(5)ボイラー本体の点検事項は，「損傷の有無」であり，「水圧試験による漏れの有無」とは，定められていない。

〔答〕 (5)

〔ポイント〕 ボイラーやその周辺機器に発生する不具合は何かを認識し，点検事項を把握すること「わかりやすい 2.7.9 (2)」「最短合格4.4.5」。

問10　ボイラー室に設置されている胴の内径が750 mmで，その長さが1300 mmの立てボイラー（小型ボイラーを除く。）の場合，その外壁から壁，配管その他のボイラーの側部にある構造物（検査及びそうじに支障のない物を除く。）までの距離として，法令上，許容される最小の数値は次のうちどれか。

(1)　0.30 m
(2)　0.45 m
(3)　0.80 m
(4)　1.20 m
(5)　2.00 m

〔解説〕　ボイラーを設置するボイラー室に関しては，（ボ則）第２章の第３節ボイラー室に定められ，本問については20条２項に規定されている。

（ボイラーの据付位置）20条

２　本体を被覆していないボイラー又は立てボイラーについては，（中略）ボイラーの外壁から壁，配管その他の側部にある構造物（検査及びそうじに支障のないものを除く。）までの距離を0.45 m以上としなければならない。ただし，胴の内径が500 mm以下で，かつ，その長さが1000 mm以下のボイラーについては，この距離は，0.3 m以上とする。

本問で，設置されている立てボイラーは内径が750 mmとあるので，本規定のただし書き（内径が500 mm以下かつ長さ1000 mm以下）は適用できず，ボイラーと構造物の距離は0.45 mが必要であり，答えは　(2)　となる。

〔答〕 (2)

〔ポイント〕　（ボ則）　18条～ 21条に規定の各数値を覚えること「わかりやすい2.6.3 (2)」「最短合格4.3 [3]」。

■ 令和2年後期：関係法令 ■

問1　ボイラー（移動式ボイラー及び小型ボイラーを除く。）に関する次の文中の[　　　]内に入れるAからCまでの語句の組合せとして，法令に定められているものは(1)～(5)のうちどれか。

「ボイラーを設置した者は，所轄労働基準監督署長が検査の必要がないと認めたものを除き，①ボイラー，②ボイラー室，③ボイラー及びその[A]の配置状況，④ボイラーの[B]並びに燃焼室及び煙道の構造について，[C]検査を受けなければならない。」

	A	B	C
(1)	自動制御装置	通風装置	落成
(2)	自動制御装置	据付基礎	使用
(3)	配管	据付基礎	性能
(4)	配管	通風装置	使用
(5)	配管	据付基礎	落成

〔解説〕　設問の「ボイラーを設置した者は…」の文章から，設置してすぐの検査である落成検査についての問いであることが判る。落成検査について規定した（ボ則）14条を略記すると，次のとおりである。

<u>（落成検査）14条</u>

1　ボイラーを設置した者は，（法）第38条により，当該ボイラーとこれに係る次の事項について，所轄労働基準監督署長の検査を受けなければならない。

（以下，略。）

①　第18条（ボイラーの設置場所）のボイラー室
②　ボイラー及びその配管の配置状況
③　ボイラーの据付基礎並びに燃焼室及び煙道の構造

2　前項の規定による検査（以下，この章において「落成検査」という。）は，構造検査又は使用検査に合格した後でなければ，受けることはできない。

（注：1項の（法）とは，労働安全衛生法のことである。）

これにより，本問の
　A　には，1項②号　から，配管
　B　には，1項③号　から，据付基礎
　C　には，2項　から，落成
が入り，その組合せは，(5)　である。

〔答〕　(5)

〔ポイント〕　ボイラーを設置した者がまず受けなければならないのは落成検査である。落成検査では①号から③号の事項について受検する「わかりやすい2.2.3」「最短合格4.2.2 [3]」。

問 2　次の文中の［　　　］内に入れるA及びBの数値の組合せとして，法令に定められているものは(1)〜(5)のうちどれか。

「鋳鉄製温水ボイラー（小型ボイラーを除く。）で圧力が［　A　］MPaを超えるものには，温水温度が［　B　］℃を超えないように温水温度自動制御装置を設けなければならない。」

	A	B
(1)	0.1	100
(2)	0.1	120
(3)	0.3	100
(4)	0.3	120
(5)	0.5	120

〔解説〕　設問文章から，鋳鉄製ボイラーの温水温度自動制御装置に関する問題であることが判る。

これは，（ボ構規）第2編 鋳鉄製ボイラーの第98条（温水温度自動制御装置）に規定されている。

（温水温度自動制御装置）98条

温水ボイラーで圧力が0.3 MPaを超えるものには，温水温度が120 ℃を超えないように温水温度自動制御装置を設けなければならない。

これにより，本問の

A　には，0.3

B　には，120

が入り，その組合わせは，(4)　である。

〔答〕　(4)

〔ポイント〕　鋳鉄製ボイラーの構造規格（88 〜 100条）を把握すること「わかりやすい12.2.4 (3)」「最短合格4.5.7 ［3］」。

問3　ボイラー（移動式ボイラー，屋外式ボイラー及び小型ボイラーを除く。）を設置するボイラー室について，法令上，誤っているものは次のうちどれか。

(1)　伝熱面積が3 m^2の蒸気ボイラーは，ボイラー室に設置しなければならない。
(2)　ボイラーの最上部から天井，配管その他のボイラーの上部にある構造物までの距離は，原則として，1.2 m以上としなければならない。
(3)　ボイラー室には，必要がある場合のほか，引火しやすいものを持ち込ませてはならない。
(4)　立てボイラーは，ボイラーの外壁から壁，配管その他のボイラーの側部にある構造物（検査及びそうじに支障のない物を除く。）までの距離を，原則として，0.45 m以上としなければならない。
(5)　ボイラー室に固体燃料を貯蔵するときは，原則として，これをボイラーの外側から1.2 m以上離しておかなければならない。

〔解説〕　ボイラーを設置するボイラー室に関する問題である。ボイラー室の要件は（ボ則）に規定されている。設問項目を（ボ則）条項と照合し判断する。

(1)　は，18条　に，「ボイラーは専用の建物又は建物の中の障壁で区画された場所（ボイラー室という。）に設置しなければならない。ただし，伝熱面積が3 m^2以下のボイラーについては，この限りではない。」とあり，伝熱面積3 m^2の蒸気ボイラーは，ただし書きによりボイラー室内に設置とは規定されていないので，誤りである。

(2)　は，20条1項 に，「ボイラーの最上部から天井，配管その他のボイラーの上部にある構造物までの距離を，1.2 m以上とすること。（以下，略。）」
とあり，原則として1.2 m以上とする必要があるので，正しい。

(3)　は，29条1項②号　に，「ボイラー室には必要がある場合の他，引火しやすい物を持ち込ませないこと」とあり，正しい。

(4)　は，20条2項　に，「本体を被覆していないボイラー又は立てボイラーから壁，配管その他のボイラーの側部にある構造物（検査及びそうじに支障のない物を除く。）までの距離を0.45 m以上としなければならない。」
とあり，正しい。

(5)　は，21条2項　に，「ボイラー室，その他のボイラー設置場所に燃料を貯蔵するときは，これをボイラーの外側から2 m（固体燃料にあっては1.2 m）以上離しておかなければならない。」とあり，正しい。

〔答〕　(1)

〔ポイント〕　本問は，18条の3 m^2以下が3 m^2も含むため(1)は誤り。以下，以上，超える，未満などの言葉を正しく把握すること「わかりやすい 2.6.1 2.6.3 2.6.4 (2) 2.7.6 ②」「最短合格4.3 [1] [3] [4] [5]」。

問4　ボイラーの伝熱面積の算定方法として，法令上，誤っているものは次のうちどれか。

(1)　水管ボイラーの水管（ひれ，スタッド等がなく，耐火れんが等でおおわれた部分がないものに限る。）の伝熱面積は，水管の外径側で算定する。
(2)　貫流ボイラーの伝熱面積は，燃焼室入口から過熱器入口までの水管の燃焼ガス等に触れる面の面積で算定する。
(3)　立てボイラー（横管式）の横管の伝熱面積は，横管の外径側で算定する。
(4)　炉筒煙管ボイラーの煙管の伝熱面積は，煙管の外径側で算定する。
(5)　電気ボイラーの伝熱面積は，電力設備容量20 kWを1 m^2とみなして，その最大電力設備容量を換算した面積で算定する。

〔解説〕　火気，燃焼ガスその他の高温ガスの熱をボイラー水や熱媒などに伝える部分を伝熱面というが，その面積算出の対象となる伝熱面は（ボ則）2条に規定されている。本問に関する条項をあげて検討する。

（伝熱面積）2条

①　水管ボイラー及び電気ボイラー以外のボイラー：
　火気，燃焼ガスその他の高温ガス（以下「燃焼ガス等」という。）に触れる本体の面で，その裏側が水又は熱媒に触れるものの面積（カッコ内，略）

②　貫流ボイラー以外の水管ボイラー：
　水管及び管寄せの次の面積を合計した面積
　イ　水管（カッコ内，略）又は管寄せでその全部又は一部が燃焼ガス等に触れるものにあっては，燃焼ガス等に触れる面の面積

③　貫流ボイラー：
　燃焼室入口から過熱器入口までの水管の燃焼ガス等に触れる面の面積

④　電気ボイラー：
　電力設備容量20 kWを1 m^2とみなしてその最大電力設備容量を換算した面積（注）令和5年12月18日付で20 kWから60 kWに改正された。

ここで，①号の「水管ボイラー及び電気ボイラー以外のボイラー」とは，立て・煙管・炉筒煙管ボイラーや鋳鉄製ボイラーなどが該当する。また，②号(ロ)～(ト)には，水管のひれ，スタッドの規定があるが，省略する。

以上から各記述をみてみる。

(1)　は，②号イ　に該当し，水管は外面側で伝熱面積を算定する。正しい。
(2)　は，③号　の規定のとおりである。正しい。
(3)　は，①号　に該当し，立てボイラーの横管は管外が燃焼ガス等であり，横管は外径側で算定する。正しい。
(4)　は，①号　に該当し，炉筒煙管ボイラーの煙管は管内が燃焼ガス等であり，煙管の外径側で算定するというのは，誤りである。
(5)　は，④号　に該当。規定のとおりである。正しい。

〔答〕　(4)

〔ポイント〕　伝熱面積は電気ボイラーを除き，水や熱媒などを加熱する燃焼ガス等の面で算定することを記憶しておくこと「わかりやすい 1.3」「最短合格 4.1.3」。

問５　ボイラーの取扱いの作業について，法令上，ボイラー取扱作業主任者として二級ボイラー技士を選任できるボイラーは，次のうちどれか。
ただし，他にボイラーはないものとする。

(1)　最大電力設備容量が400 kWの電気ボイラー
(2)　伝熱面積が30 m^2の鋳鉄製蒸気ボイラー
(3)　伝熱面積が30 m^2の炉筒煙管ボイラー
(4)　伝熱面積が25 m^2の煙管ボイラー
(5)　伝熱面積が60 m^2の廃熱ボイラー

〔解説〕　ボイラー取扱作業主任者の選任は，取り扱うボイラーの合計した伝熱面積により，要求される資格が異なる。（ボ則）24条の１項では，伝熱面積による必要資格を規定し，24条２項ではその算定について規定している。また，（ボ則）２条では伝熱面積算定対象と算出方法について規定している。これを略文化して掲げる。

（ボイラー取扱作業主任者の選任）　24条

１　ボイラーの取り扱い作業の区分に応じて，各号に掲げる者のうちからボイラー取扱作業主任者を選任しなければならない。

①　伝熱面積 500 m^2以上　　は，特級ボイラー技士
②　伝熱面積 25 m^2以上～ 500 m^2未満　　は，特級，一級ボイラー技士
③　伝熱面積 25 m^2未満　　は，特級，一級，二級ボイラー技士

２　前項①～③号の伝熱面積の合計は，次の定めにより算定する。

②　火気以外の高温ガスを加熱に利用するボイラーについては，その伝熱面積に１/２を乗じて得た値を当該ボイラーの伝熱面積とすること。

（伝熱面積）　２条

④　電気ボイラー：電力設備容量20 kWを１m^2として最大電力設備容量を換算した面積

設問の，二級ボイラー技士は，24条１項③号により，伝熱面積25 m^2未満のものについて選任ができる。設問の各項をみてみると，

(1)　の電気ボイラーは，２条④号で，最大電力設備容量20 kWを１m^2とする規定により換算すると，400÷20=20 m^2となり，25 m^2未満なので，選任できる。なお，令和５年12月18日付で20 kWから60 kWに改正された。

(2)(3)(4)　は，いずれも25 m^2以上なので，選任できない。

(5)　の廃熱ボイラーは，24条２項②号を適用し，その伝熱面積を１/２とした伝熱面積は，60 m^2÷２=30 m^2となり，25 m^2以上なので，選任できない。

〔答〕　(1)

〔ポイント〕　主任者選任時の伝熱面積算定は，取り扱うボイラー伝熱面積の，貫流ボイラーでは１/10，廃熱ボイラーは１/２とし，小規模ボイラーは算入しないことに留意すること「わかりやすい1.3.4　2.7.2」「最短合格4.1.3 [1] 4.4.1　4.4.2」。

問６　鋳鉄製ボイラー（小型ボイラーを除く。）の附属品について，次の文中の□内に入れるＡからＣまでの語句の組合せとして，法令に定められているものは(1)～(5)のうちどれか。

「［Ａ］ボイラーには，ボイラーの［Ｂ］付近における［Ａ］の［Ｃ］を表示する［Ｃ］計を取り付けなければならない。」

	Ａ	Ｂ	Ｃ
(1)	蒸気	入口	温度
(2)	蒸気	出口	流量
(3)	温水	出口	流量
(4)	温水	入口	温度
(5)	温水	出口	温度

〔解説〕　鋳鉄製ボイラーの附属品に関しては（ボ構規）に規定があるが，設問中のＣ欄の語群の温度計，流量計のうち流量計に関する規定はない。温度計については，（ボ構規）96条（圧力計，水高計及び温度計）の３項に

３　第66条（第５号を除く。）の規定は蒸気ボイラーの圧力計について，第67条の規定は温水ボイラーの水高計について，第68条第２項の規定は温水ボイラーの温度計について準用する。

と，規定され，準用する68条２項は，

２　温水ボイラーには，ボイラーの出口付近における温水の温度を表示する温度計を取り付けなければならない。

である。

この68条２項により，本問の

Ａ　には，温水

Ｂ　には，出口

Ｃ　には，温度

が入り，その組合せは，(5)　である。

〔答〕　(5)

〔ポイント〕　鋳鉄製温水ボイラーの温度計の規定など，鋼製ボイラーの規定を準用することもあるので留意すること「わかりやすい12.1.3 12.2.3(3)」「最短合格4.5.2 ③ 」。

問7　ボイラー（小型ボイラーを除く。）の次の部分又は設備を変更しようとするとき，法令上，ボイラー変更届を所轄労働基準監督署長に提出する必要のないものはどれか。
　ただし，計画届の免除認定を受けていない場合とする。

(1)　空気予熱器
(2)　過熱器
(3)　節炭器
(4)　管板
(5)　管寄せ

〔解説〕　ボイラーの変更検査の対象となる部分又は設備については，（ボ則）41条（変更届）に規定されている。同条を略文化して掲げる。

<u>（変更届）　41条</u>

　事業者は，ボイラーについて，次の各号のいずれかに掲げる部分又は設備を変更しようとするときは，ボイラー変更届にボイラー検査証及び変更の内容を示す書面を添えて，所轄労働基準監督署長に提出しなければならない。
①　胴，ドーム，炉筒，火室，鏡板，天井板，管板，管寄せ又はステー
②　附属設備（注：（ボ則）7条により，過熱器，節炭器が該当する。）
③　燃焼装置
④　据付基礎

　以上から，設問各項目について変更届提出の要否をみてみると，
(1)　の，空気予熱器は附属設備の1つであるが，（ボ則）7条で本規則における附属設備は過熱器，節炭器と規定し，空気予熱器は規定されていないので，変更届の提出は，必要がない。
(2)(3)　は，41条②号に該当（上記のとおり），変更届の提出が，必要である。
(4)(5)　は，41条①号に規定されているので，変更届の提出が，必要である。

〔答〕　(1)

〔ポイント〕　変更届の対象となる部分，設備について把握すること「わかりやすい2.4.1 (1)」「最短合格4.2.4 [1]」。

問８　鋼製ボイラー（貫流ボイラー及び小型ボイラーを除く。）の安全弁について，法令に定められていないものは次のうちどれか。

(1)　安全弁は，ボイラー本体の容易に検査できる位置に直接取り付け，かつ，弁軸を鉛直にしなければならない。
(2)　伝熱面積が50 m^2を超える蒸気ボイラーには，安全弁を２個以上備えなければならない。
(3)　水の温度が100 ℃を超える温水ボイラーには，安全弁を備えなければならない。
(4)　過熱器には，過熱器の出口付近に過熱器の温度を設計温度以下に保持することができる安全弁を備えなければならない。
(5)　過熱器用安全弁は，胴の安全弁より先に作動するように調整しなければならない。

〔解説〕　本問は，安全弁の取り付けや能力等に関し（ボ構規），（ボ則）からの出題である。設問各項に関係する条項をあげ，判断する。

（ボ構規）（安全弁）　62条

1　蒸気ボイラーには，内圧を最高使用圧力以下に保持することができる安全弁を２個以上備えなければならない。ただし，伝熱面積50 m^2以下の蒸気ボイラーにあっては，安全弁を１個とすることができる。

2　安全弁は，ボイラー本体の容易に検査できる位置に直接取り付け，かつ，弁軸を鉛直にしなければならない。

（ボ構規）（過熱器の安全弁）　63条

1　過熱器には，過熱器の出口付近に過熱器の温度を設計温度以下に保持することができる安全弁を備えなければならない。

（ボ構規）（温水ボイラーの逃がし弁又は安全弁）　65条２項

2　水の温度が120 ℃を超える温水ボイラーには，内部の圧力を最高使用圧力以下に保持することができる安全弁を備えなければならない。

（ボ則）（附属品の管理）　28条１項②号

②　過熱器用安全弁は，胴の安全弁より先に作動するよう調整すること。

以上の規定から，設問の各記述をみてみる。(1)～(4)は（ボ構規）規定に該当。

(1)　は，62条２項　に定められている。
(2)　は，62条１項　に定められている。
(3)　は，65条２項　に，120 ℃を超える温水ボイラーと定め，100 ℃を超えるとは，定められていない。
(4)　は，63条１項　に定められている。
(5)　は，（ボ則）28条１項②号　に，定められている。

〔答〕　(3)

〔ポイント〕　安全弁の必要個数，取付位置，所要能力などを把握すること「わかりやすい2.7.5 ② 12.1.1 (1)～(3) (5) 12.1.2 (1) ②」「最短合格 4.4.4 4.5.1」。

問9　ボイラー（移動式ボイラー及び小型ボイラーを除く。）について，次の文中の［　　］内に入れるAからCまでの語句の組合せとして，法令上，正しいものは(1)～(5)のうちどれか。

「［ A ］並びにボイラー［ B ］の［ C ］及び氏名をボイラー室その他のボイラー設置場所の見やすい箇所に掲示しなければならない。」

	A	B	C
(1)	ボイラー明細書	管理責任者	職名
(2)	ボイラー明細書	取扱作業主任者	所属
(3)	ボイラー検査証	管理責任者	職名
(4)	ボイラー検査証	取扱作業主任者	資格
(5)	最高使用圧力	取扱作業主任者	所属

〔解説〕　設問の後半の文章「・・・氏名をボイラー室その他のボイラー設置場所の見やすい箇所に掲示・・・」から，ボイラー室への掲示の問題であることが判る。

これは（ボ則）に（ボイラー室の管理）として定められている。

（ボイラー室の管理等）　29条1項④号

1　事業者は，ボイラー室の管理等について，次の事項を行わなければならない。

④　ボイラー検査証並びにボイラー取扱作業主任者の資格及び氏名をボイラー室その他のボイラー設置場所の見やすい箇所に掲示すること。

これにより，本問の

A　には，ボイラー検査証

B　には，取扱作業主任者

C　には，資格

が入り，この組合せは，(4)　である。

〔答〕　(4)

〔ポイント〕　29条の①号～⑥号は把握しておくこと「わかりやすい 2.7.6」「最短合格 4.3 5」。

問10　ボイラー（小型ボイラーを除く。）の附属品の管理のため行わなければならない事項に関するAからDまでの記述で，法令に定められているもののみを全て挙げた組合せは，次のうちどれか。

A　圧力計の目もりには，ボイラーの常用圧力を示す位置に，見やすい表示をすること。
B　蒸気ボイラーの最高水位は，ガラス水面計又はこれに接近した位置に，現在水位と比較することができるように表示すること。
C　燃焼ガスに触れる給水管，吹出管及び水面測定装置の連絡管は，耐熱材料で防護すること。
D　温水ボイラーの返り管については，凍結しないように保温その他の措置を講ずること。

(1)　A，B
(2)　A，C，D
(3)　A，D
(4)　B，C，D
(5)　C，D

〔解説〕　ボイラー附属品の管理については，（ボ則）28条に８項目が規定されている。本問のA ～ Dに関連する項目をあげ，A ～ Dの法定の有無を判断する。

（附属品の管理）　28条１項

⑤　圧力計又は水高計の目もりには，当該ボイラーの最高使用圧力を示す位置に，見やすい表示をすること。
⑥　蒸気ボイラーの常用水位は，ガラス水面計又はこれに接近した位置に，現在水位と比較することができるように表示すること。
⑦　燃焼ガスに触れる給水管，吹出管及び水面測定装置の連絡管は，耐熱材料で防護すること。
⑧　温水ボイラーの返り管については，凍結しないように保温その他の措置を講ずること。

以上の規定からA ～ Dの規定の有無を判断すると，

A　は，⑤号　の規定で，圧力計への表示は最高使用圧力であり，常用圧力とは定められていない。
B　は，⑥号　の規定で，現在水位と比較するのは常用水位であり，最高水位とは定められていない。
C　は，⑦号　の規定のとおりであり，定められている。
D　は，⑧号　の規定のとおりであり，定められている。

となり，定められている記述C，Dの組合せは　(5)　である。

〔答〕　(5)

〔ポイント〕　附属品の管理は出題頻度が高いので，全８項目を正しく把握すること「わかりやすい 2.7.5」「最短合格 4.4.4」。

日本ボイラ協会支部が開催する主な講習会

◇ 二級ボイラー技士免許試験受験準備講習

二級ボイラー技士を目指す方のために，合格のポイントをわかりやすく解説し，全員合格を目指して行われる受験準備のための講習です。

二級だけでなく，一級，特級のボイラー技士やボイラー溶接士免許試験の受験者向けの講習会も開催しています。

◇ ボイラー実技講習

二級ボイラー技士免許を取得するには，学科試験に合格するほか，一定の実務経験などが必要になります。

本講習会は，この実務経験などの一つに位置付けられており，ボイラー取扱いなどの経験を得る機会のない方に向けた講習です。

ボイラー実技講習

このほか，当協会の各支部では，ボイラー取扱技能講習，小型ボイラー取扱業務特別教育などの講習会を開催しています。詳しくは，P.248の「一般社団法人 日本ボイラ協会　支部所在地一覧」をご覧の上，最寄りの支部へ直接お尋ねいただくか，各支部ホームページをご覧ください。

一般社団法人 日本ボイラ協会　支部所在地一覧

支部名	〒	住　所	TEL
北海道	060-0807	札幌市北区北7条西2-20　NCO札幌駅北口8階	011-717-8636
宮　城	980-0011	仙台市青葉区上杉3-3-48　同心ビル2階	022-224-2245
福　島	960-8041	福島市大町4-4　東邦スクエアビル3階	024-522-6718
茨　城	310-0022	水戸市梅香1-5-5　茨城県JA会館分館3階	029-225-6185
栃　木	321-0962	宇都宮市今泉町847-22　利一ビル3階	028-621-3431
群　馬	371-0805	前橋市南町4-30-3　勢多会館1階	027-243-3178
埼　玉	330-0062	さいたま市浦和区仲町3-8-10　エクセレンスビル501	048-833-0011
千　葉	260-0031	千葉市中央区新千葉3-2-1　新千葉プラザ308号	043-246-4753
東　京	105-0004	港区新橋5-3-1　JBAビル2階	03-5425-7770
神奈川	221-0835	横浜市神奈川区鶴屋町2-21-1　ダイヤビル6階	045-311-6325
新　潟	951-8067	新潟市中央区本町通7-1153　新潟本町通ビル8階	025-224-5561
長　野	380-0813	長野市鶴賀緑町1403　大通り昭和ビル2階	026-235-3755
富　山	930-0018	富山市千歳町2-12-11	076-432-8174
石　川	920-0901	金沢市彦三町2-5-27　名鉄北陸開発ビル9階	076-263-9277
福　井	910-0065	福井市八ツ島町31-406-2　ルート第一ビル201	0776-26-4581
岐　阜	500-8152	岐阜市入舟町三丁目10番地　サンケンビル2階	058-201-1176
静　岡	422-8067	静岡市駿河区南町14-25　エスパティオ7階702号室	054-285-1086
愛　知	465-0064	名古屋市名東区大針1-23	052-784-8111
三　重	514-0006	津市広明町112-5　第3いけだビル3階	059-226-4895
京　滋	604-8261	京都市中京区御池通油小路東入　ジョイ御池ビル2階	075-255-2358
大　阪	540-0033	大阪市中央区石町2-5-3　エル・おおさか南館12階	06-6942-0721
兵　庫	650-0015	神戸市中央区多聞通3-3-16　甲南第1ビル1005号室	078-351-2118
和歌山	640-8262	和歌山市湊通り丁北1丁目1-8　和歌山県建設会館2階	073-433-0343
岡　山	700-0986	岡山市北区新屋敷町1-1-18　山陽新聞新屋敷町ビル7階	086-239-9077
広　島	730-0017	広島市中区鉄砲町7-8　NEXT鉄砲町ビル3階	082-228-4660
山　口	745-0034	周南市御幸通り1-5　徳山御幸通ビル3階	0834-32-2942
徳　島	770-0854	徳島市徳島本町3-13　大西ビル4階	088-625-1158
香川検査事務所（講習）	760-0017	高松市番町3-3-17　第1讃機ビル4階	087-831-9398
愛　媛	790-0012	松山市湊町8-111-1　愛建ビル4階	089-947-0384
福　岡	812-0038	福岡市博多区祇園町1-28　いちご博多ビル4階　D室	092-710-5225
熊　本	862-0971	熊本市中央区大江6-24-13　天神コーポラス2階	096-362-7775
大　分	870-0023	大分市長浜町3-15-19　大分商工会議所ビル3階	097-532-5749
鹿児島	892-0816	鹿児島市山下町9-31　第一ボクエイビル205号	099-223-1544
沖　縄	901-2131	浦添市牧港5-6-8　沖縄県建設会館5階	098-878-2441
本　部	105-0004	港区新橋5-3-1　JBAビル	03-5473-4500

（2024年1月現在）

日本ボイラ協会発行の二級ボイラー技士受験関係書籍

ボイラーの技術的なことをオリジナルの多数のイラストとそれに対応したわかりやすい解説！

（新版）最短合格 2級ボイラー技士試験

A5判・405頁

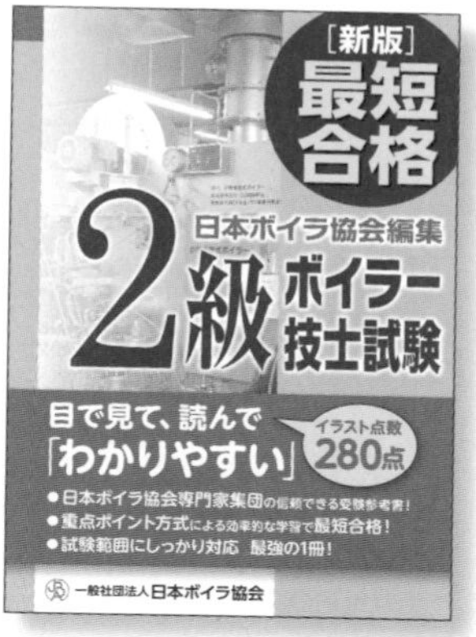

受験対策だけでなく、取扱い業務に従事している方にも必携の座右の一冊！

2級ボイラー技士教本

A5判・294頁

法令が苦手という方に説明図を多く加え、わかりやすく解説！

（新版）わかりやすいボイラー及び圧力容器安全規則

A5判・152頁

各種ボイラー・附属品・附属装置などをカラーによる図や写真で説明！

（新版）ボイラー図鑑

A5判・92頁

これらの書籍のご注文は、当協会支部（P.248参照）までお問い合わせください。

●本書の正誤表等の発行に関しては，下記の当協会ホームページで適宜お知らせしています。
一般社団法人日本ボイラ協会　図書オンラインショップ
https://ec.jbanet.or.jp/onlineshop/

●お問い合わせについて

本書に関するご質問は，FAXまたは書面でお願いします。電話での直接のお問い合わせにはお答えできませんので，あらかじめご了承ください。

ご質問の際には，書名と該当ページ，返信先を明記してください。お送りいただいた質問は，場合によっては回答にお時間をいただくこともございます。なお，ご質問は本書に記載されているもののみとさせていただきます。

●お問い合わせ先
〒105-0004　東京都港区新橋5-3-1　JBAビル
一般社団法人 日本ボイラ協会　技術普及部技術担当
FAX：03-5473-4522

２級ボイラー技士試験　公表問題解答解説　2024年版
【令和２年後期～令和５年前期】

2024年１月26日　　第１版発行

編集・発行　一般社団法人 日本ボイラ協会
郵便番号　105-0004
東京都港区新橋5-3-1
電話 03-5473-4510 ㈹
URL https://www.jbanet.or.jp/

印刷／製本　株式会社サンニチ印刷
ISBN 978-4-907619-32-9